职业院校校企“双元”合作电气类专业立体化教材

电工技术实训

主　编　沈柏民　林如军

副主编　陆晓燕　沈骁茜

参　编　余　萍　姚忠杰　盛希宁
童立立　万亮斌　沈　强
朱晓靖　魏昌煌

机械工业出版社

本书是中等职业学校电气类专业通用教材，按照“课程内容与职业标准对接、教学过程与生产过程对接”的要求，依据教育部颁发的“中等职业学校电工技术基础与技能教学大纲”，并参考相关职业技能等级标准要求编写而成。本书分为12个教学项目，共计39个学习任务。主要内容有：认识实训室与安全用电常识、安装与测试基本电阻电路、安装与测试简单电阻电路、认识与分析复杂直流电路、认识与应用电容器、认识与分析磁与电磁、认识与运用电磁感应现象、认识正弦交流电、安装与测试正弦交流电路、分析与运用三相正弦交流电路、认识变压器、组装与调试MF47型万用表。本书可与《电工技术基础》教材配合使用。

本书配套有教学参考以及数字化资源，方便教与学。选用本书作为教材的老师可登录www.cmpedu.com网站下载电子课件、演示文稿、图片等数字化教与学资源。

本书可作为中等职业学校电气设备运行与控制、电气安装与维修、电气技术应用、电子技术应用等电气类专业教材，也可作为职业技能等级证书考核及岗位职业技能培训用书。

图书在版编目（CIP）数据

电工技术实训/沈柏民，林如军主编. —北京：机械工业出版社，2022.10

职业院校校企“双元”合作电气类专业立体化教材

ISBN 978-7-111-72074-4

Ⅰ.①电… Ⅱ.①沈…②林… Ⅲ.①电工技术-中等专业学校-教材 Ⅳ.①TM

中国版本图书馆CIP数据核字（2022）第217334号

机械工业出版社（北京市百万庄大街22号　邮政编码100037）

策划编辑：赵红梅　　责任编辑：赵红梅　苑文环

责任校对：潘　蕊　梁　静　　封面设计：马精明

责任印制：单爱军

北京虎彩文化传播有限公司印刷

2023年4月第1版第1次印刷

184mm×260mm · 18印张 · 400千字

标准书号：ISBN 978-7-111-72074-4

定价：49.80元

电话服务	网络服务
客服电话：010-88361066	机　工　官　网：www.cmpbook.com
010-88379833	机　工　官　博：weibo.com/cmp1952
010-68326294	金　　书　　网：www.golden-book.com
封底无防伪标均为盗版	机工教育服务网：www.cmpedu.com

前　言

本书是中等职业学校电气类专业通用教材《电工技术基础》的配套教材，依据教育部颁发的“中等职业学校电工技术基础与技能教学大纲”，并参考相关职业技能等级标准的基础上编写而成的。

本书贯彻“国务院关于印发《国家职业教育改革实施方案》”等文件精神要求，遵循“产教融合、校企合作、育训结合”的职业教育办学理念，按照“课程内容与职业标准对接、教学过程与生产过程对接”的要求，采用项目式结构编写，体现了“做中学、做中教”的职业教育教学特色。本书可作为中等职业学校机电设备类、自动化类相关电类专业教材，也可作为职业技能等级证书考核及岗位职业技能培训用书。

本书在编写过程中，将信息技术与教学深度融合，努力强化“1+X”证书制度要求，突出了“德技兼修、技术应用、体例新颖、注重实践、选用灵活”的特色。

1. 德技兼修

本书坚持“课程是教育思想、目标和内容的主要载体，课堂教学是学校教育最基本的形式，课程应发挥思想政治教育作用”的基本要求，把职业道德、工匠精神等核心元素纳入到课程教学内容中，使学生在学习本书知识、运用本书知识的过程中，能够从职业发展的角度来审视和解决问题。

2. 技术应用

本书以突出知识在工程技术中的应用为主线，按照培养电气类专业人才目标中的素质、知识和能力要求，根据职业技能等级证书标准和职业岗位或技术领域的要求，把握教材内容的难度、深度和广度，融入技术更新与产业升级带来的新知识、新技术、新材料和新工艺等内容，体现电气类专业基础知识在工程技术中的应用。本着教学内容必须具有“实践性和职业性”的原则，充分考虑中职学生的认知水平和已有知识、经验、兴趣和技能基础，强化实践性知识和操作技能，使教材内容具有时代性和应用性。

3. 体例新颖

本书以项目引领、任务驱动模式编写。每个项目以“任务目标”明确学习目标，以“项目导入”激发学习兴趣，以“任务实施”实施教学，以“项目总结”梳理学习要点，以“项目评价”促进全面发展，以“思考与提升”巩固学习效果。本书的版式设计力求图文并茂、生动活泼，以大量示意图、表格等形象直观地呈现内容。

4. 注重实践

本书具有实践操作性，其任务是使学生掌握电气类等专业必备的电工基本技能，具备分析和解决生产生活中一般电工问题的能力，具备学习后续电气类专业技能课程的能力；对学生进行职业意识培养和职业道德教育，提高学生的综合素质与职业能力，增强学生适应职业变化的能力，为学生职业生涯的发展奠定基础。为使中职学生能适应职业岗位或技术领域变化的需求，本书在坚持“统一性与灵活性相结合”原则的基础上，与配套教材《电工技术基础》一书教学内容相互融合，注重“三基”的培养，即基本素质、基本知识、基本能力的培养，为学生在电气类相关专业职业岗位或技术领域职业生涯发展打下良好的基础。

5. 选用灵活

本书紧扣“教学大纲”，综合考虑学生差异、实训设备、师资条件等因素，考虑不同地区、不同学校、不同专业类别之间的差异性，将教学内容分为必修内容与选学内容，具有较大的灵活性。本书中加“ * ”的内容和“任务拓展”均为选学内容，各校可根据学校实际灵活选用。

结合“1+X”证书制度试点要求，本书建议教学总学时不少于60学时，其中必选内容教学为49学时，选学内容教学不少于9学时，各教学项目学时分配建议见下表。

序　号	项目名称	建议学时（含选学内容）
1	项目1　认识实训室与安全用电常识	6
2	项目2　安装与测试基本电阻电路	4
3	项目3　安装与测试简单电阻电路	6
4	项目4　认识与分析复杂直流电路	4
5	项目5　认识与应用电容器	6
6	项目6　认识与分析磁与电磁	4
7	项目7　认识与运用电磁感应现象	3
8	项目8　认识正弦交流电	3
9	项目9　安装与测试正弦交流电路	6
10	项目10　分析与运用三相正弦交流电路	7
11	*项目11　认识变压器	1
12	*项目12　综合实训——组装与调试MF47型万用表	8
机动		2
合计		60

本书由浙江省杭州市中策职业学校沈柏民、宁波市职业与成人教育学院林如军任主编，浙江省杭州市中策职业学校钱塘学校陆晓燕、浙江省杭州市电子信息职业学校沈骁茜任副主编，全书由沈柏民、陆晓燕负责统稿。浙江省海宁市职业高级中学姚忠杰、江苏省常州刘国钧高等职业技术学校余萍、盛希宁，浙江省杭州市中策职业学校童立立、浙江省杭州市中策职业学校钱塘学校万亮斌等教师和杭州育龙科技有限公司沈强、浙江中力机械有限公司朱晓靖、浙江大学医学院附属邵逸夫医院魏昌煌等企业工程师参与了编写工作。

在本书编写过程中得到了浙江省杭州市中策职业学校、浙江省杭州市中策职业学校钱塘学校、江苏省常州刘国钧高等职业技术学校、浙江省海宁市职业高级中学等学校领导和老师的大力支持，在此一并表示真挚感谢！

本书对传统教材进行了全面解构和重组，是一次创新性的教材改革尝试。由于编者水平有限，书中难免存在一些疏漏和不足之处，恳请广大师生批评指正，以便修改完善。

编 者

目　录

项目1 认识实训室与安全用电常识

项目导入

同学们在老师的带领下，初次进入电工实训室。在学习“电工技术基础”课程相关内容的基础上，同学们将通过实际观察、识别、操作等方式了解电工实训室操作台的电源配置、常用电工工具和电工仪器仪表，以及实训室的规章制度和7S管理规范；通过模拟触电急救熟悉实训室防触电的措施并掌握触电急救的方法与技能；通过模拟电气火灾现场处理，熟悉电气火灾逃生通道并掌握电气火灾现场处理的方法与技能；通过导线连接与绝缘恢复操作训练，能够识别常用导线、绝缘材料，会连接单股、多股导线和恢复导线的绝缘。

项目任务

本项目包括认识电工实训室、模拟触电急救、模拟电气火灾处理和导线连接与绝缘恢复4个任务。

任务1 认识电工实训室

一、任务目标

1）了解电工实训室和实训装置的电源配置。

2）能识别常用电工工具。

3）能识别常用电工仪器仪表。

4）养成遵守纪律、安全操作的良好习惯，培养爱岗敬业、精益求精的工匠精神。

二、任务描述

技能训练是教学过程中的一个重要环节，现场参观就是一项很好的技能训练实践活动。

通过参观电工实训室，学生对实训室进行初步的了解，认识和熟悉实训室的各项规章制度和7S 管理规范，认识电工实训室操作台的电源配置，识别常用电工工具和电工仪器仪表。

三、任务准备

（一）常用电工仪器仪表的使用方法

在电工实验、实训中经常会用到电工仪器仪表，正确使用、维护常用电工仪器仪表是电工的基本技能。

1. 电流表的使用方法

电流表又称为安培表，主要用于测量电路中的电流。按所测电流类型可分为直流电流表和交流电流表，按显示方式可分为指针式电流表和数显式电流表。

测量电路中的电流时，电流表必须串联接入电路中，如图 1-1 所示。测量直流电流时，要使电流表的“+”端接线柱连接被测电路的高电位端、“-”端接线柱连接被测电路的低电位端，否则电流表的指针将反向偏转而造成电流表损坏；测量交流电流时，其接线柱不分极性，只要被测电流在电流表量程范围内，将其串联接入被测电路即可。

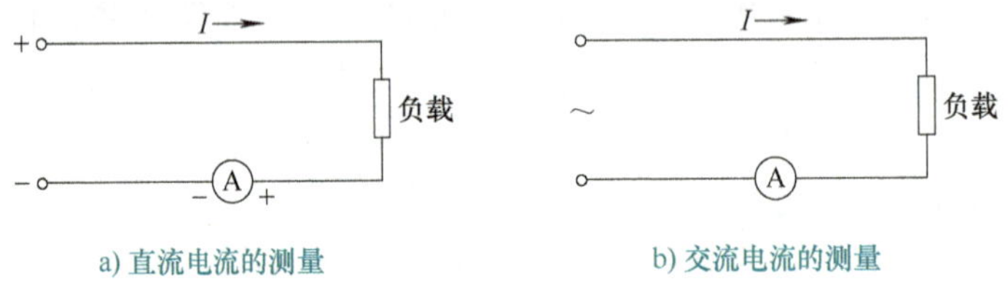

a) 直流电流的测量　　b) 交流电流的测量

图 1-1　电流表的使用方法

【指点迷津】

使用电流表的宜与忌

1）按表头标志选择、放置和使用电流表。

2）必须正确选择电流表的量程与准确度等级，并在仪表量程允许范围内测量。

3）用电流表测量电流时，应串联接入被测电路中，不可接错。在直流电路中，测量前应先判断电流的方向，不可接反。

4）选择合适的量程。在电流表接入前，必须对电路中的电流大小有所估计，以免电流超过量程而使电流表损坏。当被测电流值未知时，电流表的量程转换开关应置于最大挡，然后逐挡向小量程变换，直到取得合适的读数为止。

5）变换量程时，必须将电流表任意一个接线柱与被测电路断开，以免损坏电流表。

6）在任何情况下，不得将电流表直接连接在电源正、负极上，以免造成短路而烧坏电流表。

7）电流表使用一段时间或检修后要按规定进行校验。

2. 电压表的使用方法

电压表又称为伏特表，用于测量电路中的电压。按所测电压类型可分为直流电压表和交流电压表，按显示方式可分为指针式电压表和数显式电压表。

测量电路两端的电压时，电压表必须与被测电路并联，如图 1-2 所示。测量直流电压时，要使电压表的“+”端接线柱接在被测电路的高电位端、“-”端接线柱接在被测电路的低电位端，否则电压表的指针将反向偏转而造成电压表损坏；测量交流电压时，其接线柱不分极性，只要被测电压在电压表量程范围内，并联接入被测电路即可。

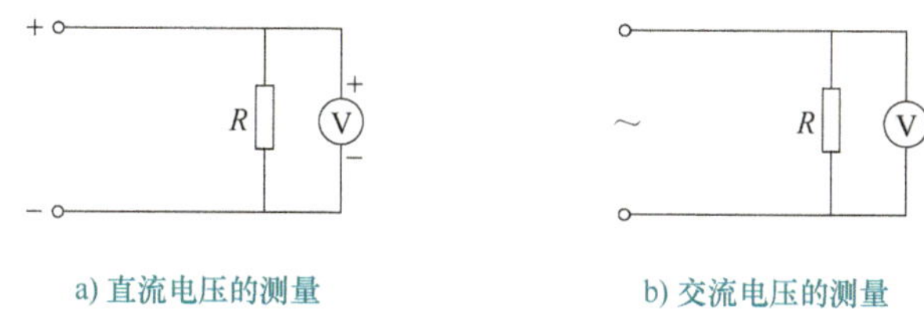

a) 直流电压的测量　　b) 交流电压的测量

图 1-2　电压表的使用方法

使用电压表的宜与忌

1）按表头标志选择、放置和使用电压表。

2）必须正确选择电压表的量程与准确度等级，并在量程允许范围内测量。

3）用电压表测量电压时，应并联接入被测电路，不可接错。在直流电路中，测量前应判断电压正负极性，不可接反。

4）选择合适的量程。在电压表接入前，必须对电路中的电压大小有所估计，以免电压超过量程而使电压表损坏。当被测电压值未知时，电压表的量程转换开关应置于最大挡，然后逐挡向小量程变换，直到取得合适的读数为止。

5）变换量程时，必须将电压表任意一个接线柱与被测电路断开，以免损坏电压表。

6）直流电压表的读数为直流电压的平均值，交流电压表的读数为交流电压的有效值。

7）电压表使用一段时间或检修后要按规定进行校验。

（二）常用电工工具的使用方法

常用电工工具是指电工经常使用的工具。能否正确使用和维护电工工具将直接影响到工作质量、效率和操作的安全。

1. 螺钉旋具的使用方法

螺钉旋具，俗称螺丝刀、改锥、起子等，是一种用来旋紧或旋松各种带槽螺钉的工具。它主要由钢制金属刀头和握柄两大部分组成。按功能和头部形状可分为一字螺钉旋具和十字螺钉旋具两种，分别用于旋转头部为一字形槽或十字形槽的螺钉；按握柄材料可分为木质柄螺钉旋具、塑料柄螺钉旋具和橡胶柄螺钉旋具3类，如图1-3所示；按刀头材料可分为非磁性螺钉旋具和磁性螺钉旋具两种。

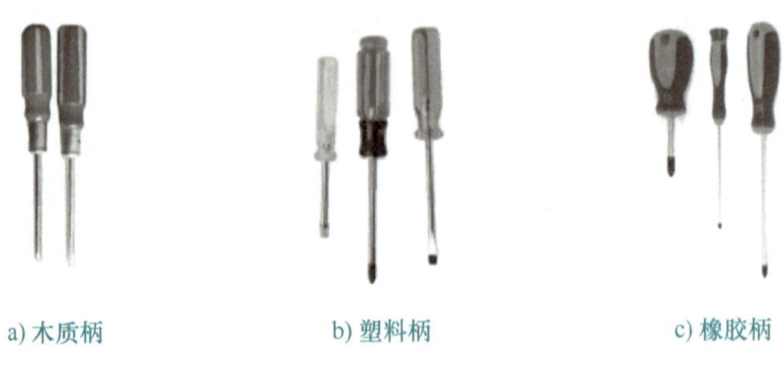

a) 木质柄　b) 塑料柄　c) 橡胶柄

图1-3　常用螺钉旋具的外形

一字螺钉旋具的型号一般用刀头宽度×旋杆表示。例如，2×75mm，表示刀头宽度为2mm，旋杆长75mm（非全长）。常见的旋杆长度有50mm、75mm、100mm、150mm和200mm等规格。

十字螺钉旋具的型号一般用刀头大小×旋杆表示。例如，Ⅱ×75mm，表示刀头为Ⅱ号，旋杆长75mm（非全长）。刀头大小有Ⅰ、Ⅱ、Ⅲ和Ⅳ四种规格，Ⅰ号适用于螺钉直径为2~2.5mm；Ⅱ号适用于螺钉直径为3~5mm；Ⅲ号适用于螺钉直径为6~8mm；Ⅳ号适用于螺钉直径为10~12mm。

在使用螺钉旋具拧紧或拧松大螺钉时，以右手紧握螺钉旋具握柄，手心用力顶住柄端，使刀头紧压在螺钉上。当开始拧松或最后拧紧时，应用力将螺钉旋具压紧后再用手腕力扭转螺钉旋具；当螺钉松动后，即可用手心轻压螺钉旋具柄端，用拇指、中指和食指快速转动螺钉旋具。一般以顺时针方向旋转为旋紧，逆时针方向旋转为起松，特殊场合则相反，如图1-4a所示。

在使用螺钉旋具拧紧或拧松小螺钉时，可用大拇指和中指轻轻握住握柄，食指顶住柄端，轻轻扭转螺钉旋具将小螺钉拧紧或拧松，如图1-4b所示。

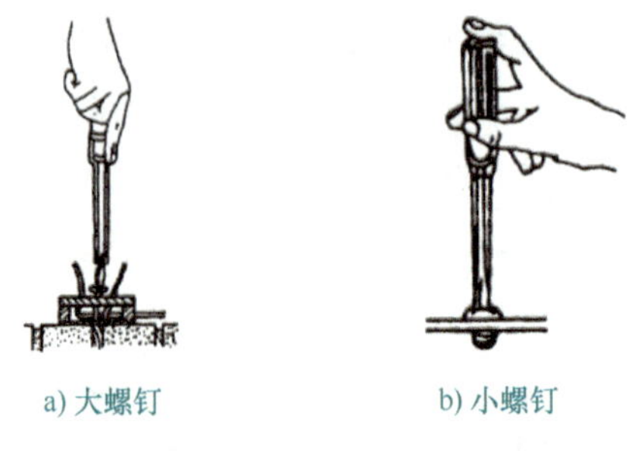

a) 大螺钉　b) 小螺钉

图1-4　螺钉旋具的使用方法

【指点迷津】

使用螺钉旋具的宜与忌

1）使用螺钉旋具拆卸和紧固螺钉时，用力要均匀。正确的方法是用右手握持螺钉旋具，手心抵住螺钉旋具握柄端部，让螺钉旋具刀头与螺钉槽口垂直吻合。当开始拧松或最后拧紧时，应用力将螺钉旋具压紧后再用手腕扭转螺钉旋具；当螺钉松动后，即可使手心轻压螺钉旋具握柄，用拇指、中指和食指快速转动螺钉旋具。

2）使用螺钉旋具时，手不得触及螺钉旋具的金属旋杆，以免发生触电事故。为了避免金属旋杆触及手部或邻近带电体，应在金属旋杆上套上绝缘管。

3）使用螺钉旋具时，应按螺钉的规格选用适合的刀头，以小代大或以大代小均会损坏螺钉或电气元件。

4）为了保护螺钉旋具刀头及握柄，不能把螺钉旋具当錾子使用。木质柄螺钉旋具不能受潮，以免带电作业时发生触电事故。

5）用螺钉旋具紧固螺钉时，应根据螺钉的大小、长短采用合适的操作方法，短小螺钉可用大拇指和中指夹住握柄，用食指顶住握柄的末端捻旋。紧固较大螺钉时，除大拇指和中指要夹住握柄外，手掌还要顶住握柄的末端，这样可以防止旋转时滑脱。

6）电工不可使用金属杆直通柄顶的螺钉旋具（俗称通心螺钉旋具）。

2. 钢丝钳的使用方法

钢丝钳俗称克丝钳、老虎钳，由钳头和钳柄两部分组成。钳头包括钳口、齿口、刀口、铡口4部分，其结构如图1-5a所示。齿口可代替扳手紧固小型螺母；钳口可用来钳夹和弯绞导线；刀口可用来剪切导线、掀拔铁钉；铡口可用来铡切钢丝等硬金属丝；如图1-5b～e所示。其规格有150mm、175mm、200mm共3种，均带有橡胶绝缘套管，可适用于500V以下的带电作业。使用时，应注意保护绝缘套管，以免划伤失去绝缘作用。

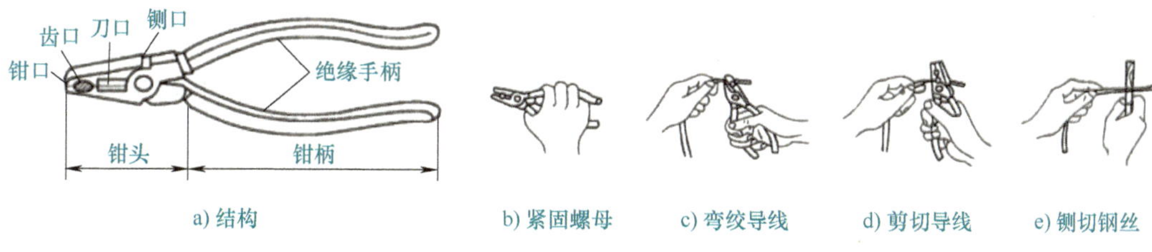

a) 结构　b) 紧固螺母　c) 弯绞导线　d) 剪切导线　e) 铡切钢丝

图1-5　钢丝钳的结构与使用方法

【指点迷津】

使用钢丝钳的宜与忌

1）使用前，必须检查钢丝钳的绝缘钳柄，确保绝缘状况良好，否则不得带电操作，以免发生触电事故。

2）带电操作时，手距离钢丝钳金属部分应不小于2cm，以确保人身安全。

3）用钢丝钳剪切带电导线时，必须单根进行，不得用刀口同时剪切相线（火线）和中性线（零线）或两根相线，以免造成短路事故。

4）使用钢丝钳时，刀口要朝向内侧，便于控制剪切部位。

5）不可用钳头代替锤子作为敲打工具，以免钳口错位、转动轴失圆，影响正常使用。

6）钳头的轴销应经常加润滑油，保证其开闭灵活。

3. 尖嘴钳的使用方法

尖嘴钳的特点是钳口尖细，使用灵活方便，适于在狭小的工作空间操作，能夹持较小的螺钉、垫圈、导线及电器元件。其结构与握法如图 1-6 所示。在安装电气线路时，可用尖嘴钳将单股导线接头弯圈，其刀口可用于剪断导线、金属丝、剖削导线绝缘层等。电工用尖嘴钳采用绝缘钳柄，其耐压等级为 500V，因此也可用来带电操作低压电器设备。其规格有 130mm、160mm、180mm 3 种。

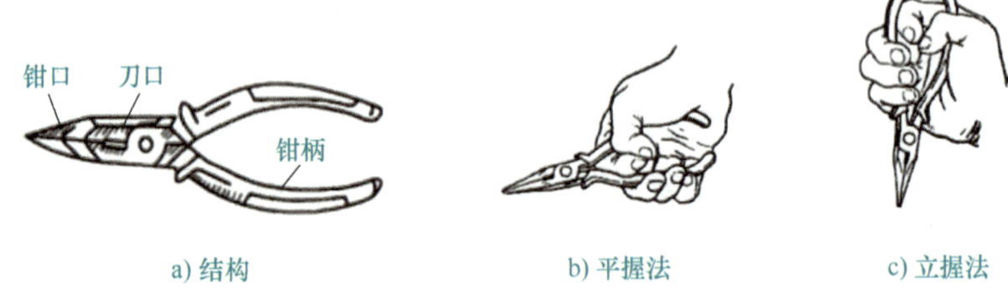

a) 结构　　b) 平握法　　c) 立握法

图 1-6　尖嘴钳的结构与握法

【指点迷津】

使用尖嘴钳的宜与忌

1）使用前，必须检查其绝缘钳柄，确定绝缘状况良好，否则不得带电操作，以免发生触电事故。

2）为了保证安全，带电操作时，手与尖嘴钳金属部分的距离应保持在 2cm 以上。

3）尖嘴钳的钳口比较尖细，且经过热处理，所以钳夹物体不可过大，用力不要过猛，以防损坏钳口。

4）注意尖嘴钳的防潮，钳轴要经常添加润滑油，以防生锈。

4. 斜口钳的使用方法

斜口钳又称为斜嘴钳、断线钳，其钳头扁斜，电工用斜口钳的钳柄采用绝缘柄。斜口钳的外形与使用方法如图 1-7 所示，其耐压等级为 1000V。斜口钳是一种专门用来剪断较粗的金属丝、线材及导线电缆等的工具。

a) 外形

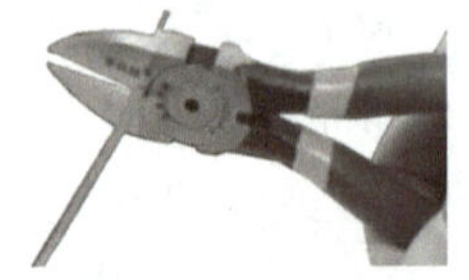

b) 剪切导线

图 1-7　斜口钳的外形与使用方法

5. 剥线钳的使用方法

剥线钳是用来剥削截面积为 $6mm^2$ 以下的塑料或橡胶绝缘导线绝缘层的专用工具。常用的剥线钳有普通自动型、鸭嘴形和轻便型等，它们的外形如图1-8所示。它主要由钳头和钳柄两部分组成，有0.5~3mm多个直径切口，用于剖削不同规格的芯线。

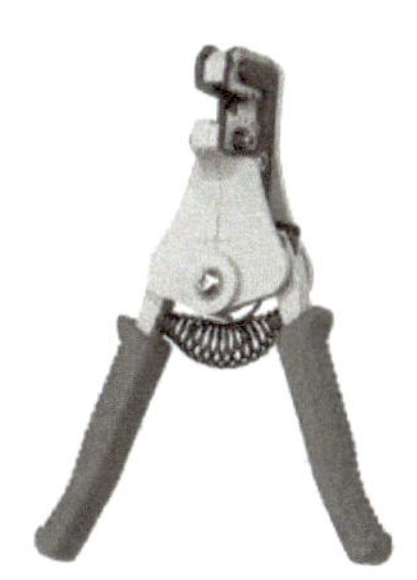

a) 普通自动型剥线钳

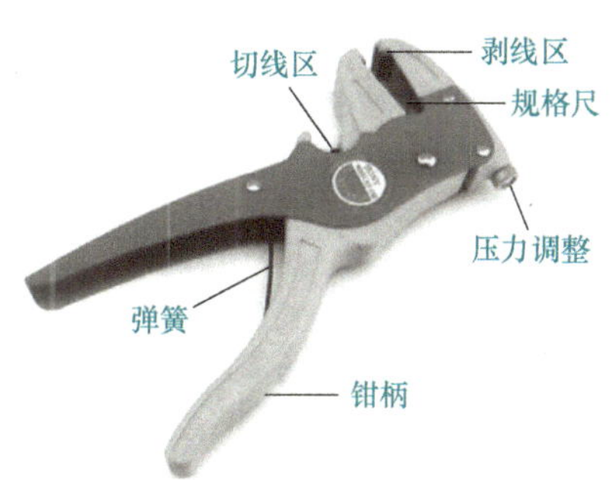

b) 鸭嘴形自动剥线钳

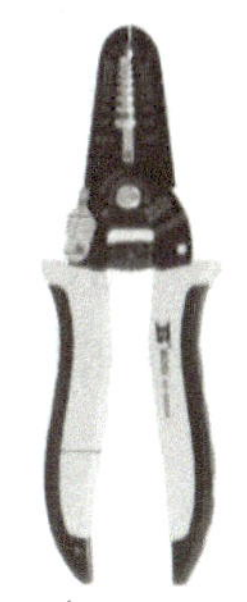

c) 轻便型剥线钳

图1-8　剥线钳的外形

使用普通自动型剥线钳剖削导线绝缘层的方法与步骤如下（见图1-9）：

1）根据导线的粗细型号选择相应的剥线切口孔径。

2）将准备好的导线放在剥线钳的切口中间，并选择好要剖削的长度。

3）握住剥线钳钳柄，将导线夹住，缓慢用力使导线绝缘层慢慢剥离。

4）松开剥线钳钳柄，取出导线。

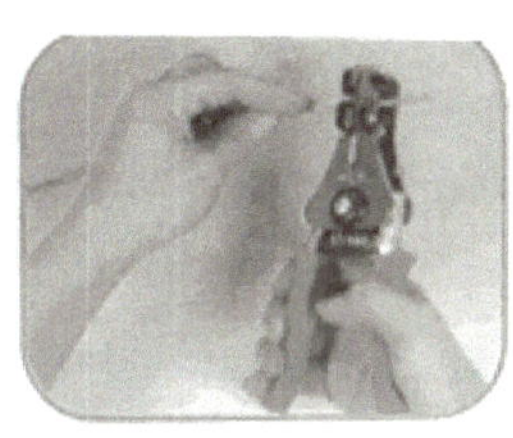

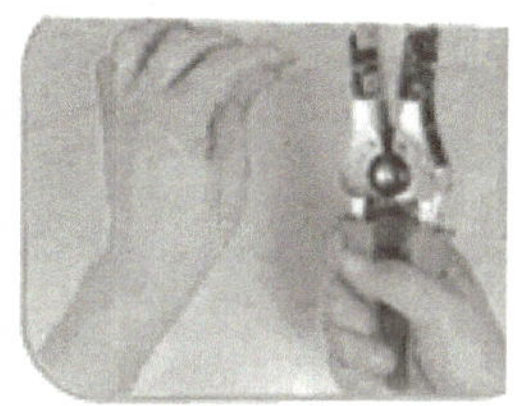

图1-9　剥线钳剖削绝缘层的方法

【指点迷津】

使用剥线钳的宜与忌

1）使用时，要注意选好切口孔径。当切口孔径选择过大时，将难以剥离绝缘层；当切口孔径过小时，又会切断芯线。只有选择合适的切口孔径，才能达到较好的剥线效果。一般来说，选择的切口直径稍大于线芯直径即可。

2）剥线钳不能当作钢丝钳使用，以免损坏切口。

3）带电操作时，首先要检查钳柄部分绝缘是否良好，以防止触电。

6. 低压验电器的使用方法

作为电工，在许多工作场合只有在确定没有电的情况下才能进行操作，这也是安全用电的基本要求。这时就需要用验电器来检验电气设备是否带电。验电器可分为低压验电器和高压验电器两类。

低压验电器通常称为验电笔，简称电笔，是用来检验低压导体、电器和电气设备金属外壳是否带电的一种电工工具。它具有体积小、携带方便、检验简单等优点，是电工必备的工具之一。其检测电压范围为60~500V，低于60V时低压验电器的氖管可能不发光显示，高于500V时，严禁用普通低压验电器去检测，以免产生触电事故。

电工常用的低压验电器有钢笔式、螺钉旋具式（形状为一字形，既可作低压验电器使用，同时在扭矩很小时也可作为一字形螺钉旋具使用）和感应式（采用感应式测试，无须物理接触，可检查控制线、导体和插座上的电压或沿导线检查断路位置）3种，其外形和结构如图1-10所示。电工最常用的是螺钉旋具式低压验电器。

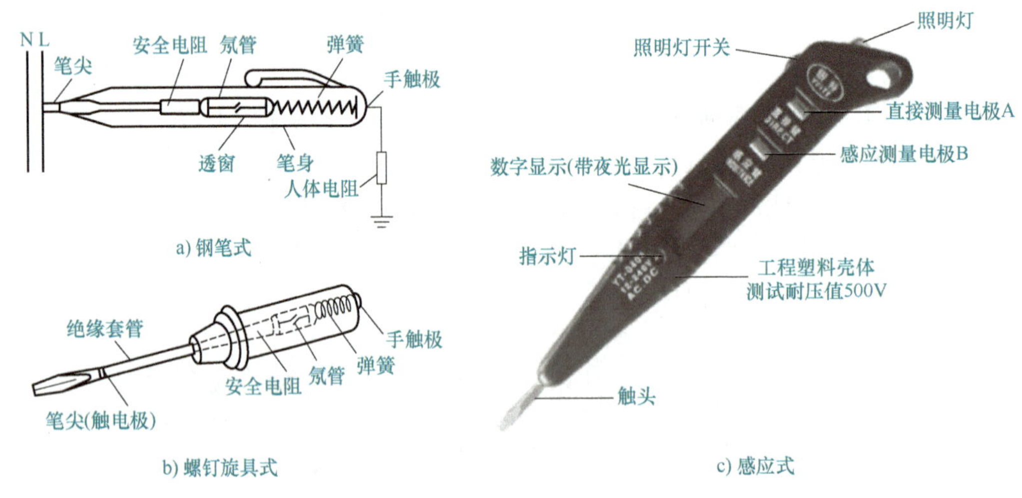

图1-10　低压验电器的外形与结构

钢笔式和螺钉旋具式低压验电器主要由笔尖（触电极）、安全电阻、氖管、弹簧和手触极（金属端盖或挂鼻）等组成，如图1-10a、b所示。氖管是装有两个电极的小玻璃管，管内充有低压氖气。当使用低压验电器测量时，只要电路中有微弱的电流通过，验电器氖管就会发出红色的光。低压验电器中的电阻称为安全电阻，一般为2~5MΩ，常用的安全电阻为3.5MΩ。低压验电器的握法如图1-11所示。

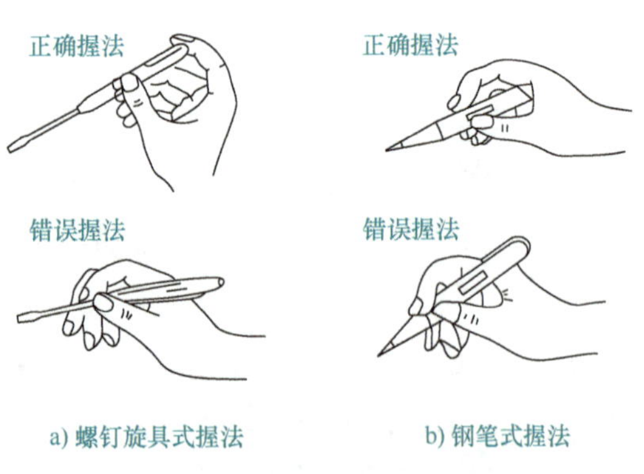

图1-11　低压验电器的握法

【指点迷津】

使用低压验电器的宜与忌

1）使用低压验电器前，首先要检查低压验电器内有无安全电阻，然后检查低压验电器是否损坏，如有无受潮或进水现象等。

2）使用时，先要在确认带电的导体上检查低压验电器能否正常发光。只有能够正常发光的低压验电器才可使用。

3）在明亮的光线下往往不容易看清氖管的辉光，应注意避光，以防光线太强不易观察到氖管是否发光，造成误判。

4）低压验电器的笔尖虽与螺钉旋具形状相同，但只能承受很小的扭矩，不能作为螺钉旋具使用，否则会损坏。

5）低压验电器使用完毕，要保持清洁，放置在干燥、防潮、防摔碰之处。

6）握持低压验电器时，人手应接触低压验电器尾部的金属端盖或挂鼻，绝不能接触低压验电器前端的金属部分。

小工具 做大事

低压验电器的特殊用途

低压验电器除了可用来测量导体、电气设备的外壳金属部分有无电之外，还具有一些特殊的用途。

1. 区分相线和中性线

当低压验电器触及交流电路导线时，使氖管发光的是相线。正常情况下，中性线是不会使氖管发光的。

2. 判断供电电路接地故障

在三相四线制电路中，用低压验电器测试中性线时，如果氖管会发光，则说明有接地故障或发生单相接地故障；在三相三线制电路中，用低压验电器测试三根相线，如果两相氖管很亮，另一相不亮，则不亮这相可能有接地故障。

3. 判断电压的高低

当用低压验电器触及带电体时，氖管越暗，表明电压越低；氖管越亮，表明电压越高。

4. 区别交、直流电源

交流电通过低压验电器时，氖管的两个极同时发光；直流电通过低压验电器时，氖管的两个极中只有一个发光。

5. 区别直流电源的正、负极

用低压验电器触及直流电源的正、负极时，氖管发光的一端即为直流电的正极；不发光的一端为直流电的负极。

6. 判别相线碰壳

用低压验电器触及电气设备的外壳时，若氖管发光，则说明电气设备的相线有碰壳而漏电的现象。如果电气设备外壳有良好的接地装置，氖管是不会发光的。

7. 电工刀的使用方法

电工刀是用来剖削导线绝缘层，切割电工器材，削制木榫的常用电工工具。图 1-12 所示为常用电工刀的外形。

电工刀按结构分有普通式和多用式两种。普通式电工刀有大号和小号两种规格；多用式电工刀除刀片外还增加了锯片和锥子，锯片可锯割导线槽板、塑料管和小木桩，锥子可钻木螺钉的定位底孔。

使用电工刀时，应将刀口朝外，一般是左手持导线，右手握刀柄，如图 1-13 所示。

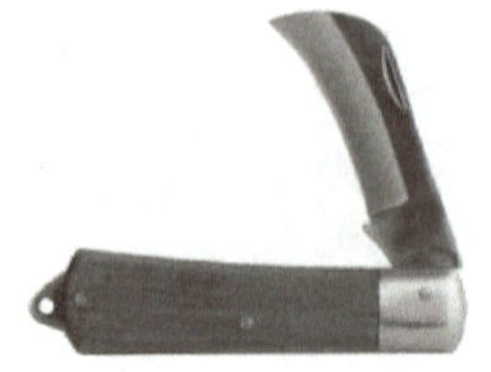

a) 普通式

b) 多用式

图 1-12　电工刀

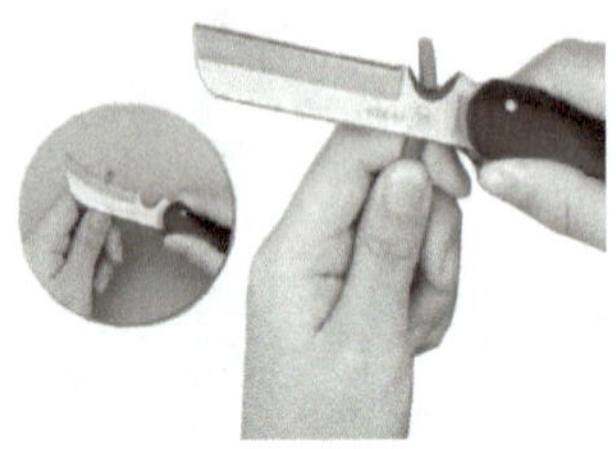

图 1-13　电工刀的使用方法

【指点迷津】

使用电工刀的宜与忌

1）使用电工刀时，刀口应朝外部切削，切忌面向人体切削。

2）电工刀的刀柄无绝缘保护，不能接触或剖削带电导线及器件。

3）电工刀使用后应随即将刀身折进刀柄，注意避免伤手。

4）一般情况下，不允许用锤子敲打刀背的方法来切削木桩等物品。

（三）导线绝缘层的剖削方法

【指点迷津】

剖削导线绝缘层的技术要求

1）不得损伤导线的金属线芯，剖削出的芯线应保持完整无损；如损伤较大，应重新剖削。

2）剖削导线时应注意安全，特别是使用电工刀剖削时，刀口应向外，避免伤人。

3）要根据接头的需要，剖削线头长短要合适。

1. 塑料硬导线绝缘层的剖削方法

除去聚氯乙烯绝缘硬导线（简称塑料硬导线）的绝缘层可以用剥线钳、尖嘴钳、钢丝钳、电工刀等。

导线线芯截面积为 4mm^{2}以下的塑料硬导线，可用钢丝钳、尖嘴钳、剥线钳等进行剖削。采用钢丝钳剖削硬导线绝缘层的方法如图 1-14 所示。根据所需线头长度，用钢丝钳刀口轻轻切破绝缘层表皮，但不可切入线芯，然后左手握紧导线，右手握紧钢丝钳钳头，用力向外勒去塑料绝缘层，在勒去绝缘层时，不可在刀口处加剪切力，以免伤及线芯。

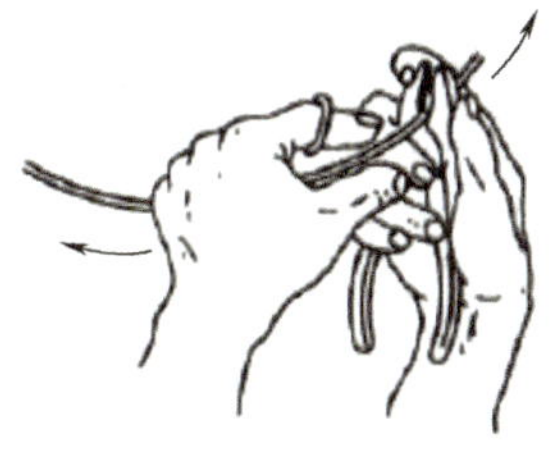

图 1-14　用钢丝钳剖削硬导线绝缘层的方法

用剥线钳剖削塑料硬导线绝缘层的方法如图 1-15 所示。

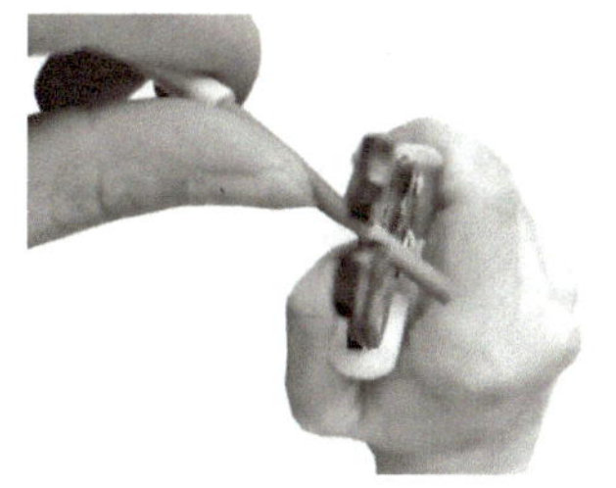

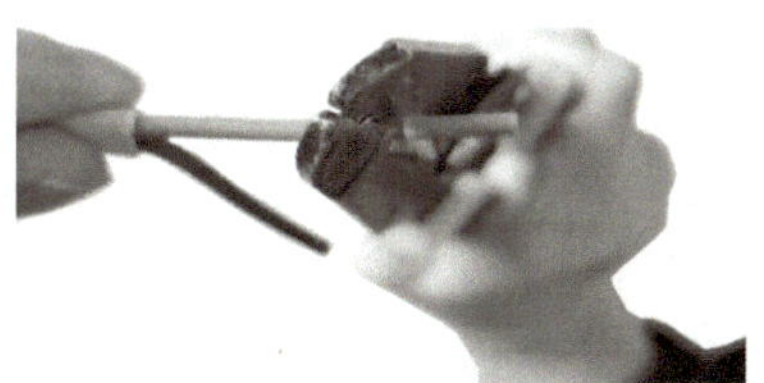

图 1-15　用剥线钳剖削塑料硬导线绝缘层的方法

导线线芯截面积大于 4mm^2 的塑料硬线绝缘层一般用电工刀进行剖削。具体方法如图 1-16所示。根据所需线头长度，电工刀刀口以 45°角切入塑料绝缘层，但不可伤及线芯，刀面与线芯保持 15°角向外推进，将绝缘层削出一个缺口，然后将未削去的绝缘层向后扳转，再用电工刀齐根切断。

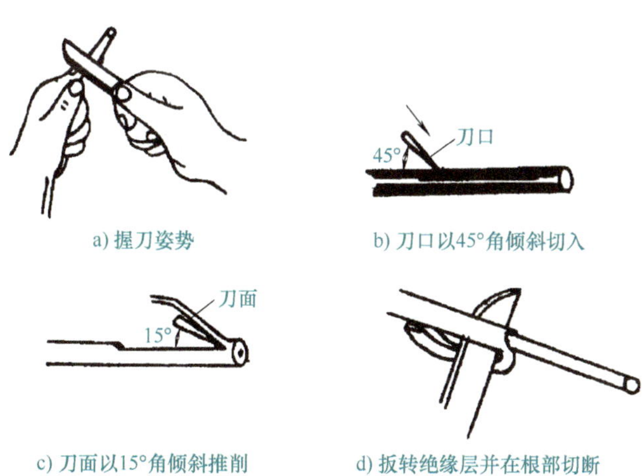

a) 握刀姿势　b) 刀口以45°角倾斜切入　c) 刀面以15°角倾斜推削　d) 扳转绝缘层并在根部切断

图 1-16　用电工刀剖削导线绝缘层的方法

2. 塑料软导线绝缘层的剖削方法

除去聚氯乙烯绝缘软导线（简称塑料软导线）的绝缘层一般用剥线钳、钢丝钳或尖嘴钳剖削，但不能用电工刀剖削，因塑料软导线太软，线芯又由多股铜丝组成，用电工刀容易伤及线芯。

3. 塑料护套线绝缘层的剖削方法

塑料护套线的绝缘层分为外层公共护套层和内部每根芯线的绝缘层。此时，必须用电工刀来剖削，其方法如下：

1）按所需长度用电工刀刀尖对准芯线缝隙划开公共护套层，如图 1-17a 所示。

2）按所需长度在导线根部横着划下（注意不能损伤芯线绝缘层），如图 1-17b 所示。

3）电工刀切下后保持不动，左手转动导线一周，如图 1-17c 所示。

4）剥去公共护套层，如图 1-17d 所示。

5）在距离公共护套层 5~10mm 处，以约 45°角倾斜切入芯线塑料绝缘层，其他步骤同塑料硬导线绝缘层的剖削，如图 1-17e 所示。

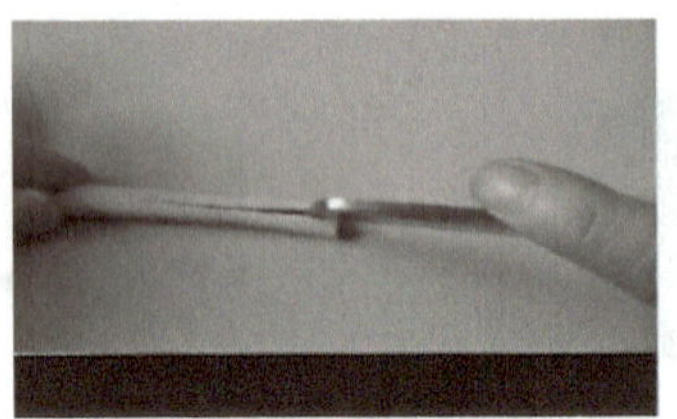

a) 划开公共护套层

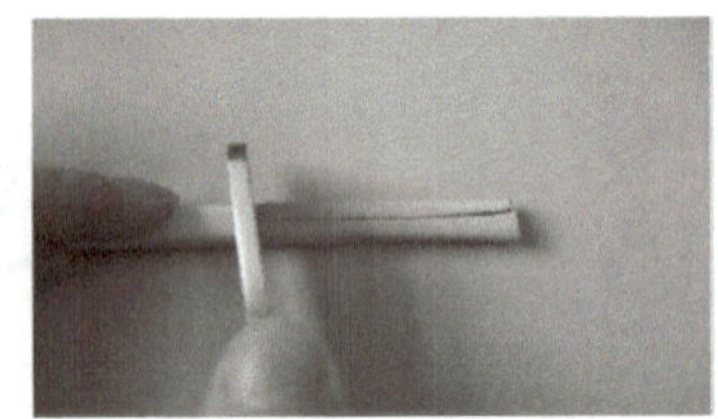

b) 横着划下

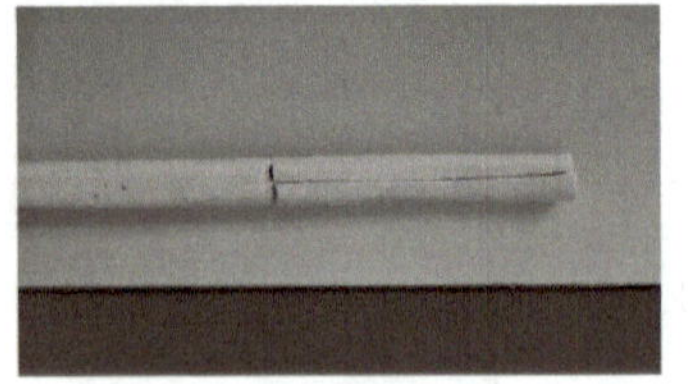

c) 切下后转动一周

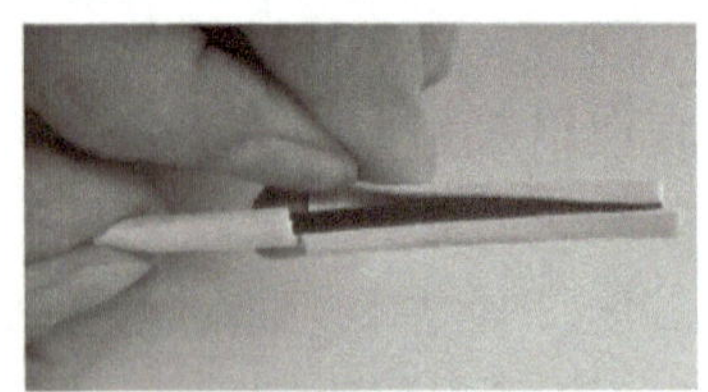

d) 剥去公共护套层

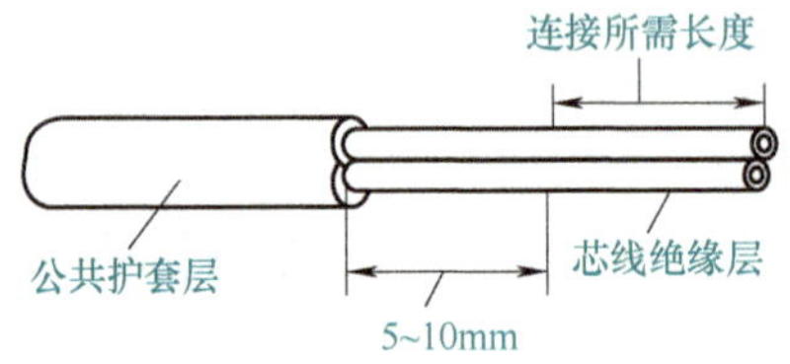

e) 护套线绝缘层剖削示意图

图 1-17　用电工刀剖削护套线绝缘层

四、任务实施

（一）熟知实训室规章制度

通过指导教师的讲解和观察，能够熟知实训室的规章制度和实训室 7S 管理规范要求。

1）熟知实训室规章制度。熟悉实训室规章制度名称、内容和要求。

2）熟知实训室 7S 管理规范要求。熟悉实训室 7S 管理规范内容和要求，会正确实施 7S 管理规范。图 1-18 所示为某实训室 7S 管理规范展板。

图1-18　某实训室7S管理规范展板

3）认识实训室安全标志牌、警告牌。熟悉实训室装设的安全标志牌、警告牌，说明安装标志牌、警告牌的作用及使用方法。

（二）了解实训装置电源配置

1. 了解实训室的电源

通过指导教师的讲解和观察，能够了解实训室总电源控制装置（箱）的位置及各电源开关的名称、控制作用。了解实训室总电源的通、断电操作的步骤与方法。

2. 了解实训装置的电源配置

通过指导教师的讲解和观察，能够了解实训装置的电源配置，并完成表1-1。

表1-1　实训装置的电源配置

任务名称	任务要求	任务记录
1. 了解总电源配置	1. 说明实训装置总电源开关位置 2. 闭合总电源开关，观察总电源指示情况 3. 说明实训装置保护措施 4. 了解实训室安全标志牌作用及使用方法	总电源开关位置：______ 总电源指示情况：______ 保护措施：______ 安全标志牌名称：______
2. 了解直流电源配置	1. 说明直流可调稳压电源组数及电压、电流调节范围	电源组数：______ 电压调节范围：______ 电流调节范围：______

（续）

任务名称	任务要求	任务记录
2. 了解直流电源配置	2. 说明直流电压、电流调节旋钮和输出接线端子的位置与极性	电压调节旋钮位置：________ 电流调节旋钮位置：________ 红色输出接线端子：________极 黑色输出接线端子：________极
	3. 说明直流电压表、电流表的位置、量程和读数方法	直流电压表量程：________ 直流电压表读数方法：________ 直流电流表量程：________ 直流电流表读数方法：________
	4. 调节直流电压、电流调节旋钮，分别调到直流12V、1A，观察电压表、电流表的指示值	电压表指示值：________ 电流表指示值：________
	5. 指出直流 5V、0.3A 固定电压位置、输出接线端子与极性	红色输出接线端子：________极 黑色输出接线端子：________极
3. 了解交流电源配置	1. 说明多挡低压交流电源可调电压值和最大电流值	可调电压值：________ 最大电流值：_____
	2. 说明多挡低压交流电源输出接线端子位置	共有：____ 个接线端子
	3. 说明多挡低压交流电源电压表量程和读数方法	电压表量程：________
	4. 闭合电源开关，将交流电源调到 12V，并观察电压表读数	电压表读数：________
	5. 指出 220V 单相交流电源插座位置	共有：________个插座
	6. 说明 220V 单相交流电源插座三个孔的性质	上孔：_____；左孔：_____ 右孔：_____
	7. 指出三相四线制交流电源的插座位置	共有：________个插孔
	8. 说明三相四线制交流电源插座四个孔的性质	上孔：_____；左孔：_____ 右孔：_____；下孔：_____
	9. 说明三相五线制交流电源输出接线端子的名称	U 端子接电源：________线 V 端子接电源：________线 W 端子接电源：________线 N 端子接电源：________线 E 端子接电源：________线
	10. 闭合电源总开关，观察输入电源指示灯亮暗情况	U 相指示灯：_____ V 相指示灯：_____ W 相指示灯：_____
	11. 调节电源换相开关，观察输出电压指标值	U 相电压：_____ V 相电压：_____ W 相电压：_____

（三）认识实训室常用电工仪器仪表

任务实施器材准备： 准备多种类型电流表、电压表、万用表、功率表、绝缘电阻表、直流单臂电桥、直流双臂电桥、电能表、示波器、信号发生器等各 2~3 台，并进行编号。

通过观察和指导教师的讲解，能够识别实训室常用电工仪器仪表，说明其用途，并完成表 1-2。

表 1-2　实训室常用电工仪器仪表的名称、型号与规格及用途

编　号	名　称	型号与规格	用　途
1			
2			
3			
…			
N			

（四）认识实训室常用电工工具

任务实施器材准备： 准备多种类型低压验电器、电工刀、钢丝钳、斜口钳、尖嘴钳、剥线钳、螺钉旋具、扳手、手电钻、电烙铁等各 2~3 只，并进行编号。

通过观察和指导教师的讲解，能够识别实训室常用电工工具，说明其用途，从外观检查其好坏，并完成表 1-3。

表 1-3　实训室常用电工工具的名称、用途及外观检查结果

编　号	名　称	用　途	外观检查结果
1			
2			
3			
…			
N			

（五）常用电工工具的使用

任务实施器材准备： 螺钉旋具式、感应式低压验电器各一支，各种规格螺钉旋具、木板、螺钉、钢丝钳、尖嘴钳、剥线钳、电工刀、单芯硬导线及多芯软导线。

1. 低压验电器的使用

（1）判断单相电源插座相线、中性线　通过观察指导教师示范操作及实践，会使用低压验电器正确判断单相电源插座的相线、中性线。

（2）判断三相电源插座相线、中性线　通过观察指导教师示范操作及实践，会使用低压验电器正确判断三相电源插座的相线、中性线。

（3）判断低压验电器验电范围　调节低压交流电源调节旋钮，使输出电压为 60V 及

以下，观察低压验电器能否发光。

（4）用低压验电器判断电压的高低　使用低压验电器分别测试单相交流电源、三相交流电源，观察低压验电器的亮暗程度，判断电源电压的高低。

2. 螺钉旋具的使用

1）选择与螺钉槽口尺寸相一致的螺钉旋具，将刀头压紧螺钉槽口，然后顺时针旋动螺钉旋具，将螺钉 5/6 的长度旋入木板中。应注意垂直旋入，不要旋歪。

2）选择与螺钉槽口尺寸相一致的螺钉旋具，将所旋入的螺钉旋出来。

注意：有条件时，可在垂直墙面、天花板上练习旋紧或旋松螺钉，但要注意安全。

3. 钢丝钳、尖嘴钳、剥线钳的使用

1）用钢丝钳或尖嘴钳的钳口将旋入木板中的螺钉端部夹持住，再逆时针旋出螺钉。

2）用钢丝钳或尖嘴钳的刀口将多芯软导线、单芯硬导线分别剪成 5 段长度相同的短导线。

3）用尖嘴钳剥削单股硬导线的端头绝缘层，再将端头弯成一定规格的圆弧状（俗称羊眼圈）。

4）用剥线钳或尖嘴钳去除步骤 2）中均分的多芯软导线绝缘层。

五、任务评价

任务评价标准见表 1-4。

表 1-4　任务评价标准

任　务	评价标准	配分/分	扣　分
了解实训室规章制度	1. 实训室规章制度说明有误，扣 2~3 分 2. 实训室 7S 管理规范内容和要求说明有误，扣 2~3 分 3. 安全标志牌、警告牌名称、作用、使用方法等说明有误，扣 2~3 分	10	
了解实训室的总电源配电箱	1. 实训室总电源配电箱位置、各电源开关名称、作用等说明有误，扣 2~3 分 2. 实训室总电源配电箱开关通、断电操作步骤、方法有误，扣 3~5 分	10	
识别实训装置总电源配置	1. 实训装置总电源开关位置、电源指示说明有误，扣 3~5 分 2. 实训装置保护措施说明有误，扣 3~5 分	10	
认识实训装置直流电源配置	1. 直流可调稳压电源、电流调节范围说明有误，扣 2~3 分 2. 直流电压、电流调节旋钮、接线端子与极性说明有误，扣 3~5 分 3. 直流电压表、电流表量程和读数方法说明有误，扣 2~3 分 4. 不会调节、观察直流电压、电流值，扣 2~3 分 5. 直流 5V、0.3A 固定电压输出位置、接线端子与极性说明有误，扣 2~3 分	25	

（续）

任　务	评 价 标 准	配分/分	扣　分
认识实训装置 交流电流配置	1. 多挡低压交流电源可调电压值和最大电流值、输出接线端子位置说明有误，扣 2~3 分 2. 多挡低压交流可调电源电压表量程及读数方法说明有误，扣 2~3 分 3. 220V 单相交流电源插座位置及三孔性质说明有误，扣 2~3 分 4. 三相四线制交流电源插座位置及四孔性质说明有误，扣 2~3 分 5. 三相五线制交流电源输出端子名称、作用说明有误，扣 2~3 分 6. 调节电源换相开关及观察输出电压表指示值有误，扣 2~3 分	25	
常用电工工具的使用	1. 低压验电器使用不规范、判断相线与中性线不正确，扣 2~3 分 2. 螺钉旋具使用不规范，扣 2~3 分 3. 钢丝钳、尖嘴钳、剥线钳使用不规范，扣 2~3 分	20	
职业素养要求	1. 安全意识：穿工作服、绝缘鞋，穿戴不符合要求不得进入实训室；遵守安全操作规程，不发生任何安全事故 2. 环保意识：要求材料无浪费，现场整洁干净，废品清理分类符合环保要求 3. 质量意识：严格遵守实训操作流程的管理规定，保证实训作品质量合格、规格符合要求 4. 制度意识：遵守实训室规章制度，严格执行实训室 7S 管理规范 5. 信息素养：能收集、整理技术资料并归档；具有精益求精的工匠精神、良好的创新思维、自我管理能力和较强的集体意识与团队合作精神等 违反上述职业素养要求，从总分中酌情扣 5~40 分，情节严重者，本次任务操作训练可判为 0 分，甚至取消本次任务操作资格		

开始时间		结束时间		实际时间		成绩	

学生自评：

学生签名：　　　　　　年　　月　　日

教师评语：

教师签名：　　　　　　年　　月　　日

六、收获总结

将本任务实施过程中的收获与问题总结填写在表 1-5 中。

表 1-5　收获与问题总结反馈表

序　号	我会做的	我学会的	我的疑问	解决办法
1				
2				
3				
4				
5				
存在的问题：				

任务 2　模拟触电急救

一、任务目标

1）掌握触电急救的方法。

2）掌握现场急救的基本要领，会进行模拟触电急救。

3）提高安全意识，养成安全文明生产习惯。

二、任务描述

根据指导教师提供的模拟触电现场环境，采用正确的方法使触电者脱离电源；观察与诊断触电者状况；实施模拟现场急救。

三、任务准备

触电者一旦脱离带电体，必须在现场迅速对症救治，切忌在无任何救治措施的情况下送往医院。抢救触电者生命的心肺复苏法有胸外心脏挤压法、口对口人工呼吸法等。

（一）对“有呼吸而心跳停止”触电者的急救方法

对“有呼吸而心跳停止”的触电者，应采用“胸外心脏挤压法”进行急救，急救方法见表 1-6。

（二）对“有心跳而呼吸停止”触电者的急救方法

对“有心跳而呼吸停止”的触电者，应采用“口对口人工呼吸法”进行急救，急救方法见表 1-7。

表 1-6　胸外心脏挤压法

序　号	急救步骤	急救图示
1	使触电者仰卧在硬板或地上，颈部枕垫软物使头部稍向后仰，松开触电者衣服和裤带，施救者跪跨在触电者腰部	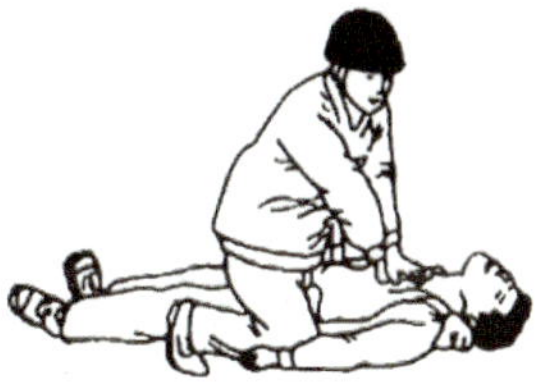
2	施救者右手掌根部置于触电者胸骨下二分之一处，中指指尖对准其颈部凹陷的下缘，左手掌复压在右手背上	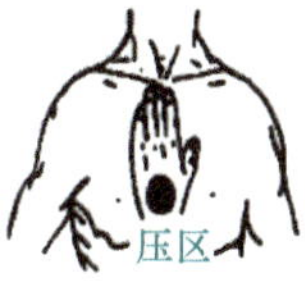 压区 中指指尖对准颈部凹陷下缘 　掌根用力向下压
3	掌根用力下压 3～4cm，然后突然放松。挤压与放松的动作要有节奏，每分钟 100 次为宜，必须坚持连续进行，不可中断	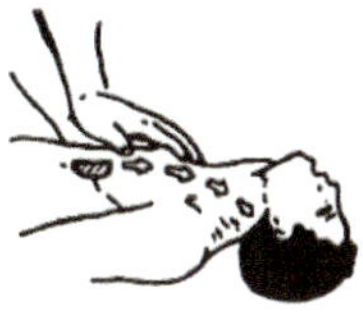 向下按压 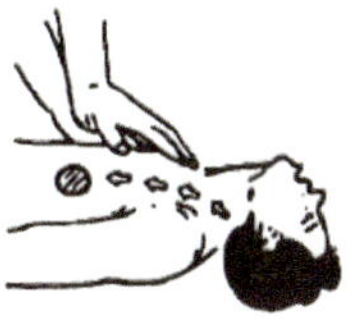　放松回流

表 1-7　口对口人工呼吸法

序　号	急救步骤	急救图示
1	使将触电者仰卧，颈部枕垫软物，头部偏向一侧，解开触电者衣服和裤带，松开上身的内衣、围巾等，清除触电者口中的血块、义齿等异物，使其胸部能自由扩张，不致妨碍呼吸 如果舌根下陷，应将舌根拉出，使气道畅通。如果触电者牙关紧闭，施救者应以双手托住其下颌骨的后角处，大拇指放在下颌角边缘，用手将下颌骨慢慢向前推移，使下牙移到上牙之前。也可用开口钳、小木片、金属片等，小心地从口角伸入牙缝撬开牙齿，清除口腔内异物。然后将其头扳正，使之尽量后仰，鼻孔朝天，使气道畅通	清理口腔阻塞 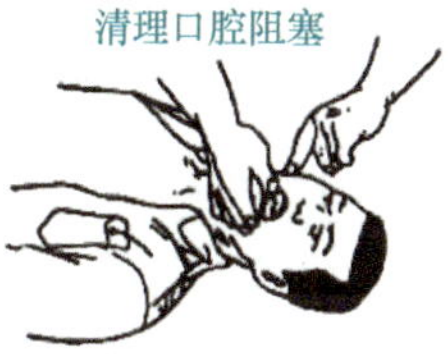 鼻孔朝天头后仰 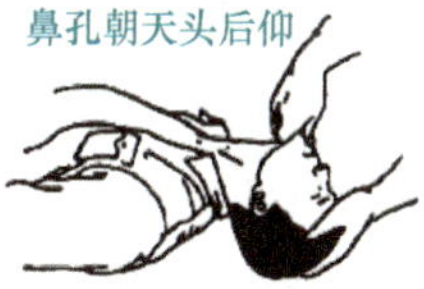
2	施救者一只手捏紧触电者的鼻子，另一只手托在触电者的下颌，将触电者颈部上抬，深深吸一口气，用嘴紧贴触电者的嘴，大口吹气。吹气时，要使其胸腔膨胀	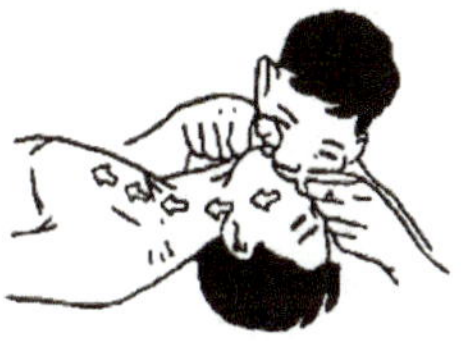 贴紧吹气
3	然后放松捏着鼻子的手，让气体从触电者肺部排出，如此反复进行，每 5s 吹气一次（对触电儿童每 3s 吹气一次），坚持连续进行，不可间断，直到触电者苏醒为止	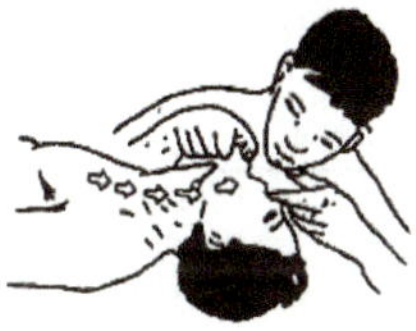 放松换气

（三）对“呼吸和心跳都已停止”触电者的急救方法

对“呼吸和心跳都已停止”的触电者，应同时采用“口对口人工呼吸法”和“胸外心脏挤压法”进行急救，急救方法见表1-8。

表1-8 “呼吸和心跳都已停止”急救方法

序号	急救步骤	急救图示
1	一人急救：口对口人工呼吸法和胸外心脏挤压法应交替进行，即吹气两次，再挤压心脏15次，且速度都应加快	
2	两人急救：每5s吹气一次，每1s挤压一次，两种方法同时进行	
注意事项	禁止乱打肾上腺素等强心针　禁止冷水浇淋	

四、任务实施

演练前的器材准备：触电急救模拟人、干木棒、绝缘垫等器具。

（一）使触电者脱离电源

根据指导教师设置的模拟触电情景，要求采用正确的方法使“触电者”迅速脱离电源。模拟触电情景可分为低压触电、高压触电和高处触电三种。将使“触电者”脱离电源的方法填入表1-9中。

表1-9 使“触电者”脱离电源的方法

触电情景	脱离电源方法
低压触电	
高压触电	
高处触电	

（二）诊断触电者状况

根据指导教师设置的模拟“触电者”状况，说明应实施的触电急救方法。

（三）实施模拟触电急救

1. 口对口人工呼吸法模拟演练

使用触电急救模拟人，进行口对口人工呼吸法模拟练习，要求急救方法符合规范要求。

2. 胸外心脏挤压法模拟演练

使用触电急救模拟人，进行胸外心脏挤压法模拟练习，要求急救方法符合规范要求。

五、任务评价

任务评价标准见表 1-10。

表 1-10　任务评价标准

任务名称	评价标准					配分/分	扣　分
使触电者脱离电源	1. 使触电者脱离电源方法有误，扣 3~5 分 2. 不能使触电者脱离电源，本项不得分					20	
诊断触电者状况	1. 诊断方法不正确，扣 3~5 分 2. 诊断结果错误，本项不得分					20	
口对口人工呼吸法模拟演练	1. 急救方法不规范、不熟练，扣 3~5 分 2. 急救方法不正确，扣 10 分					30	
胸外心脏挤压法模拟演练	1. 急救方法不规范、不熟练，扣 3~5 分 2. 急救方法不正确，扣 10 分					30	
职业素养要求	详见表 1-4						
开始时间		结束时间		实际时间		成绩	
学生自评： 学生签名：　　　　年　　月　　日							
教师评语： 教师签名：　　　　年　　月　　日							

六、收获总结

将本任务实施过程中的收获与问题总结填写在表 1-11 中。

表 1-11　收获与问题总结反馈表

序　号	我会做的	我学会的	我的疑问	解决办法
1				
2				
3				
4				
5				
存在的问题：				

任务3　模拟电气火灾处理

一、任务目标

1）掌握电气火灾的处理方法。

2）会扑灭模拟电气火灾。

3）熟悉实训室逃生通道及一般逃生方法。

4）提高安全意识、安全应急能力，养成安全文明生产习惯。

二、任务描述

家庭、生产企业、变配电所等场所的电气设施设备繁多，用电量大，极易发生电气火灾。一旦发生电气火灾，则可能造成人员伤亡、财产损失和重大环境污染等事故，甚至造成大面积停电，引发一系列重特大事故的发生。本任务根据指导教师提供的模拟电气火灾现场情境，学习火灾逃生方法，学会正确切断火灾现场电源的方法，实施模拟电气火灾扑救。

三、任务准备

（一）MFZL-4 型手提式干粉灭火器的使用方法

MFZL-4 型手提式干粉灭火器实物如图 1-19 所示。它使用 ABC（磷酸铵盐）干粉灭火剂和驱动气体（氮气）一起灌装在全封闭的容器内。灭火时，由氮气驱动干粉灭火剂喷射灭火，具有结构简单、操作方便、易于维修、便于保管、安全可靠等优点。它适用于扑救 A 类火（普通的固体材料火灾）、B 类火（可燃液体火灾）、C 类火（气体火灾）、E 类火（带电物质火灾）的初起火灾。

MFZL-4 型手提式干粉灭火器的使用步骤如下。

1）右手提压把，左手托住灭火器底部，轻轻取出灭火器。

2）右手提着灭火器到现场。

3）去除铅封，拔掉保险销。

4）左手握着喷嘴，右手提着压把。

5）在距离火源 2m 的地方，按下压把，对准火焰根部扫射。

（二）MT-3 型手提式二氧化碳灭火器的使用方法

MT-3 型手提式二氧化碳灭火器实物如图 1-20 所示。它是利用其内部充装的液态二氧化碳蒸气压将二氧化碳喷出灭火，覆盖火区可隔绝空气，使火熄灭。它适用于扑救可燃液体、可燃气体及电气设备的火灾。其使用步骤如下。

1）用右手提着压把到现场。

2）去除铅封，拔掉保险销。

图 1-19　MFZL-4 型
手提式干粉灭火器

图 1-20　MT-3 型
手提式二氧化碳灭火器

3）站在距火源 2m 的地方，左手握着喇叭形喷嘴，右手用力压下压把，对准火焰斜上方进行灭火。火灭后，抬起灭火器压把，即停止喷射。

四、任务实施

演练前的器材准备：实训室电气火灾事故应急预案、灭火器材等。

（一）熟悉电气火灾应急预案

企业生产车间、变配电所等场所应备有电气火灾应急预案。应急预案主要包括应急救援小组与职责、应急处理方法等内容。

发生电气火灾时，火灾现场应成立应急救援小组。一是组织火灾现场的应急抢险，处置出现的紧急情况。二是与电力调度室保持联系，报告灾情，执行救灾指令等。其人员构成一般有当值班组长、现场值班人员等。当值班组长是现场应急抢险的主要组织者，负责应急救援小组成员分工，组织和指挥火灾现场的应急救援，向电力调度室报告情况，贯彻指挥部救灾指令；其他现场值班人员应服从安排、听从指挥，积极参加应急抢险，完成自己承担的任务，发现险情及时报告。

要求学生根据指导教师的讲解，熟悉学校实训室、变配电所等场所电气火灾应急预案。

（二）熟悉实训室火灾逃生通道

1）熟悉火灾逃生通道。通过指导教师讲解，熟悉实训室火灾逃生通道。

2）模拟火灾逃生演练。根据指导教师的指示，成立应急救援小组，进行模拟火灾逃生演练。

（三）熟悉学校消防重点部位和消防设施配备情况

1）熟悉学校实训室、变配电所等消防重点部位的基本情况、火灾危险性、扑救方法及措施。

变配电所等消防重点部位是指火灾危险性大、发生火灾后损失大、伤亡大、影响大的部位和场所，一般悬挂特定的标识牌，写明防火重点部位或场所的名称及防火责任人。变配电所重点消防部位指主控室、继保室、通信室、电容器室、电缆层、主变压器、高压电抗器、低压配电室、站用变电室、蓄电池室等部位和场所。

2）熟悉学校其他消防重点部位和场所的消防设施配备数量、放置部位、疏散通道等。

（四）演练模拟实训室电气火灾的处理

模拟实训室实训装置发生电气火灾，要求根据火灾应急预案实施实训室电气火灾处理。

1）组成应急救援小组，明确各成员职责。

2）明确应急处理方法等要求。

3）组织现场人员紧急撤离。

4）切断电源，用灭火器进行扑灭。

5）进行现场善后处理。

五、任务评价

任务评价标准见表 1-12。

表 1-12　任务评价标准

任务名称	评价标准					配分/分	扣分
熟悉电气火灾应急预案	应急预案不熟悉、不清楚，扣 5~10 分					10	
熟悉实训室火灾逃生通道	1. 实训室逃生通道不熟悉，扣 3~6 分 2. 逃生演练方法有误，扣 3-6 分					10	
熟悉学校消防重点部位和消防设施配备情况	1. 消防重点部位不熟悉，扣 3~5 分 2. 消防设施配备情况不熟悉，扣 3~5 分					10	
常用灭火器材使用	1. 灭火器材使用方法不熟悉，扣 3~5 分 2. 灭火器材使用不熟练、不会使用，扣 5~10 分					30	
演练模拟实训室电气火灾的处理	1. 演练步骤有误，扣 2 分 2. 各项命令不规范或有误，每项扣 2 分 3. 灭火组织措施有误，扣 3~5 分 4. 灭火方法有误，扣 3~5 分					40	
职业素养要求	详见表 1-4						
开始时间		结束时间		实际时间		成绩	
学生自评： 学生签名：　　　年　月　日							
教师评语： 教师签名：　　　年　月　日							

六、收获总结

将本任务实施过程中的收获与问题总结填写在表 1-13 中。

表 1-13　收获与问题总结反馈表

序　　号	我会做的	我学会的	我的疑问	解决办法
1				
2				
3				
4				
5				
存在的问题：				

任务 4　导线连接与绝缘恢复

一、任务目标

1）能识别常用塑料硬线、软线、护套线及七股铜芯导线与绝缘材料。

2）能使用合适的电工工具对导线进行剖削。

3）能使用合适的电工工具进行导线的连接。

4）能恢复导线连接处的绝缘。

5）养成遵守纪律、安全操作的意识，培养爱岗敬业、精益求精的工匠精神。

二、任务描述

导线的连接与绝缘恢复是电工最基本的技能。由于导线种类多，它们的连接和绝缘恢复方法也不尽相同。本任务要求进一步提升常用电工工具的使用方法、使用技巧，能正确、规范地对导线进行剖削、连接和绝缘恢复。

三、任务准备

（一）常用导线

导电材料是指专门用于传导电流的金属材料。常用的导电材料有铜、铝及其合金等，可以制作成导线电缆，常用的有裸导线、绝缘导线、电磁线和电力电缆等。

1）裸导线是指只有导线部分，没有绝缘层和保护层的导线。裸导线主要分为单芯线和裸绞线两种。它主要用于电力、交通、通信工程及电动机、变压器和电器的制造。电力系统中的架空线用得较多的是铝绞线和钢芯铝绞线。

2）绝缘导线是指导线外表有绝缘层的导线。绝缘层主要用来隔离带电体或不同电位的导体。它的型号较多，用途广泛。常用的绝缘导线有铜芯氯丁橡皮线（BXL）、铜芯橡皮线（BX）、铜芯聚氯乙烯保护套线（BVV）、铜芯聚氯乙烯绝缘导线（BV）、铜芯聚氯乙烯绝缘软导线（BVR）等。

3）电磁线是专门用来实现电能与磁能相互转换的有绝缘层的导线。它常用于制造电动机、变压器、电器的各种线圈，其作用是通过电流产生的磁场或切割磁力线产生感应电动势以实现电磁转换。从材质上分为铜线、铝线等；从外形上分为圆、扁、带、箔等；从绝缘特点和用途上分为漆包线、绕包线、无机绝缘线和特种电磁线等。

4）电力电缆主要用于输电和配电线路，接绝缘材料可分为纸绝缘、橡皮绝缘、聚氯乙烯塑料绝缘和交联氯乙烯塑料绝缘电力电缆等。

（二）常用绝缘材料

绝缘材料主要用于隔离带电体或不同电位的导体，以保护人身和设备的安全。此外，在电气设备上还可用于机械支撑、固定、灭弧、散热、防潮等。

绝缘材料在使用过程中，由于各种因素的长期作用会发生老化。因此，对绝缘材料都规定了其在使用过程中的极限温度，以延缓老化过程，保证产品的使用寿命。

常用的绝缘胶带又称为绝缘胶布，专指用于防止漏电，起绝缘作用的胶带。它由基带和压敏胶层组成。基带一般采用棉布、合成纤维织物和塑料薄膜等，压敏胶层由橡胶加增黏树脂等配合剂制成，因而黏性好，绝缘性能优良。绝缘胶带具有良好的绝缘耐压、阻燃等特性，适用于导线接驳、电气绝缘、隔热防护等。

（三）导线的直线连接方法

1. 截面积 6mm² 以下导线的直线连接方法

截面积较小的导线直线连接方法如下：

1）两导线端以“×”形相交，如图 1-21a 所示。

2）互相绞合 2～3 匝，扳直两线头，如图 1-21b 所示。

3）两线端分别向芯线上紧密绕 5～6 圈，如图 1-21c所示。

4）把多余线端剪去，钳平切口飞边，如图 1-21d 所示。

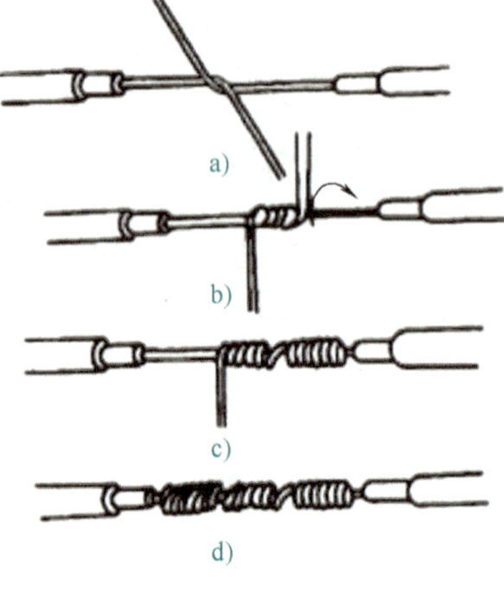

图 1-21　截面积较小导线的直线连接方法

2. 截面积 6mm² 以上导线的直线连接方法

截面积较大的导线直线连接一般采用绑扎法，其连接方法如下：

1）先在两导线重叠处填入一根相同直径的芯线并在一起作辅助线，再用一根 1.5mm² 裸铜线作绑线，从中间开始紧密缠绑，如图 1-22a 所示。

2）缠绑长度为导线直径的 10 倍，将被连接导线的芯线端头分别折回，两头再以裸铜线在单根导线上缠绑 5～6 圈，如图 1-22b 所示。

3）余下线头与辅助线绞合，剪去多余线端，如图 1-22c 所示。

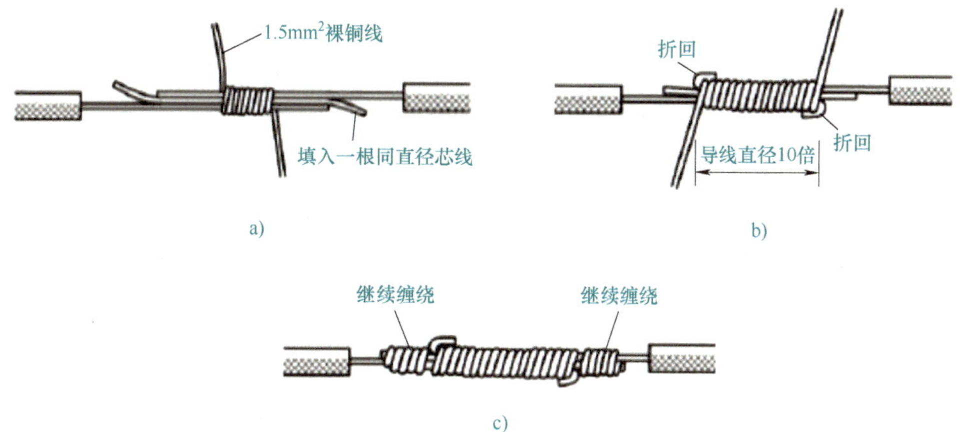

图 1-22　截面积较大导线的直线连接方法

3. 粗细不等单股铜导线的直线连接方法

不同截面积单股铜导线的直线连接方法如图 1-23 所示。先把细导线的芯线在粗导线的芯线上缠绕 5~6 圈后，然后将粗导线芯线的端头折回紧压在细导线芯线缠绕层上，再把细线缠绕 3~4 圈后剪去多余细导线端头。

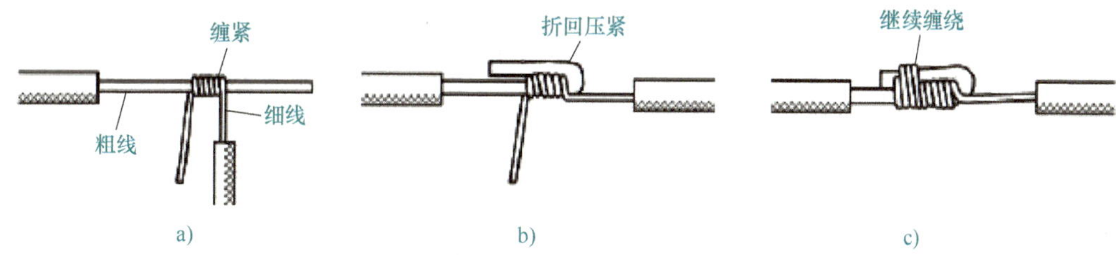

图 1-23　不同截面积单股铜导线的直线连接方法

4. 多股导线的直线连接方法

以 7 股铜芯线为例，多股铜芯导线直线连接的方法如下：

1）把剥去绝缘层的芯线头拉直，接着把靠近绝缘层根部 1/3 线端的芯线绞紧，再把 2/3 芯线头分散成伞状，并将每股芯线拉直，如图 1-24a 所示。

2）把两组伞状芯线线头隔根对插，并捏平两端每股芯线，如图 1-24b 所示。

3）先把一端的 7 股芯线按 2、2、3 股分成三组，接着把第一组芯线扳起，垂直于芯线，如图 1-24c 所示，然后按顺时针方向紧贴并缠绕 3 圈，再扳成与芯线平行，如图 1-24d 所示。

4）按照上一步骤继续紧缠第二组和第三组芯线，但在后一组芯线扳起时，应把扳起的芯线紧贴前一组芯线已弯成直角的根部，如图 1-24e、f 所示。第三组芯线应紧缠三圈，如图 1-24g 所示。每组多余的芯线端应剪去，并钳平切口飞边。导线的另一端连接方法相同。

19 股铜芯导线的直接连接方法与 7 股芯线的基本相同，由于芯线太多，可剪去中间的几股芯线，缠接后，在连接处尚须进行钎焊，以增强其机械强度和改善导电性能。

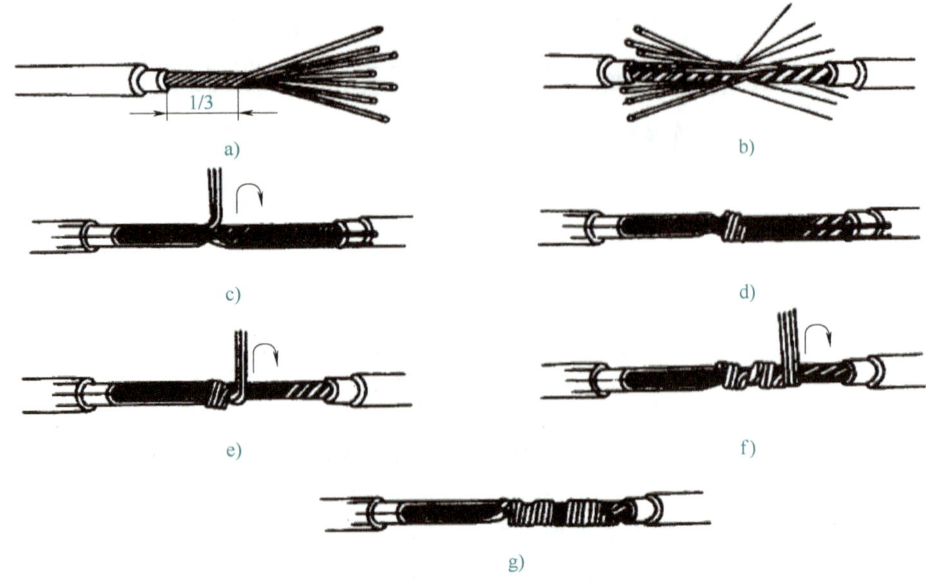

图 1-24　多股导线的直线连接方法

5. 单股导线与多股导线的直线连接方法

单股导线与多股导线的直线连接方法如图 1-25 所示。先将多股导线的芯线绞合拧紧成单股状，再将其紧密缠绕在单股导线的芯线上 5~8 圈，最后将单股芯线线头折回并压紧在缠绕部位即可。

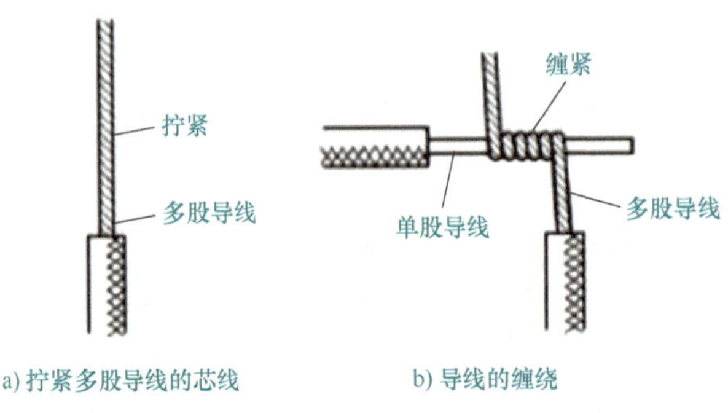

图 1-25　单股导线与多股导线的直线连接方法

6. 同一方向多根导线的连接方法

当需要连接的导线来自同一方向时，对于单股导线，可将一根导线的芯线紧密缠绕在其他导线的芯线上，再将其他芯线的线头折回压紧，如图 1-26a、b 所示。对于多根多股导线，直接缠绕拧紧，如图 1-26c、d 所示。对于单股导线与多股导线的连接，可将多股导线的芯线紧密缠绕在单股导线的芯线上，再将单股导线的芯线线头折回压紧，如图 1-26d、e所示。

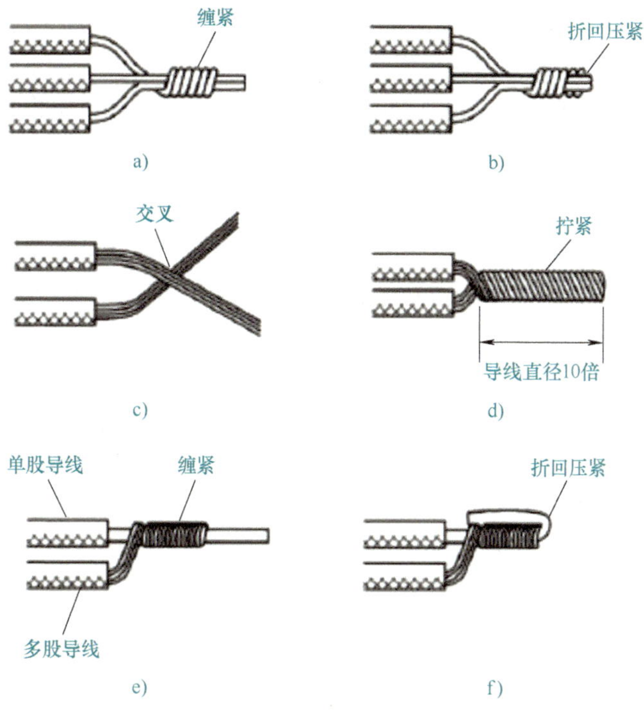

图 1-26　同一方向多根导线的连接方法

7. 双芯线的直线连接方法

图 1-27 是双芯线的直线连接方法，连接时，先将双芯线的两根芯线线头剖削成一长一短的形式。再将两根待连接的线头中颜色一致的芯线按小截面积导线直线连接方式连接。再用相同的方法将另一颜色的芯线连接在一起。连接时，应注意将两根导线的接头错开，以避免绝缘恢复后连接处截面积过大。

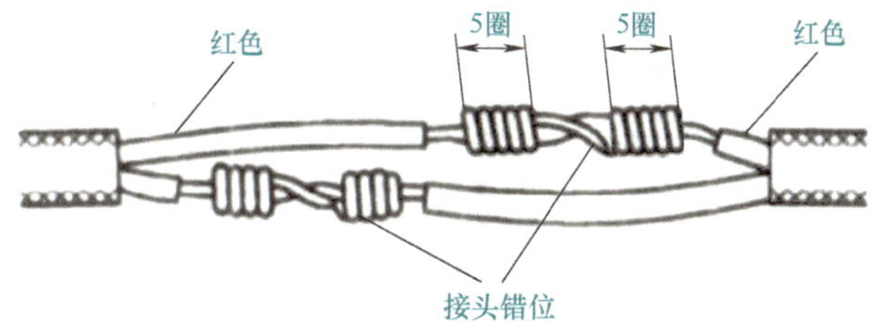

图 1-27　双芯线的直线连接方法

8. 不等径铜芯线的直线连接方法

先把细导线端头在粗导线线头上紧密缠绕 5～6 圈后，弯折粗线头端部，使它压在缠绕层上，再把细导线端头缠绕 3～4 圈后，剪去末端，钳平切口，如图 1-28 所示。

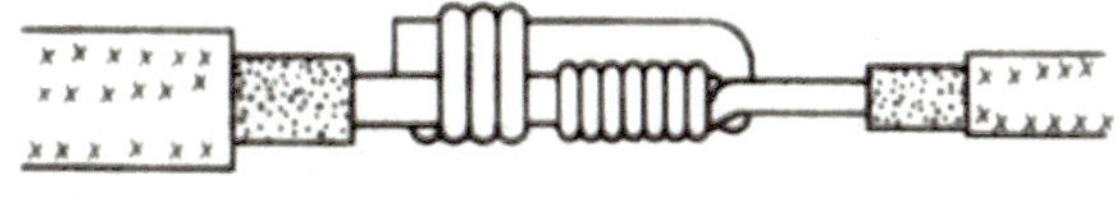

图 1-28　不等径铜芯线的直线连接方法

（四）导线的分支连接方法

1. 单股铜芯导线的 T 形分支连接方法

1）如果导线直径较小，可按图 1-29a 所示方法绕制成结状。先将支路芯线的线端和干路芯线十字相交，将支路芯线根部留出 3mm 后在干路芯线缠绕一圈，再环绕成结状，收紧线端，向干路芯线并绕 6~8 圈，最后剪去多余线端，并钳平切口飞边。

2）如果导线直径较大，可按图 1-29b 所示方法，先将支路芯线的线头与干路芯线做十字相交，将支路芯线根部留出 3~5mm，然后缠绕支路芯线，缠绕 5~6 圈后，用钢丝钳切去余下的芯线，并钳平芯线末端。

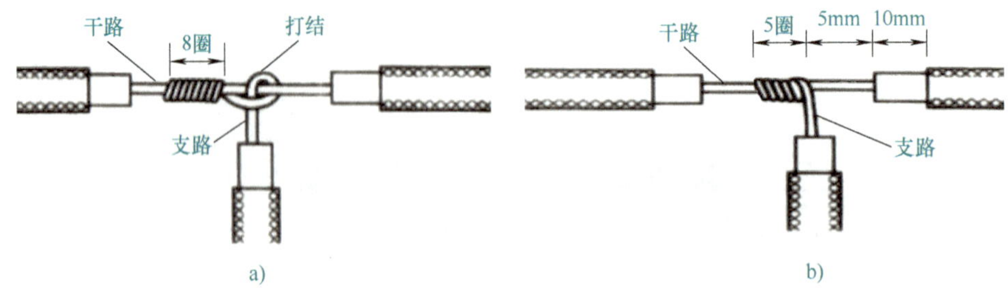

图 1-29　单股铜芯导线的 T 形连接方法

2. 单股铜芯导线的十字分支连接方法

单股铜芯导线的十字分支连接是将上下支路芯线的线头紧密缠绕在干路芯线上 5~8 圈后，剪去多余线端即可。可以将上下支路芯线的线端向一个方向缠绕，如图 1-30a 所示；也可以向左右两个方向缠绕，如图 1-30b 所示。

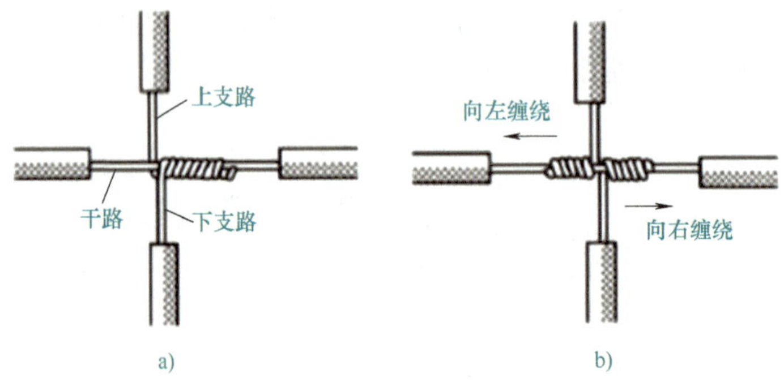

图 1-30　单股铜芯导线的十字分支连接方法

3. 多股导线的 T 形分支连接方法

以 7 股铜芯线为例，多股铜芯线 T 形分支连接的方法如下：

1）把分支路芯线的 1/8 处根部进一步绞紧，再把 7/8 处部分的 7 股芯线分成两组，如图 1-31a 所示。

2）接着把干路芯线用一字螺钉旋具撬分两组，把支路 4 股芯线的一组插入干路芯线的两组芯线中间，如图 1-31b 所示。

3）然后把 3 股芯线的一组向干路一边按顺时针方向紧缠 3 ~ 4 圈，钳平切口，如图 1-31c所示。

4）另一组 4 股芯线则按逆时针方向缠绕 4~5 圈，两端均剪去多余线端，如图 1-31d 所示。

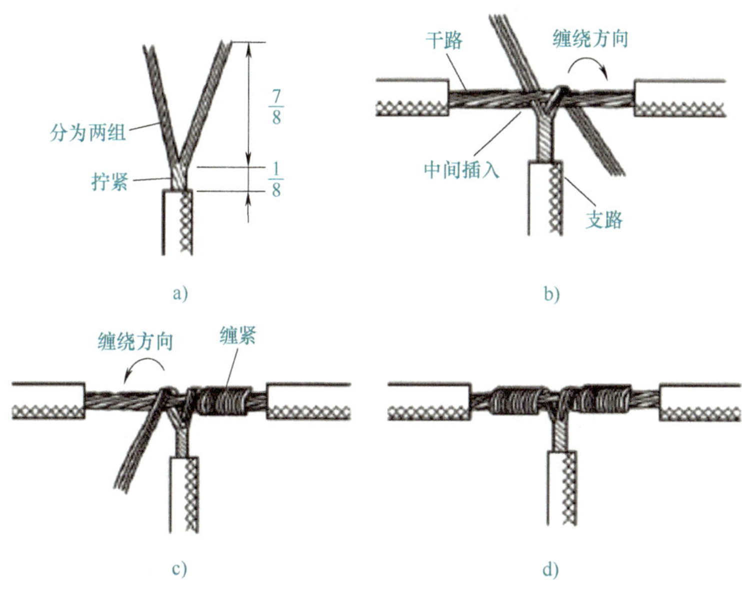

图 1-31　7 股铜芯导线的 T 形分支连接

19 股铜芯导线 T 形分支连接与 7 股铜芯导线的 T 形分支连接基本相同。只是将支路导线的芯线分成 9 根和 10 根，并将 10 根芯线插入干路芯线中，各分两次向左右缠绕。

4. 单股线与多股线的 T 形分支连接方法

单股线与多股线的 T 形分支连接方法如图 1-32 所示。

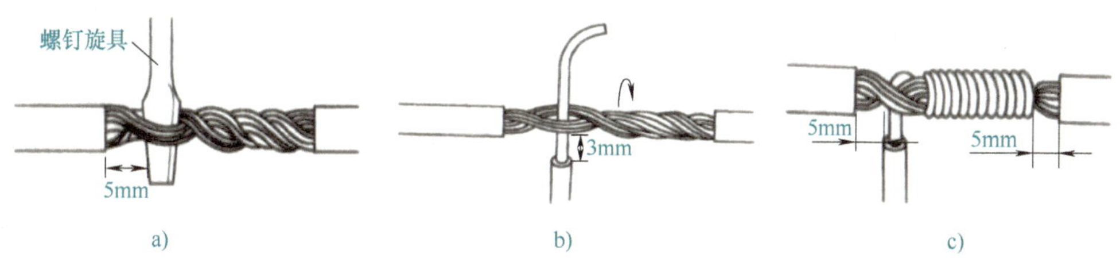

图 1-32　单股线与多股线的 T 形分支连接

1）在距多股线的左端绝缘层切口 3 ~ 5mm 处的芯线上，用螺钉旋具把多股芯线分成较均匀的两组（如 7 股线的芯线按 3、4 分），如图 1-32a 所示。

2）把单股芯线插入多股芯线的两组芯线中间，应使其绝缘层切口距多股芯线约 3mm，接着用钢丝钳把多股芯线的插缝钳平铰紧，如图 1-32b 所示。

3）把单股芯线按顺时针方向紧缠在多股芯线上，应使绕线圈紧紧密排，绕足 10 圈，然后切断余端，钳平切口飞边，如图 1-32c 所示。

（五）导线绝缘层的恢复方法

为了保证用电安全，导线的绝缘层破损后，必须进行恢复；导线连接后，也必须恢复绝缘。恢复后的绝缘强度不应低于原有绝缘强度。导线绝缘层的恢复方法一般采用包缠法。恢复导线绝缘层的材料一般选用黑胶带、黄蜡带、塑料绝缘胶带和涤纶薄膜带等，它们的绝缘强度按上述顺序依次递增。为了包缠方便，一般绝缘胶带选用 20mm 宽较适中。

1. 直线连接接头绝缘层的恢复方法

1）将黄蜡带（或塑料绝缘带）从导线左侧完整的绝缘层上开始包缠，包缠两倍带宽后方可进入无绝缘层的芯线部分，如图 1-33a 所示。

2）包缠时，黄蜡带（或塑料绝缘带）与导线保持约 45°的倾斜角，每圈压叠带宽的 1/2，如图 1-33b 所示。

3）包缠一层黄蜡带后，将黑胶带接在黄蜡带的尾端，朝相反方向斜叠包缠一层，也要求每圈压叠带宽的 1/2，如图 1-33c、d 所示。

若采用塑料绝缘胶带进行包缠，则应按上述包缠方法来回包缠 3~4 层后，留出 10~15mm 长度，再切断塑料绝缘胶带，利用胶带的黏性使端口充分密封。

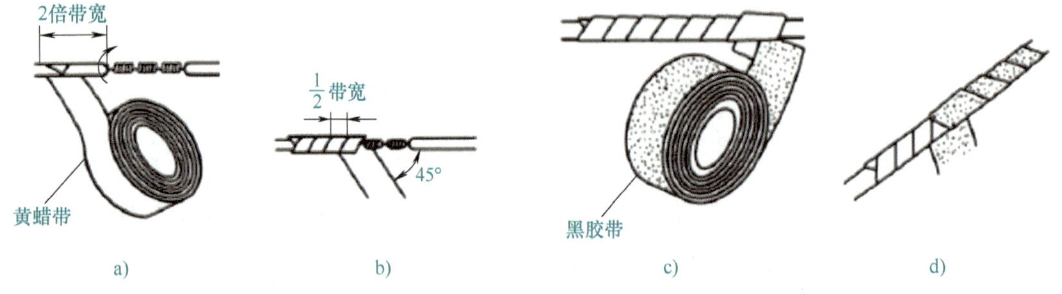

图 1-33　直线连接接头绝缘层的恢复方法

2. T 形分支接头绝缘层的恢复方法

T 形分支接头绝缘层的恢复方法与直线连接接头绝缘层的恢复方法基本相同，其包缠方向如图 1-34 所示。

1）将黄蜡带（或塑料绝缘带）从导线的左侧完整的绝缘层上开始包缠，包缠两带宽后方可进入无绝缘层的芯线部分。

2）缠绕至支路芯线时，用左手拇指顶住左侧直角处的带面，使它紧贴于转角处芯线，而且要使处于接头顶部的带面尽量向右侧斜压。

3）当缠绕到右侧转角处时，用手指顶住右侧直角处带面，将带面在干线顶部向左侧斜压，使其与被压在下边的带面呈“X”形交叉，然后把带回绕到左侧转角处。

4）使黄蜡带（或塑料绝缘带）从接头交叉处开始在支路芯线上向下包缠，并使黄蜡带（或塑料绝缘带）向右倾斜。

5）在支路芯线上绕至绝缘层上约两个带宽时，将黄蜡带（或塑料绝缘带）折回向上包缠，并使黄蜡带（或塑料绝缘带）向左侧倾斜，绕到接头交叉处，使黄蜡带（或塑料绝缘带）围绕过干路芯线顶部，然后开始在干路芯线右侧芯线上进行包缠。

6）包缠至干路芯线右端的完好绝缘层后，再接上黑胶带，按上述方法包缠一层即可。

3. 十字分支接头绝缘层的恢复方法

对导线的十字分支接头进行绝缘处理时，包缠方向如图1-35所示，通过一个十字形来回使每根导线上都包缠两层绝缘带，每根导线也都应包缠到完好绝缘层的两倍绝缘带宽度处，具体包缠方法可参照前述直线连接接头绝缘层的恢复方法部分。

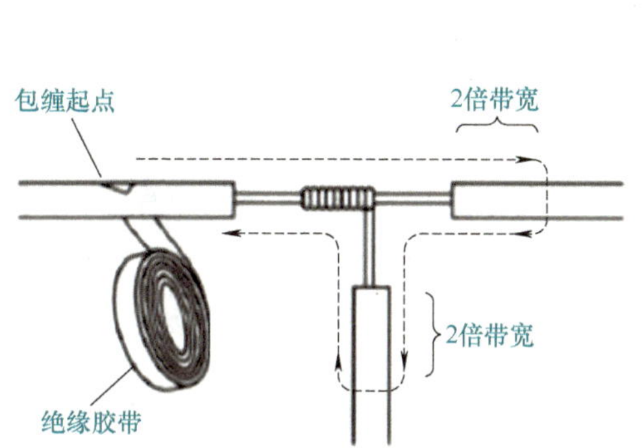

图1-34　T形分支接头绝缘层的恢复方法

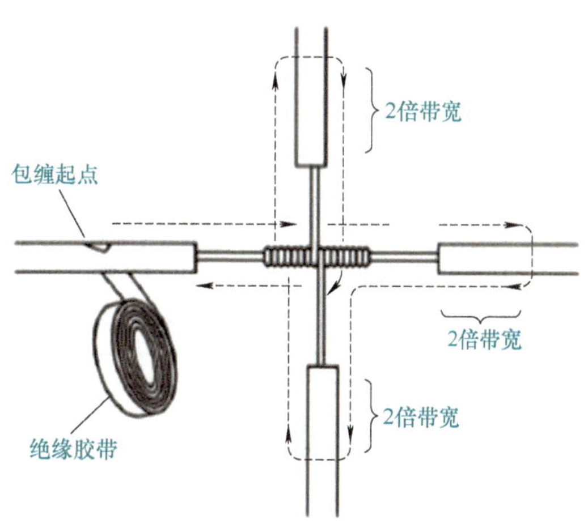

图1-35　十字分支接头绝缘层的恢复方法

【指点迷津】

导线绝缘层恢复的宜与忌

1）工作电压为380V的导线恢复绝缘层，必须先包缠1~2层黄蜡带（或塑料绝缘带），然后再包缠一层黑胶带。

2）工作电压为220V的导线恢复绝缘层，可包缠一层黄蜡带（或塑料绝缘带），再包缠一层黑胶带，也可只包缠两层黑胶带。

3）包缠绝缘带时，应拉紧绝缘带，注意绝缘带不能过疏，更不能露出芯线，以免造成触电或短路事故。

4）在潮湿场所应使用聚氯乙烯绝缘带或涤纶绝缘带。

5）完成导线绝缘恢复后，可将其浸入水中约30min，然后检查是否渗水。

四、任务实施

任务实施器材准备： 钢丝钳、尖嘴钳、剥线钳、斜口钳、电工刀等常用电工工具，截面积为1.0mm²的BV（单股硬导线）、2×1.5mm²的BVVB（护套线）、截面积为1.0 mm²的BVR（铜芯多股软线）、7股硬导线，以及绝缘带。

（一）识别常用导线、绝缘材料

根据指导教师提供的常用导线、绝缘材料，说明它们的名称、规格，并完成表1-14。

表1-14 常用导线、绝缘材料的识别

编号	名称	规格	实物图	编号	名称	规格	实物图
1				3			
2				4			

（二）剖削导线绝缘层

分别用剥线钳、尖嘴钳、钢丝钳等常用电工工具剖削 $1mm^2$ 单股塑料铜芯导线和 $1.5mm^2$ 铜芯护套线的绝缘层，并将相关数据记录在表1-15中。

表1-15 导线绝缘层剖削记录

导线类型	导线规格	剖削长度	剖削工艺要点
$1mm^2$ 单股塑料铜芯导线			
$1.5mm^2$ 铜芯护套线			

（三）连接导线

分别进行单股塑料铜芯线和7股塑料铜芯线的直线连接、T形分支连接，并将相关数据记录在表1-16中。

表1-16 导线连接记录

导线类型	导线规格	连接方式	线头长度	绞合圈数	密缠长度	线头连接工艺要求
单股芯线		直线连接				
单股芯线		T形分支连接				
7股芯线		直线连接				
7股芯线		T形分支连接				

【指点迷津】

导线连接的基本要求和方法

1. 导线连接的基本要求

导线连接的质量直接关系着线路和设备运行的可靠性和安全程度。按规程要求正确连接电气线路是保证用电安全、防止火灾事故的重要环节，因此对导线连接的基本要求是：

1）布设电气线路时，应尽量减少接头。对不可缺少的接头，必须连接牢固可靠，使导线接头处的接触电阻不大于导线本身的电阻值，以防接触电阻过大而发热，导致绝缘层过热而燃烧。

2）应保证接头处的机械强度不低于原导线机械强度的 80%。

3）恢复接头处的绝缘应不影响原导线的绝缘和防腐性能，且整体绝缘恢复正常。

4）采用铜芯线绞接时，接头处应进行搪锡处理。铝芯线不得使用绞接法，而应采用焊接或压接法。且压接的套管截面积应不小于连接导线截面积的 1.5 倍。选用适当的管壁厚度，以保证接头处机械强度不低于原导线的机械强度。

5）铜铝线连接，应采用铜铝接头压接。压接时，应将铜芯挂锡或在铜铝间垫上锡薄膜或挂锡铜片，以保证连接紧密可靠。

2. 导线连接的方法

导线连接时，应根据导线的材料、规格、种类等采用不同的连接方法。导线连接前，应小心剥除导线连接部位的绝缘层，注意不可损伤芯线。

1）绞合连接：将需要连接导线的芯线直接紧密地绞合在一起，铜导线常用绞合连接。

2）紧压连接：用铜或铝套管套在被连接的芯线上，再用压接钳或压接模具压紧套管，使芯线保持连接。铜导线（一般是较粗的铜导线）和铝导线都可以采用紧压连接。

3）焊接：将金属（焊锡等焊料）熔化融合而使导线连接。电工作业中，导线连接的焊接有锡焊、电阻焊、电弧焊、气焊、钎焊等。

4）专用连接器连接：在接线盒内用 PCT 导线连接器进行连接。

5）接线帽连接：通过接线帽内部的金属圆环在被外力压扁后对导线起到连接作用，适用于线径较小的导线连接。

6）螺钉接线端子连接：将导线端头与铜接线端子压接，再将接线端子固定在螺钉上紧固导线。

（四）恢复导线的绝缘

分别进行单股塑料铜芯线的直线连接、T 形分支连接绝缘恢复，并将相关数据记录在表 1-17 中。

表 1-17　导线绝缘恢复记录

连接方式	线头长度	包缠倾斜角	包缠圈数	绝缘恢复工艺要求
直线连接				
T形分支连接				

任务拓展

一、导线与接线端子的连接方法

在各种电气设备上，均有接线端子（接线桩、接线柱）供连接导线用，常用的接线端子有针式和螺钉平压式两种。

1. 导线与螺钉平压式接线柱的连接方法

螺钉平压式接线柱是利用半圆头、圆柱头、六角螺钉加垫圈压紧，以完成电连接。

1）对于载流量较小的单股硬芯线与螺钉平压式接线柱的连接，常将线头沿顺时针方向绕成圆环（俗称“羊眼圈”）压进接线端子，再放垫片、弹簧垫圈，以避免拧紧螺钉时挤出导线而造成虚接，同时防止因电器元件动作时因振动而松脱。“羊眼圈”的制作方法如图 1-36 所示。连接时，应注意外露芯线不超过芯线外径，每个接点不超过两个线头。

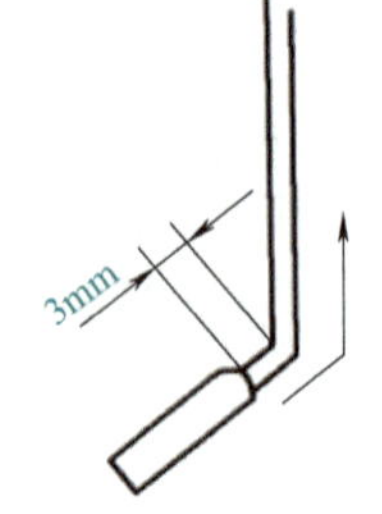

a) 距离绝缘层切口3mm处向外侧折角

b) 按略大于螺钉直径弯制圆弧

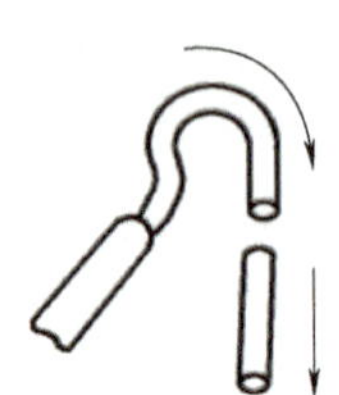

c) 剪去芯线余端

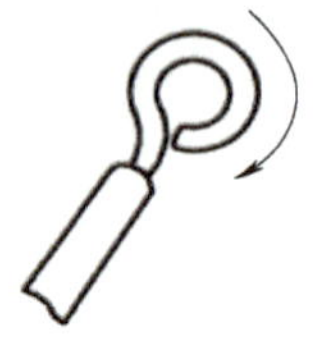

d) 修正圆圈至正圆

图 1-36　单股芯线“羊眼圈”的制作方法

2）对于载流量较小的软导线端头与螺钉平压式接线柱的连接，应先将芯线进一步绞紧，如图 1-37a 所示；然后把芯线沿顺时针方向缠绕在接线桩的螺钉上，注意芯线根部不可贴住螺钉，应相距 3mm 左右，缠绕螺钉一圈后，余端应在芯线根部由上向下缠绕一圈，如图 1-37b 所示；再把芯线余端以顺时针方向沿螺钉外围缠绕，如图 1-37c 所示；最后把芯线余端缠绕到芯线根部处收住，接着拧紧螺钉后扳起余端在根部切断，注意不应露飞边和损伤下面的芯线，如图 1-37d 所示。

3）对于多股芯线与螺钉平压式接线柱的连接，应先弯制压接圈，其制作方法如图 1-38所示。

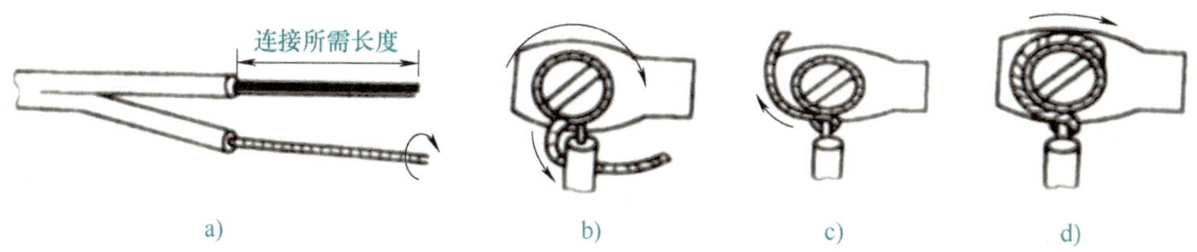

图 1-37　软导线端头与螺钉平压式接线柱的连接方法

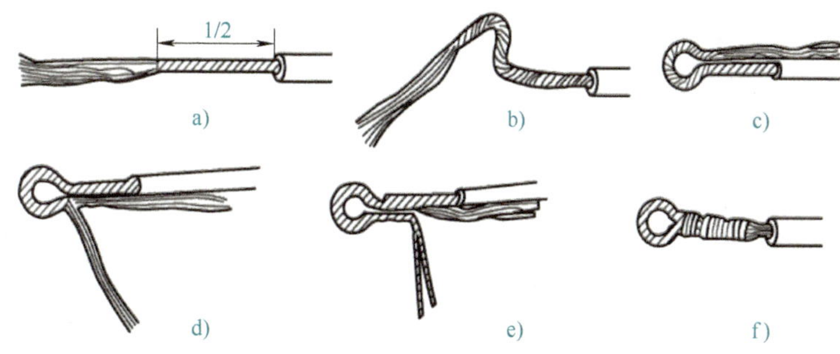

图 1-38　多股芯线与螺钉平压式接线柱的连接方法

先把距离绝缘层切口约 1/2 处的芯线重新绞紧，越紧越好，如图 1-38a 所示；绞紧部分的芯线，先向右外折角，再在距离绝缘层切口 1/3 处向外折角，然后弯曲成圆弧，如图 1-38b 所示；当圆弧弯制得将成正圆（剩余 1/4）时，应将余下的芯线向右外折角，然后使其成圆形，捏平余下线端，使两端芯线平行，如图 1-38c 所示；把散开的芯线按 2、2、3 根分成三组，将第一组 2 根芯线扳起，垂直于芯线（要留出垫圈边宽），如图 1-38d 所示；按 7 股芯线直线对接的缠绕法加工，如图 1-38e 所示；最后成形，如图 1-38f 所示。

4）头攻头与螺钉平压式接线柱连接时，不可将芯线切断后再连接，以免出现压不紧芯线的情况，其连接方法是：先按接线柱螺钉直径约 6 倍的长度剖削导线连接点绝缘层（用电工刀剖削），如图 1-39a 所示；以剖去绝缘层芯线的中点为基准，按螺钉规格弯曲成压接圈后，用钢丝钳紧夹住压接圈根部，把两根部芯线互绞一圈，使压接圈呈图 1-39b 所示形状；最后把压接圈套入螺钉后拧紧，如图 1-39c 所示。

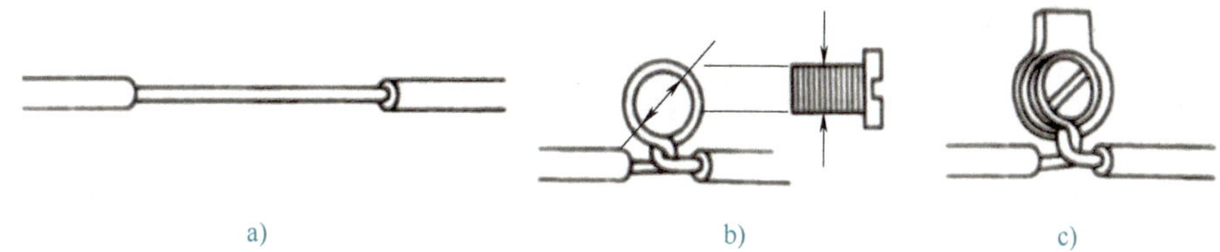

图 1-39　头攻头与螺钉平压式接线柱的连接

5）较大截面积单股芯线与螺钉平压式接线柱连接时，端头须装接线耳，由接线耳与接线柱连接，如图 1-40 所示。

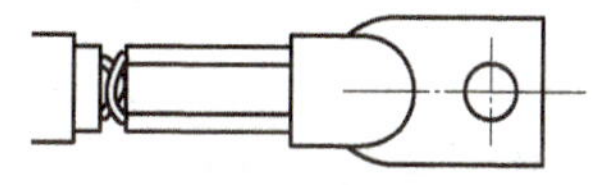

图 1-40　接线耳与接线柱的连接方法

2. 导线与针孔式接线柱的连接方法

单股或多股芯线与接线端针孔连接时，将芯线端头插入接线端子的针孔底部，不要悬空，更不能压绝缘层。拧紧上面的螺钉，保证导线与端子接触良好。

1）单股芯线与针孔接线柱的连接方法如图 1-41 所示。连接时，最好按要求的长度将线头折成双股并排插入针孔中，使压接螺钉顶紧在双股芯线的中间。如果芯线较粗，双股芯线插不进针孔时，也可将单股芯线直接插入，但芯线在插入针孔前，应朝着针孔上方稍微弯曲，以免压接螺钉稍有松动时线头会脱出。

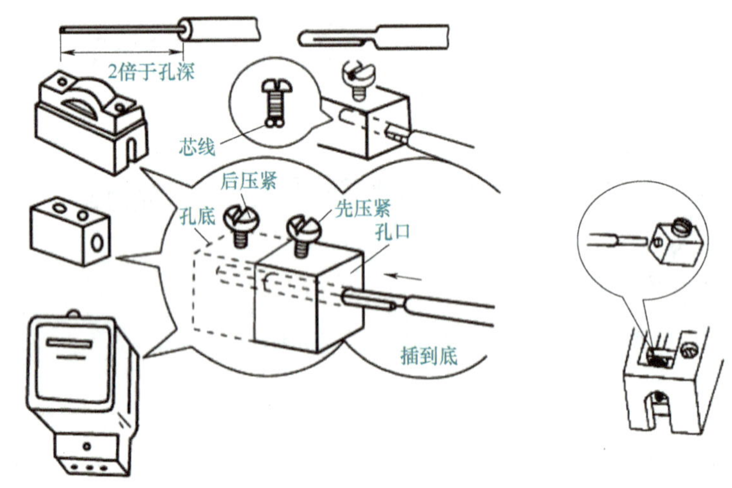

a) 芯线折回双股插入连接　　b) 芯线单股插入连接

图 1-41　单股芯线与针孔式接线柱的连接方法

2）多股芯线与针孔式接线桩的连接方法如图 1-42 所示。连接时，先用钢丝钳将多股芯线进一步绞紧，以保证压接螺钉顶压时不致松散，必要时可对端头进行搪锡处理。如果针孔过大，则可选一根直径大小相宜的导线作为绑扎线，在已绞紧的线头上紧紧地缠绕一层，使端头大小与针孔匹配后再进行压接。如果端头过大，插不进针孔时，则可将端头散开，适量剪去中间几股芯线，然后将端头绞紧即可进行压接。

a) 针孔合适时的连接　　b) 针孔过大时端头的处理　　c) 针孔过小时端头的处理

图 1-42　多股芯线与针孔接线柱的连接方法

3）头攻头与针孔接线柱的连接方法如图 1-43 所示。连接时，先按针孔深度的两倍长度再加 5~6mm 的芯线根部余量剥离导线连接点的绝缘层（可用电工刀剖削），如图 1-43a 所示；以剥去绝缘层的芯线中间为基准，折成双根并列的形状，并在两芯线根部反向折成 90° 转角，如图 1-43b 所示；最后，把双根并列的芯线端头插入针孔，并拧紧螺钉，如图 1-43c 所示。

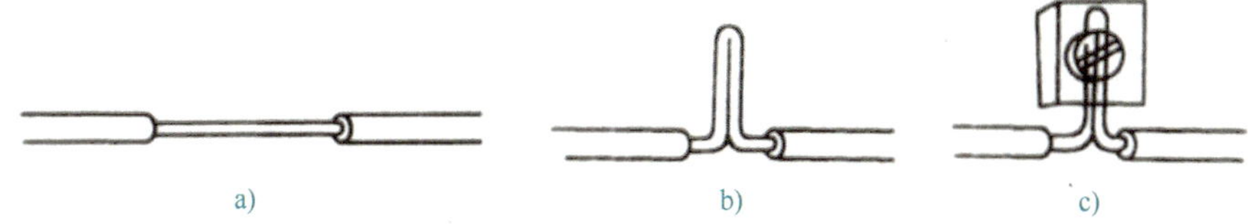

图 1-43　头攻头与针孔接线柱的连接方法

3. 导线与瓦形接线柱的连接方法

瓦形接线柱的垫圈为瓦形。为了不至于使端头从瓦形接线柱内滑出，压接前，应先将去除氧化层和污物的端头弯曲成 U 形。如图 1-44a 所示，再卡入瓦形接线柱压接。如果在接线柱上有两个端头连接，应将弯成 U 形的两个端头相重合，再卡入接线柱瓦形垫圈下方压紧，如图 1-44b 所示。

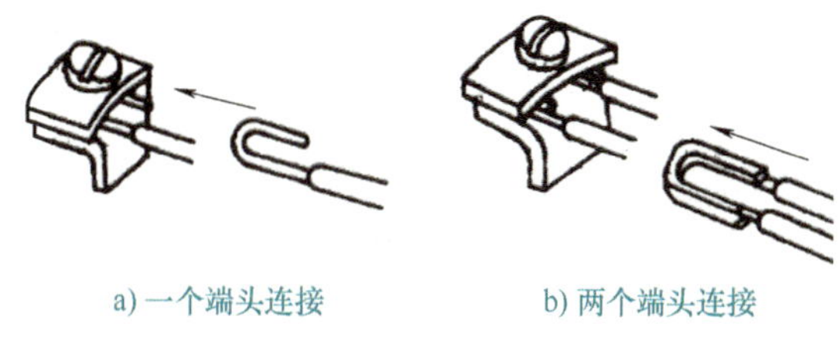

图 1-44　导线与瓦形接线柱的连接方法

二、导线的压接连接方法

导线的压接是指用铜或铝套管套在被连接的芯线上，再用压接钳或压接模具压紧套管使芯线保持连接。铜导线（一般是指较粗的铜导线）和铝导线都可以采用压接连接。铜导线的连接应采用铜套管，铝导线的连接应采用铝套管。

导线压接适用于室内外负荷较大的铜、铝芯线端头的连接。接线前，应先选择合适的压接套管，清除端头表面和压接套管内壁上的氧化层及污物，再将两根线端头相对插入并穿出压接套管，使两线端各伸出压接套管 25~30mm，然后用压接钳进行压接，如果压接的是钢芯铝绞线，应在两根线之间垫上一层铝质垫片。

1. 铜导线或铝导线的压接连接方法

截面积较大的铜导线或铝导线的压接连接方法：将需要连接的两根导线的线芯分别从左右两端插入套管相等长度，然后用压接钳或压接模具压紧套管，一般情况下，套管每端压 1~2 个坑。圆截面套管的使用方法如图 1-45 所示，椭圆截面套管的使用方法如图 1-46 所示。

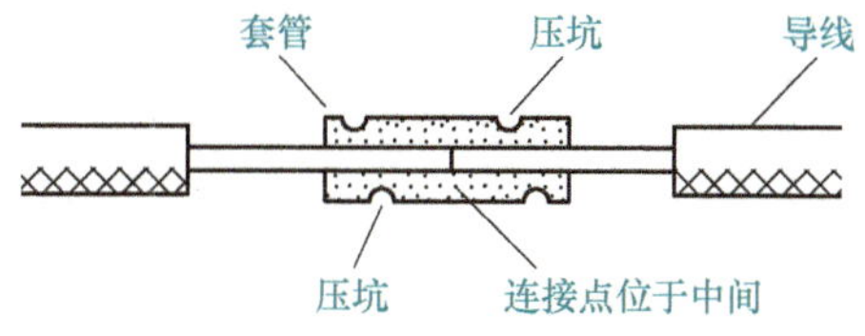

图 1-45　圆截面套管的使用方法

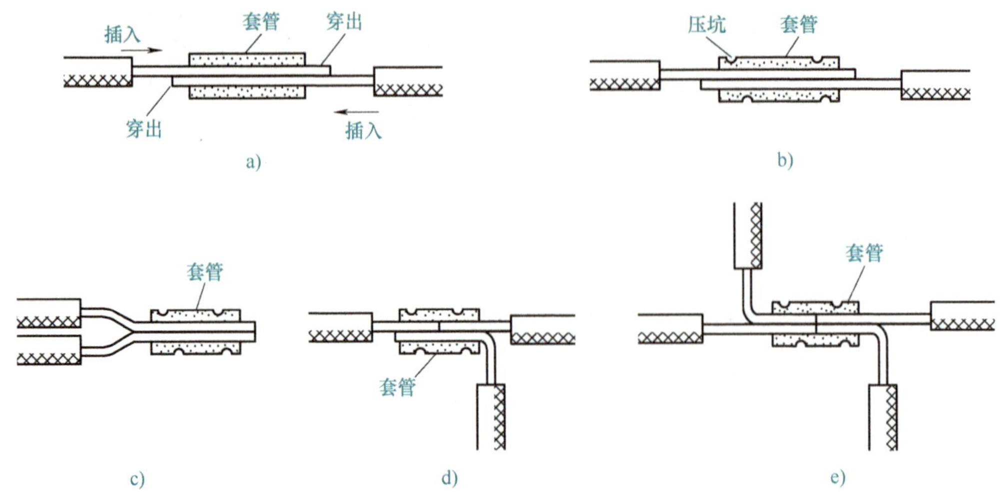

图 1-46　椭圆截面套管的使用方法

2. 铜导线与铝导线之间的压接连接

当需要将铜导线与铝导线进行连接时，必须采取防止电化腐蚀的措施。如果将铜导线与铝导线直接绞接或压接，在其接触处将发生电化腐蚀，引起接触处电阻增大而过热，造成线路故障。常用的防止电化腐蚀的连接方法有以下两种。

1）采用铜铝连接套管。铜铝连接套管的一端是铜质，另一端是铝质，如图 1-47a 所示。使用时，应将铜导线的芯线插入套管的铜端，铝导线的芯线插入套管的铝端，然后压紧套管即可，如图 1-47b 所示。

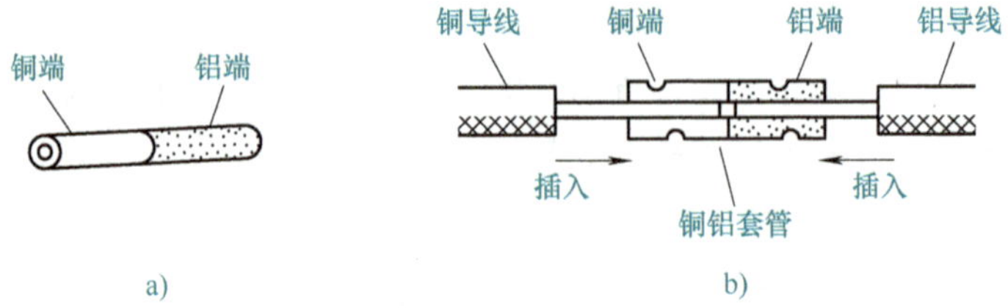

图 1-47　采用铜铝连接套管压接方法

2）将铜导线镀锡后采用铝套管压接。在铜导线镀锡后，铜导线与铝套管之间夹垫一层锡，可以防止电化腐蚀。具体做法是先在铜导线的芯线上镀上一层锡，再将镀锡铜芯线插入铝套管的一端，铝导线的芯线插入该套管的另一端，最后压紧套管即可，如图 1-48 所示。

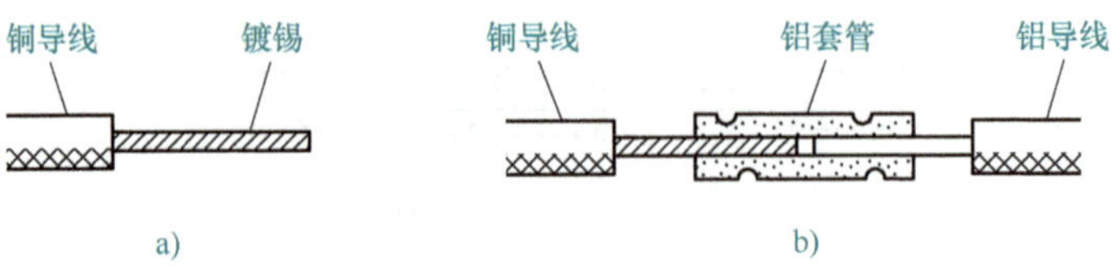

图 1-48　将铜导线镀锡后采用铝套管压接方法

三、导线的封端方法

接线耳和接线端子螺钉的形状分别如图1-49a～c所示。安装后的配线出线端，最终要与电器或设备相连接。在导线端部装设接线耳（又称线鼻子），用接线耳先与线端用压接钳压接，如图1-49d所示，或进行钎焊（大截面采用乙炔气焊），然后由接线耳与接线端子进行螺钉压接，与设备相连接即为封端连接，大截面导线的设备连接常采用此法。

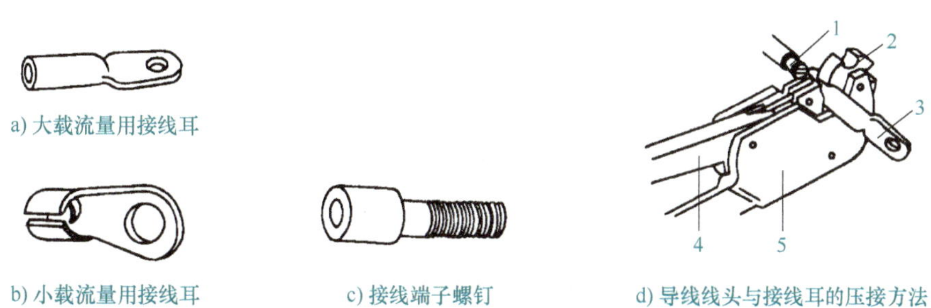

图1-49　接线耳与接线端子螺钉

1—线端　2—模块　3—接线耳　4—钳柄　5—压接钳头

1. 锡焊封端法

适用于铜芯导线与铜接线端子的封端。方法：焊接前，先清除导线端和接线耳内表面的氧化层，并涂上无酸焊锡膏，将线端搪一层锡后把接线耳加热，将锡熔化在接线耳孔内，再插入搪好锡的芯线继续加热，直到焊锡完全熔化渗透在线芯缝隙中为止。钎焊时，必须使锡液充分注入空隙，封口要封满；灌满锡液后，导线与接线耳（或接线端子螺钉）之间的位置不可挪动，要等焊锡充分凝固，否则，会使焊锡结晶粗糙，甚至脱焊。

2. 压接封端法

适用于铜导线和铝导线与接线端子的封端（但多用于铝导线的封端）。方法：先把线端表面清除干净，将导线插入接线端子孔内，再用导线压接钳进行钳压，如图1-50所示。

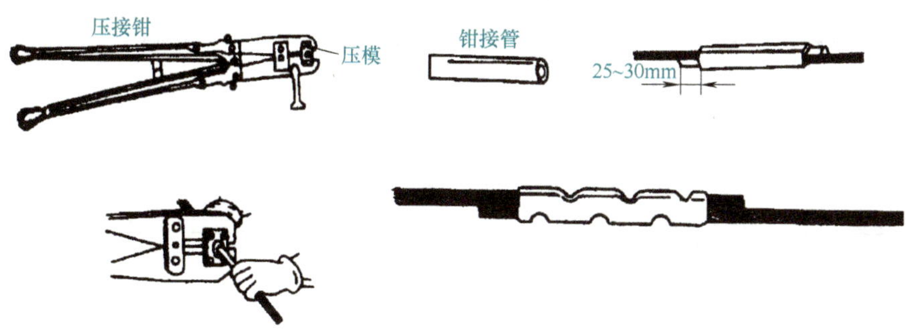

图1-50　铜导线和铝导线与接线端子的封端

五、任务评价

任务评价标准见表 1-18。

表 1-18 任务评价标准

任务名称	评价标准					配分/分	扣分
识别常用导线、绝缘材料	识别常用导线、绝缘材料有误，每项扣 2 分					10	
剖削导线的绝缘层	1. 剖削工具使用不规范、不熟练，扣 3~5 分 2. 绝缘剖削不符合规范要求，扣 3~5 分					20	
连接导线	1. 单股塑料铜芯线直线连接不标准，扣 3~10 分 2. 单股塑料铜芯线 T 形分支连接不标准，扣 3~10 分 3. 7 股塑料铜芯线直线连接不标准，扣 3~10 分 4. 7 股塑料铜芯线 T 形分支连接不标准，扣 3~10 分					40	
恢复导线的绝缘	1. 单股塑料铜芯线直线连接绝缘恢复不标准，扣 3~10 分 2. 单股塑料铜芯线 T 形分支连接绝缘恢复不标准，扣 3~10 分					30	
职业素养要求	详见表 1-4						
开始时间		结束时间		实际时间		成绩	

学生自评：

学生签名：　　　　　年　　月　　日

教师评语：

教师签名：　　　　　年　　月　　日

六、收获总结

将本任务实施过程中的收获与问题总结填写在表 1-19 中。

表 1-19 收获与问题总结反馈表

序号	我会做的	我学会的	我的疑问	解决办法
1				
2				
3				
4				
5				

存在的问题：

项目总结

- **项目1 认识实训室与安全用电常识**
  - 任务1 认识电工实训室
    - ❶任务准备
      - ★常用电工仪器仪表的使用方法
        - 电流表的使用方法
        - 电压表的使用方法
      - ★常用电工工具的使用方法
        - 螺钉旋具的使用方法
        - 钢丝钳的使用方法
        - 尖嘴钳的使用方法
        - 斜口钳的使用方法
        - 剥线钳的使用方法
        - 低压验电器的使用方法
        - 电工刀的使用方法
      - ★导线绝缘层的剖削方法
        - 塑料硬导线绝缘层的剖削方法
        - 塑料软导线绝缘层的剖削方法
        - 塑料护套线绝缘层的剖削方法
    - ❷任务实施
      - ◤熟知实训室规章制度
      - ◤识别实训装置电源配置
        - 识别实训室的电源
        - 识别实训装置的电源配置
      - ◤认识实训室常用电工仪器仪表
      - ◤认识实训室常用电工工具
      - ◤常用电工工具的使用
        - 低压验电器的使用
        - 螺钉旋具的使用
        - 螺丝钳、尖嘴钳、剥线钳的使用
  - 任务2 模拟触电急救
    - ❶任务准备
      - ★对“有呼吸而心跳停止”触电者的急救方法
      - ★对“有心跳而呼吸停止”触电者的急救方法
      - ★对“呼吸和心跳都已停止”触电者的急救方法
    - ❷任务实施
      - ◤使触电者脱离电源
      - ◤实施模拟触电急救
        - 口对口人工呼吸法模拟演练
        - 胸外心脏挤压法模拟演练
  - 任务3 模拟电气火灾处理
    - ❶任务准备
      - ★MFZL-4型手提式干粉灭火器的使用方法
      - ★MT-3型手提式二氧化碳灭火器的使用方法
    - ❷任务实施
      - ◤熟悉电气火灾应急预案
      - ◤熟悉实训室火灾逃生通道
      - ◤熟悉学校消防重点部位和消防设施配备情况
      - ◤演练模拟实训室电气火灾的处理
  - 任务4 导线连接与绝缘恢复
    - ❶任务准备
      - ★常用导线
      - ★常用绝缘材料
      - ★导线的直线连接方法
        - 截面积$6mm^2$以下导线的直线连接方法
        - 截面积$6mm^2$以上导线的直线连接方法
        - 粗细不等单股铜导线的直线连接方法
        - 多股导线的直线连接方法
        - 单股导线与多股导线的直线连接方法
        - 同一方向多根导线的直线连接方法
        - 双芯线的直线连接方法
        - 不等径铜芯线的直线连接方法
      - ★导线的分支连接方法
        - 单股铜芯导线的T形分支连接方法
        - 单股铜芯导线的十字分支连接方法
        - 多股导线的T形分支连接方法
        - 单股线与多股线的T形分支连接方法
      - ★导线绝缘层的恢复方法
        - 直线连接接头绝缘层的恢复方法
        - T形分支接头绝缘层的恢复方法
        - 十字分支接头绝缘层的恢复方法
    - ❷任务实施
      - ◤识别常用导线、绝缘材料
      - ◤剖削导线的绝缘层
      - ◤连接导线
      - ◤恢复导线的绝缘

项目评价

项目综合评价标准见表 1-20。

表 1-20　项目综合评价表

序号	评价项目	评价标准	配分/分	自评	组评
1	职业素养	穿戴符合要求	25		
		遵守安全操作规程，不发生安全事故			
		现场整洁干净，符合 7S 管理规范			
		遵守实训室规章制度			
		收集、整理技术资料并归档			
2	团队合作能力	有较强的集体意识和团队协作能力	15		
		积极参与小组活动，协作完成任务			
		共同交流和探讨，能正确评价自己和他人			
3	创新能力	有良好的创新思维，能做出合理的创新	5		
4	管理能力	有较强的自我管理意识与能力	5		
5	任务完成情况	认识电工实训室	50		
		模拟触电急救			
		模拟电气火灾处理			
		导线连接与绝缘恢复			
合计			100		

教师总评：

思考与提升

1. 通过认识电工实训室，你有哪些体会和收获？
2. 在电工实训中，你需要用到哪些常用电工工具？
3. 举例说明低压验电器的用途？
4. 在电工实训中，你需要用到哪些电工仪器仪表？
5. 在电工实训中，应当如何预防触电事故的发生？
6. 为防止触电事故的发生，家庭中通常采用哪几种触电防范措施？
7. 发现有人触电，作为电工，应如何处理？
8. 电工实训室或家庭中发生电气火灾应如何处理？
9. 说明常用导线的连接方法与绝缘恢复方法。

项目 2 安装与测试基本电阻电路

项目导入

认识基本电阻电路，是探索“电工技术”的起点。本项目将通过安装基本电阻电路、测试基本电阻电路中的常用电量等实践操作，使同学们进一步熟悉基本电阻电路，掌握常用电量的测试方法；通过用万用表测量直流电压、直流电流的实践操作来认识万用表，掌握其基本使用方法；通过学习识别电阻器，会区分电阻器的种类、识读电阻器的参数；通过检测电阻器，学会判断电阻器好坏的方法。为今后解决电工技术中的实际问题打下基础，提升实践操作能力，培养良好的电工职业素养。

项目任务

本项目包括连接基本电阻电路、测量基本电量、识别与检测电阻器 3 个任务和用万用表来测量直流电压、电流的拓展任务。

任务 1 连接基本电阻电路

一、任务目标

1）会连接基本电阻电路。

2）能识别电路的工作状态。

3）养成遵守纪律、安全操作的意识，培养爱岗敬业、精益求精的工匠精神。

二、任务描述

根据指导教师给定的实训器材按图连接基本电阻电路，认识电路的组成要素；分析电路的工作状态。

三、任务准备

电池可以分为一次性电池和可充电电池两类。一次性电池是不可以充电的，电量用完即作废；可充电电池电量用完后可以反复充电。常用的电池种类有干电池、蓄电池以及体积较小的微型电池等，此外，还有太阳能电池、燃料电池等。

1. 干电池

干电池通常用在手电筒、电子计时器、电动玩具、遥控器、话筒等电子产品中。常用的干电池主要是锌锰电池和碱性电池，如图 2-1 所示。干电池的电动势有 1.5V、9V 等规格，如万用表中使用的“方块叠层”电池的电动势为 9V。

图 2-1 常用的干电池

2. 蓄电池

蓄电池是一种可充电电池，种类很多。其特点是可以经历多次充、放电循环，反复使用。常用的蓄电池有铅酸蓄电池、碱性蓄电池等，目前使用的镍镉、镍氢和锂离子电池等都是碱性电池。

（1）铅酸蓄电池　铅酸蓄电池的工作电压平稳，使用温度及电流范围宽，能充、放电数百个循环，储存性能好，价格低，但因其体积和重量一直无法获得有效的改善，目前常用于汽车、摩托车、电动自行车等。图 2-2 为常见铅酸蓄电池，它们的电动势有 2V、12V 等规格。

（2）镍镉电池　镍镉电池早先应用于手机、笔记本电脑等设备中，具有良好的大电流放电特性，充、放电能力强，维护简单，价格便宜，其实物如图 2-3 所示。但镍镉电池最致命的缺陷是在充、放电过程中会出现“记忆效应”，这会使其使用寿命大大缩短。镍镉电池的电动势约为 1.2V。

图 2-2 常见铅酸蓄电池

图 2-3 镍镉电池实物

（3）镍氢电池　镍氢电池实物如图 2-4 所示，它具有较好的低温放电特性，即使在 −20℃ 环境温度下，采用大电流放电，放出的电荷量也能达到标称容量的 85%以上。凡是使用镍镉电池的地方，都可用镍氢电池来替代。它的电动势约为 1.2V。

（4）锂离子电池　锂离子电池实物如图 2-5 所示，它具有自放电量小、可长时间存放、可快速充电、放电电压平缓、寿命长、无记忆效应等优点。正因为这些特点，常用于便携式电器（如手提式计算机、摄像机、手机）中。目前开发的大容量锂离子电池已在电动汽车中应用。锂离子电池的电动势约为 3.7V。

图 2-4　镍氢电池实物

图 2-5　锂离子电池实物

3. 太阳能电池

太阳能电池也称为光伏电池，是一种新型、无污染的绿色电源。它是通过半导体的光电效应或光化学效应，把光能转换为电能的装置。只要被太阳光照射，瞬间就可输出电压及电流。太阳能电池按结晶状态可分为结晶系薄膜式和非结晶系薄膜式两大类。其种类有硅太阳能电池、多元化合物薄膜太阳能电池、聚合物多层修饰电极型太阳能电池、纳米晶太阳能电池及有机太阳能电池等。图 2-6 所示为太阳能电池板实物。

图 2-6　太阳能电池板实物

中国太阳能利用情况

二氧化碳排放力争于 2030 年前达到峰值，争取在 2060 年前实现碳中和。要实现中国的碳中和目标，能源生产的零碳化是重中之重，加速发展风电、光伏等零碳能源替代煤电等化石能源是碳中和的必由之路。

太阳能是可再生、可持续性发展的战略能源。通过转换装置把太阳辐射能转换成电能加以利用，不但能大幅度减少能源的消耗，降低成本，而且非常环保。光伏是太阳能光伏发电系统的简称，是一种利用太阳能电池半导体材料的光伏效应将太阳辐射能直接转换为电能的一种新型发电系统，有独立运行和并网运行两种方式。太阳能光伏发电具有电池组件模块化、安装维护方便、使用方式灵活等特点，是太阳能发电应用最多的技术。数据显示，2020 年我国光伏组件产量达到 124.6GW。

图 2-7 所示为地处中国山西省最南端的芮城县建成的光伏领跑技术基地项目。

图 2-7　中国山西省芮城县光伏领跑技术项目基地

4. 太阳能发电方式

太阳能发电有两种方式，一种是光-热-电转换方式，另一种是光-电直接转换方式。

1）光-热-电转换方式是利用太阳辐射产生的热能发电，一般是由太阳能集热器将所吸收的热能转换成工质的蒸气，再驱动汽轮机发电。前一个过程是光-热转换过程；后一个过程是热-电转换过程，与普通的火力发电一样。

2）光-电直接转换方式是利用光电效应将太阳辐射能直接转换成电能，光-电转换的基本装置就是太阳能电池。太阳能电池是一种利用光生伏特效应而将太阳光能直接转换为电能的器件，其原理是一个半导体光电二极管，当太阳光照射到光电二极管上时，光电二极管就会把太阳的光能变成电能，产生电流。将多个电池串联或并联起来就可以构成具有较大输出功率的太阳能电池方阵。

5. 其他电池

（1）微型电池　微型电池是体积很小的电池，其形状有纽扣形、圆柱形、硬币形等。

（2）燃料电池　燃料电池是一种把燃料在燃烧过程中释放的化学能直接转换成电能的装置。从外表上看，它有正、负极和电解质等，像一个蓄电池，但它不能“储电”，而是一个“发电厂”，如图2-8所示。燃料电池本身不参与化学反应，没有损耗。燃料电池具有安全、供电可靠、燃料多样、高效能、环保和可集中或分散弹性设置等优点。它已在太空航行中得到应用，在军用与民用的各个领域也展现出广阔的应用前景。

图 2-8　燃料电池

电池与环保

目前，市场销售的电池单体产品均标注了汞含量。一般电池均包含了汞、镉、铅等重金属，这些重金属以及其中的电解液对人和植物危害非常严重。因此，我国正大力发展无汞环保电池。消费者购买电池时，只需看电池的汞含量就可以知道是不是环保电池了。

1. 含汞电池的危害

一节1号含汞电池废弃后，能使1m^{2}的土地完全失去利用价值；一粒纽扣电池可以使600L水无法饮用。对自然环境威胁最大的5种物质中，电池里面就包含了汞、镉、铅3种。这些有毒物质通过各种途径进入人体内，长期积蓄难以排除，损害神经系统、造血功能和骨骼，甚至可以致癌。铅可以造成神经系统损害（神经衰弱、手足麻木）、消化系统疾病（消化不良、腹部绞痛）、血液中毒和其他病变。汞会造成精神状态改变，脉搏加快，肌肉颤动，口腔和消化系统病变。镉、锰主要危害神经系统。

电池在使用过程中，其组成物质被封存在电池壳内部，并不会对环境造成影响。但经过长期机械磨损和腐蚀后的废旧电池，其内部的重金属和酸碱等会泄漏出来，进入土壤或水源，动植物吸收水源或土壤中的汞离子后，会通过各种途径进入人的食物链，从而对人体造成伤害。

2. 电池的回收利用

废旧电池回收利用是指把使用过的电池通过回收再次利用。常用的工业电池为铅蓄电池，铅占蓄电池总成本 50% 以上，可通过火法、湿法冶金工艺以及固相电解还原技术等进行回收。外壳为塑料，可以再生，基本实现无二次污染。目前使用的干电池，基本都是无汞或低汞电池，汞含量都应低于电池重量的 0.0001%，不会对环境造成很大的影响。

四、任务实施

任务实施器材准备：干电池、小灯泡、导线和开关。

1. 连接、检查电路

（1）连接电路　按图 2-9 所示的小灯泡电路实物图连接电路。

（2）检查电路　根据电路实物图认真仔细检查所连接的电路，防止电路发生短路事故。

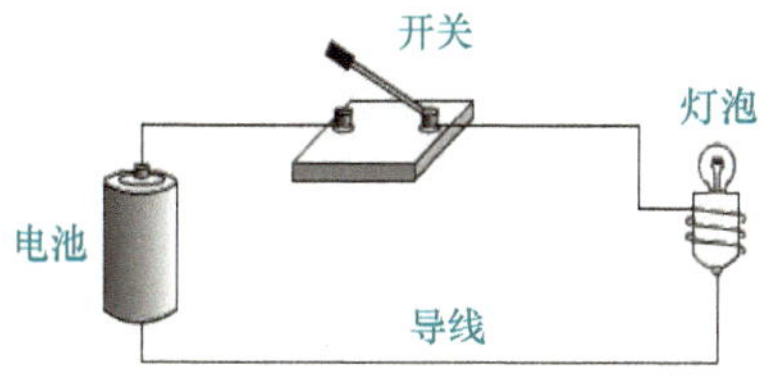

图 2-9　小灯泡电路实物图

2. 观察电路状态

（1）通路状态　将开关闭合，观察小灯泡发光情况，判断电路是否正常。

（2）断路状态　将开关打开，观察小灯泡发光情况，判断电路是否正常。

（3）短路状态　如果将小灯泡用导线短接，分析会出现什么现象？

五、任务评价

任务评价标准见表 2-1。

表 2-1　任务评价标准

任务名称	评价标准					配分/分	扣分
连接、检查电路	1. 识别电路组成有误，扣 5~15 分 2. 电路连接不规范、有误，扣 5~15 分 3. 电路连接后不检查，扣 5~15 分					50	
观察电路状态	1. 电路通路状态不正确，扣 5~15 分 2. 电路断路状态不正确，扣 5~15 分 3. 电路短路状态分析有误，扣 5~15 分					50	
职业素养要求	详见表 1-4						
开始时间		结束时间		实际时间		成绩	

（续）

学生自评：
学生签名：　　　　年　　月　　日
教师评语：
教师签名：　　　　年　　月　　日

六、收获总结

将本任务实施过程中的收获与问题总结填写在表 2-2 中。

表 2-2　收获与问题总结反馈表

序号	我会做的	我学会的	我的疑问	解决办法
1				
2				
3				
4				
5				
存在的问题：				

任务 2　测量基本电量

一、任务目标

1）熟悉指针式万用表的结构、功能和基本操作方法。

2）会安装基本电阻电路。

3）会测量直流电压和直流电流。

4）会分析电阻器两端电压与电流的关系。

5）养成遵守纪律、安全操作的意识，培养爱岗敬业、精益求精的工匠精神。

二、任务描述

根据指导教师给定的器材和要求正确安装基本电阻电路；使用直流电压表、直流电流表、万用表等仪表测量电路中的直流电压和直流电流；分析电阻器两端电压与电流的关系。

三、任务准备

（一）认识指针式万用表

万用表是一种多用途、广量程、使用方便的测量仪表，可以用来测量直流电压、直流电流、交流电压和电阻等，中、高档的万用表还可以测量交流电流、电容量、电感量及晶体管的主要参数等。常用的万用表有指针式和数字式两种，其实物如图 2-10 所示。本任务以 MF47 型万用表为例，介绍指针式万用表的面板及基本操作方法。

a) 指针式万用表

b) 数字式万用表

图 2-10　万用表实物

1. 认识万用表的面板

指针式万用表的面板主要由刻度盘和操作面板两部分组成，如图 2-11 所示。操作面板上有机械调零旋钮、电阻调零（欧姆调零）旋钮、挡位与量程选择开关、表笔插孔等。

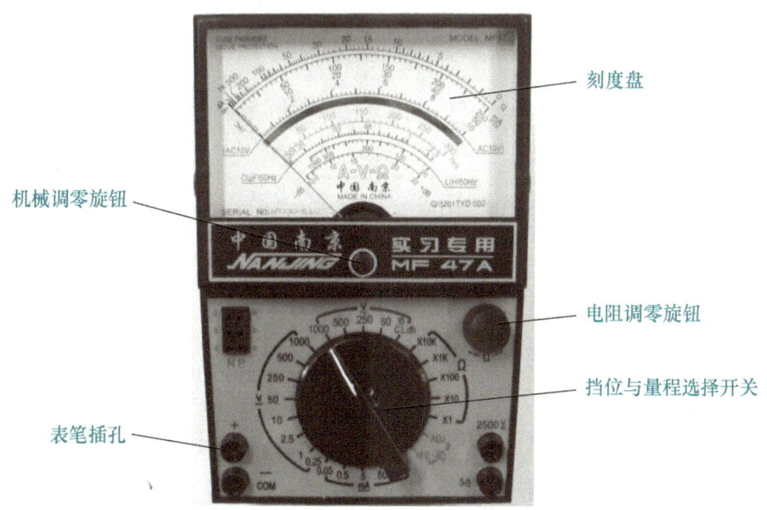

图 2-11　MF47 型万用表面板

2. 使用前的准备工作

1）将万用表水平放置。

2）机械调零。检查万用表指针是否停在刻度盘最左端的“零”位。如不在“零”

位，可用螺钉旋具轻轻转动表头上的机械调零旋钮，使指针指到“零”位，如图 2-12 所示。

3）插入表笔。将万用表的红、黑表笔分别插入万用表的“+”“-”（“COM”）插孔。

4）电气调零。电气调零又称为电阻调零或欧姆调零，将挡位与量程选择开关旋到电阻挡相应的量程处，如 $R\times1$ 挡，并将两表笔短接。旋转电阻调零旋钮进行电气调零，如图 2-13 所示。如果万用表进行电气调零后指针仍不能转到刻度最右端的“零”位，说明电池电压不足，需要更换电池。

图 2-12　万用表的机械调零

图 2-13　万用表的电阻调零

5）选择测量项目和量程。将挡位与量程选择开关旋到相应的测量项目和量程上。禁止在通电测量状态下转换挡位与量程选择开关，以免可能产生的电弧损坏开关触点。

3. 使用后的维护

万用表使用完毕，应注意以下几点。

1）拔出表笔。

2）将挡位与量程选择开关旋至交流电压最高挡或“OFF”挡，以防止下次开始测量时使用不当而烧坏万用表。

3）若长期搁置不用，应将万用表中的电池取出，以防电池电解液渗漏而腐蚀/万用表内部电路。

4）应保持万用表干燥、清洁，严禁振动和机械冲击。

（二）用万用表测量直流电压、电流的方法

1. 用万用表测量直流电压的方法

1）选择挡位与量程。测量直流电压时，挡位与量程选择开关应旋至直流电压区，并选择合适的量程。量程的选择一般为被测电压的 1.5～2.5 倍，即使指针在刻度盘的 1/3～2/3 区域内。若事先无法确定被测电压的大小，一般应从大到小逐次选择量程进行测量，直到量程合适为止。

2）与被测电路的连接。万用表的两表笔应与被测电路并联，且红表笔接高电位端，黑表笔接低电位端。图 2-14 所示为用万用表测量干电池两端电压的示意图，将其挡位与量程选择开关旋至 2.5V 直流电压挡，红表笔接电池的正极，黑表笔接电池的负极。

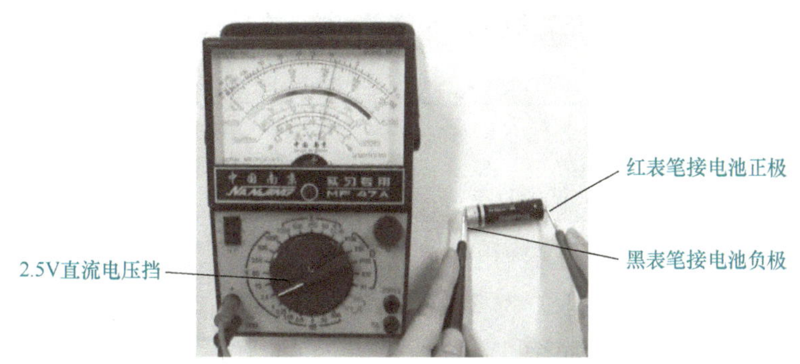

图 2-14　用万用表测量干电池两端电压的示意图

2. 用万用表测量直流电流的方法

1）选择挡位与量程。测量直流电流时，挡位与量程选择开关应旋至直流电流区，并选择合适的量程。量程的选择一般为被测电流的 1.5~2.5 倍，即使指针在刻度盘的 1/3~2/3 区域内。若事先无法确定被测电流的大小，一般应从大到小逐次选择量程进行测量，直到量程合适为止。

2）与被测电路的连接。万用表应串接在被测电路中，且红表笔接高电位端（电流流入端），黑表笔接低电位端（电流流出端）。例如，测量 300mA 的直流电流时，挡位与量程选择开关应旋至 500mA 直流电流挡。

3. 万用表的读数方法

读数时，应将刻度盘和挡位与量程选择开关配合进行。图 2-15 所示为 MF47 型万用表的刻度盘。

图 2-15　MF47 型万用表刻度盘

（1）测量直流电压与电流的读数方法　应当看刻度盘从上到下的第二根标尺，其左端为“0”，右端为满量程，共标有“250、50、10”三组量程。标尺上共有 50 小格、10 大格，选择哪一组量程读数方便，具体视挡位与量程选择开关的位置。

（2）测量直流电压与电流的读数步骤

1）根据挡位与量程选择开关所处的位置读出满量程的读数值。

2）计算每小格所代表的读数值。

3）读出指针所占的小格数。

4）计算测量值：测量值=指针所占的小格数×每小格所代表的值。

实践与应用

图 2-16 所示为用万用表测量直流电压时指针所指位置，若挡位与量程选择开关为 10V 直流电压挡，则所测的直流电压值应为多少？

如果挡位与量程选择开关为 2.5V 直流电压挡，则所测的直流电压值又为多少？

如果测量的是直流电流，挡位与量程选择开关为 50mA 直流电流挡，则所测的直流电流值为多少？

图 2-16 测量电压时指针所指位置

（三）用电压表、电流表测量直流电压、电流的读数方法

1. 用电压表测量直流电压的方法

使用直流电压表测量直流电压时，其测量方法见项目 1 任务 1。测量时的读数方法是：先确定最大量程和最小分格值，然后根据指针偏转读数，指针偏转不够一个分格的部分用 1/10 格估读法，读数要比最小刻度数多一位小数。图 2-17 所示的直流电压表量程为 3V，最小分格为 0.1V，读数为 2.38V。

2. 用电流表测量直流电流的方法

使用直流电流表测量直流电流时，其测量方法见项目 1 任务 1。测量时的读数方法是：先确定最大量程和最小分格值，然后根据指针偏转读数，指针偏转不够一个分格的部分用 1/10 格估读法，读数要比最小刻度数多一位小数。图 2-18 所示的直流电流表量程为 3A，最小分格为 0.1V，读数为 0.74A。

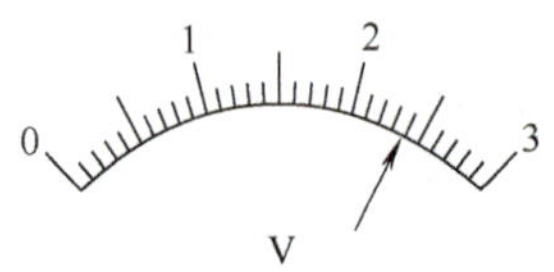

图 2-17 直流电压表的读数方法

图 2-18 直流电流表的读数方法

四、任务实施

任务实施器材准备： 干电池、电阻器（小灯泡）、直流电压表、直流电流表、导线。

（一）用电流表测量直流电流

1）连接电路。按图 2-19 所示连接好电路，并仔细检查，特别要注意直流电流表的极性。

2）读数。闭合电源开关 S，观察小灯泡 HL 的发光情况，读取直流电流表的读数，并记录在表 2-3 中。

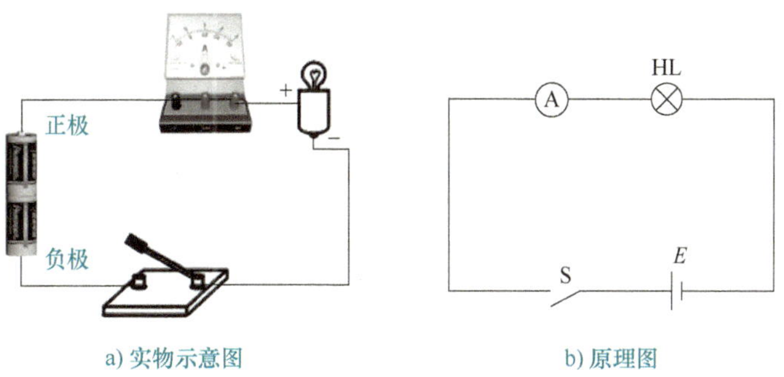

a) 实物示意图　　b) 原理图

图 2-19　测量直流电流电路图

表 2-3　测量记录表

测量值	电流表量程	电流 I/A		测量平均值 I/A
		第一次	第二次	
数据				

（二）用电压表测量直流电压

1）连接电路。按图 2-20 所示连接好电路，并仔细检查，特别要注意直流电压表的极性。

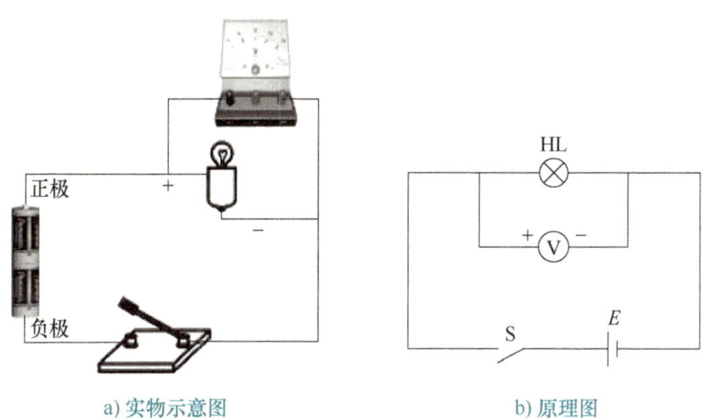

a) 实物示意图　　b) 原理图

图 2-20　测量直流电压电路图

2）读数。闭合电源开关 S，观察小灯泡 HL 的发光情况，读取直流电压表的读数，并记录在表 2-4 中。

表 2-4　测量记录表

测量值	电压表量程	电压 U/V		测量平均值 U/V
		第一次	第二次	
数据				

用万用表测量直流电压和直流电流

一、用万用表测量直流电压

1）选择挡位与量程。MF47 型万用表的直流电压挡标有“V”，有 2.5V、10V、50V、250V 和 500V 等不同量程。应根据被测电压的大小选择适当的量程。

2）测量方法。将万用表两表笔并联接在被测电路的两端。测量直流电压时，红表笔接在被测电路的正极（高电位端），黑表笔接在被测电路的负极（低电位端），如图 2-21 所示。

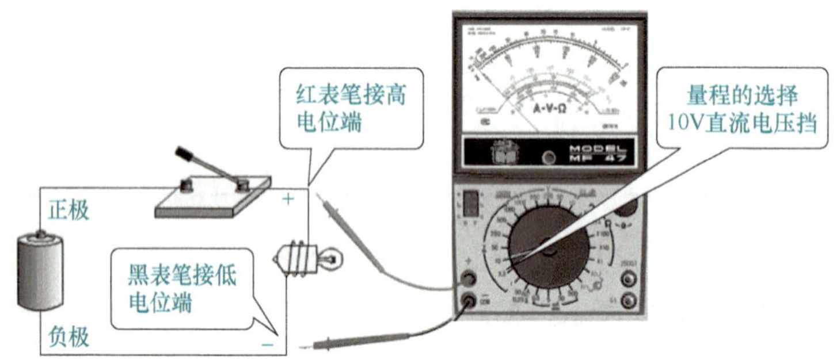

图 2-21　万用表测量直流电压示意图

3）正确读数。仔细观察万用表刻度盘，找到对应的刻度线读出被测电压值。读数时，视线应正对指针，使指针与指针在镜面上的投影重合。

4）读数记录。将读取的电压值记录在表 2-5 中。

表 2-5　测量记录表

测量值	万用表挡位与量程	电压 U/V		测量平均值 U/V
		第一次	第二次	
数据				

二、用万用表测量直流电流

1）选择挡位与量程。MF47 型万用表的直流电流挡标有“mA”，有 1mA、10mA、100mA 和 500mA 等不同量程。应根据被测电流的大小选择适当的量程。

2）测量方法。将万用表与被测电路串联。其方法是：应先断开电源开关，再将电路相应部分断开，将万用表串联在断开的两端。红表笔接在被测电路的正极（高电位端），黑表笔接在被测电路的负极（低电位端），如图 2-22 所示。

3）正确读数。仔细观察万用表刻度盘，找到对应的刻度线读出被测电流值。读数时，视线应正对指针，使指针与指针在镜面上的投影重合。

4）读数记录。将所读的电流值记录在表 2-6 中。

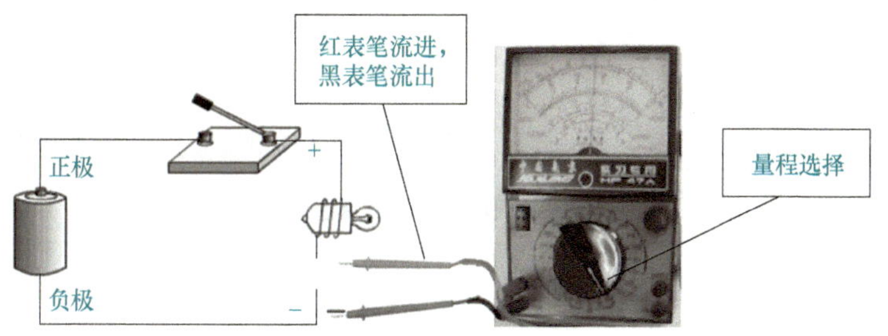

图 2-22　万用表测量直流电流示意图

表 2-6　测量记录表

测量值	万用表 挡位与量程	电流 I/mA		测量平均值 I/mA
		第一次	第二次	
数据				

五、任务评价

任务评价标准见表 2-7。

表 2-7　任务评价标准

任务名称	评价标准					配分/分	扣分
连接电路	1. 识别电路组成有误，扣 5~10 分 2. 电路连接不规范、有误，扣 5~10 分 3. 电路连接后不检查，扣 5~10 分					20	
用电流表测量直流电流	1. 电流表量程选择有误，扣 5~10 分 2. 电流表连接有误，扣 5~10 分 3. 电流表读数有误，扣 5~10 分					20	
用电压表测量直流电压	1. 电压表量程选择有误，扣 5~10 分 2. 电压表连接有误，扣 5~10 分 3. 电压表读数有误，扣 5~10 分					20	
用万用表测量直流电压和直流电流	1. 万用表挡位、量程选择有误，扣 5~10 分 2. 万用表测量电压、电流方式有误，扣 5~10 分 3. 测量电压、电流读数不准确或有误，扣 5~10 分 4. 万用表使用不熟练，扣 5~10 分					40	
职业素养要求	详见表 1-4						
开始时间		结束时间		实际时间		成绩	

学生自评：

学生签名：　　　　年　　月　　日

教师评语：

教师签名：　　　　年　　月　　日

六、收获总结

将本任务实施过程中的收获与问题总结填写在表 2-8 中。

表 2-8 收获与问题总结反馈表

序号	我会做的	我学会的	我的疑问	解决办法
1				
2				
3				
4				
5				
存在的问题：				

任务 3 识别与检测电阻器

一、任务目标

1）会识别电阻器。

2）会识读电阻器的参数。

3）会用万用表检测电阻器并判断其好坏。

4）养成遵守纪律、安全操作的意识，培养爱岗敬业、精益求精的工匠精神。

二、任务描述

根据指导教师给定的电阻器，通过观察外观、型号等方式识别电阻器的类型，读取电阻器的标称阻值和允许误差等参数；用万用表检测电阻器的阻值并判断其好坏。

三、任务准备

（一）识别固定电阻器的方法

固定电阻器是阻值不可改变的电阻器。常见的固定电阻器有碳膜电阻器、金属膜电阻器及线绕电阻器等。

1. 碳膜电阻器

碳膜电阻器是采用碳膜作为导电层，通过真空高温热分解出的结晶碳沉积在柱形或管形陶瓷骨架上制成的，其实物如图 2-23 所示。它具有稳定性好、高频特性好、噪声小、成本低、价格便宜，可以在 70℃环境温度下长期工作等优点。碳膜电阻器是目前电子、电气产品中十分常用的电阻器。

图 2-23 碳膜电阻器

2. 金属膜电阻器

金属膜电阻器是采用金属膜作为导电层，用高真空加热蒸发等技术将合金材料蒸镀在陶瓷骨架上制成的，经过切割调试阻值，以达到最终要求的精密阻值。金属膜一般采用镍铬合金，也可以采用其他金属或合金材料。它的外表面涂有蓝色或红色保护漆，其实物如图 2-24 所示。除具有碳膜电阻器的特点外，金属膜电阻器还具有较好的耐高温及精度高等特点，常用在要求较高的电路中。

3. 线绕电阻器

线绕电阻器是将电阻丝绕在绝缘骨架上再经过绝缘封装处理而成的一类电阻器。电阻丝一般采用一定电阻率的镍铬、锰铜等合金制成。绝缘骨架一般采用陶瓷、塑料、涂覆绝缘层的金属骨架。线绕电阻器表层通常涂成黑色、绿色或棕色，其实物如图 2-25 所示。它具有温度系数小、精度较高的特点。在线绕电阻器中，有一种用陶瓷制成骨架，在电阻器的外层涂釉或涂其他耐热并且散热良好的绝缘材料的大功率线绕电阻器，它的耗散功率可达数百瓦，主要用于大功率负载，能工作在 150～300℃环境中。

图 2-24　金属膜电阻器

图 2-25　线绕电阻器

【指点迷津】

金属膜电阻器与碳膜电阻器的区别方法

1）外观区别。金属膜电阻器一般为 5 个色环（允许误差为±1%），碳膜电阻器一般为 4 个色环（允许误差为±5%）；金属膜电阻器一般为蓝色，碳膜电阻器一般为土黄色或其他颜色。

2）加热区分。用万用表测电阻器的阻值，然后用烧热的电烙铁靠近电阻，如果阻值变化很大，则为碳膜电阻器，如果阻值变化较小，则为金属膜电阻器。

（二）识别可变电阻器的方法

阻值可变的电阻器称为可变电阻器，可分为半可变电阻器和电位器。半可变电阻器用于需要变化阻值，但又不需要频繁调节的场合，通常有三个引脚和一个一字形或十字形的阻值调节槽，外印有表示阻值的标注。电位器用于需要频繁调节阻值的场合，它的体积比可变电阻器大，结构牢固，有转轴或操纵柄，外壳印有表示阻值的标注。常见可变电阻器的实物、图形符号及用途见表 2-9。

表 2-9　常见可变电阻器实物、图形符号及用途

序号	名称	实物图	图形符号	特点及用途
1	半可变电阻器			阻值可在某一值到标称值范围内变动 一般用在晶体管电路中作偏流电阻，或在电视机等电子产品中起电源滤波、调整偏流等作用
2	碳膜电位器			阻值范围可在 100Ω～4.7MΩ 内变动，具有结构简单、耐高压、工作稳定性好、价格低等优点，但功率不大 常用于家用电器中做音量调节或亮度调节等
3	线绕电位器			额定功率大，且耐高温、精度高，但阻值变化范围较小 常用于功率较大的电路中做电源电压调节等
4	实心电位器			利用接触电刷调节阻值，具有体积小、寿命长、易散热、阻值变化范围宽等特点 常用于小型电阻设备及仪器仪表的交、直流电路中做电压或电流调节
5	直滑式电位器			利用滑动杆做直线运动来调节电阻值，具有接触良好和密封防尘等特点 常用于家用电器、仪器仪表面板，作电压、电流控制和音调、音量的调节等
6	开关电位器			是一种带有开关装置的电位器。开关和电位器各自独立，但又同轴相连 常用在电视机等电子产品中做音量控制兼电源控制

（三）识读电阻器型号的方法

国产电阻器的型号一般由 4 部分组成，如图 2-26 所示。第 1 部分为主称，用字母表示产品的名称，如 R 表示电阻器，W 表示电位器。第 2 部分为材料，用字母表示电阻器的材料组成，如 T 表示碳膜、H 表示合成膜、S 表示有机实心、N 表示无机实心、J 表示金属膜、Y 表示氧化膜、C 表示沉积膜、I 表示玻璃釉膜、X 表示线绕。第 3 部分表示分类，一般用数字表示，个别类型用字母表示，表示产品类型，如电阻器中的 1 表示普通、2 表示普通、3 表示超高频、4 表示高阻、5 表示高温、7 表示精密、8 表示高压、9 表示特殊、G 表示功率型、T 表示可调。第 4 部分为序号，用数字表示同类产品中的不同品种，以区分产品的外形尺寸和性能指标等。

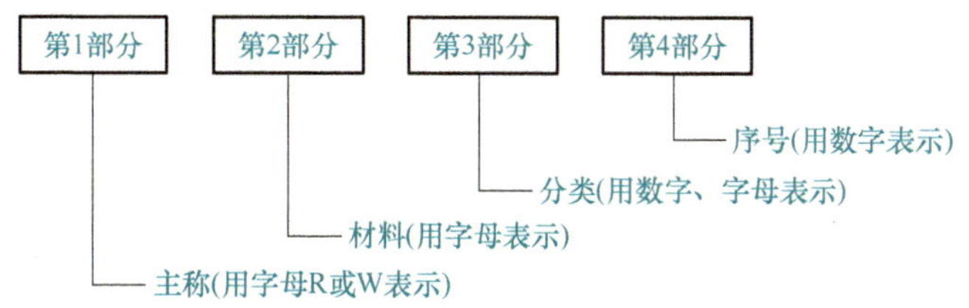

图 2-26　电阻器的型号

电阻器型号的命名方法见表 2-10。

表 2-10　电阻器型号的命名方法

第一部分：主称		第二部分：材料		第三部分：分类			第四部分：序号
符号	意义	符号	意义	符号	意义		
					电阻器	电位器	
R	电阻器	T	碳膜	1	普通	普通	
W	电位器	H	合成膜	2	普通	普通	
		S	有机实心	3	超高频	—	
		N	无机实心	4	高阻	—	
		J	金属膜	5	高温	—	
		Y	氧化膜	6	—	—	
		C	沉积膜	7	精密	精密	
		I	玻璃釉膜	8	高压	特殊	
		P	硼碳膜	9	特殊	特殊	
		U	硅碳膜	G	功率型	—	
		X	线绕	T	可调	—	
		M	压敏	W	—	微调	
		G	光敏	D	—	多圈	
		R	热敏	B	温度补偿用	—	
				C	温度测量用	—	
				J	精密	—	
				L	测量用	—	
				P	旁热式	—	
				W	稳压式	—	
				Z	正温度系数	—	

实践与应用

例如，型号为 RJ22 的电阻器，R 表示电阻器，J 表示其材料是金属膜，2 表示其分类是普通，2 为序号，故 RJ22 型电阻器为普通金属膜电阻器；型号为 WXG3 的电位器，W 表示电位器，X 表示其材料是线绕，G 表示其分类是高功率，3 为序号，故 WXG3 型电位器为高功率线绕电位器。

请说明型号为 WS24、RT31、RXT2、WSL4 的电阻器（电位器）的型号含义。

（四）电阻器的主要参数

电阻器的主要参数有标称阻值、允许误差和额定功率等。

1. 标称阻值

电阻器的标称阻值是指电阻器表面所标注的阻值。为了便于生产，同时考虑能够满足实际使用的需要，国家规定了一系列数值作为产品的标准，这一系列值就是电阻器的标称系列值。

2. 允许误差

标称阻值与实际阻值的差值与标称阻值之比的百分数称为阻值误差，它表示电阻器的精度。允许误差与准确度等级对应关系见表 2-11。制造电阻器时，其实际阻值与标称阻值存在误差。误差越小，精度越高。如标称阻值为 100kΩ、允许误差为±5%的电阻器，其实际阻值为 95～105kΩ。

表 2-11　允许误差与准确度等级对应关系

允许误差	±0.5%	±1%	±2%	±5%	±10%	±20%
准确度等级	0.05	0.1（或 00）	0.2（或 0）	Ⅰ级	Ⅱ级	Ⅲ级

为了便于生产和使用，国家统一规定了一系列阻值作为电阻器的标准阻值，这一系列阻值称为电阻器的标称阻值，简称标称值。电阻器的标称值按标准化优先数系列制造，系列数对应于允许误差。普通电阻器的标称阻值有 E6、E12、E24 系列，普通电阻器标称阻值为表 2-12 所列数字的 10^n 倍，n 为正整数、负整数或 0。

表 2-12　普通电阻器的标称阻值系列

标称电阻系列	允许误差	准确度等级	普通电阻器标称阻值
E6	±20%	Ⅲ	1.0、1.5、2.2、3.3、4.7、6.8
E12	±10%	Ⅱ	1.0、1.2、1.5、1.8、2.2、2.7、3.3、3.9、4.7、5.6、6.8、8.2
E24	±5%	Ⅰ	1.0、1.1、1.2、1.3、1.5、1.6、1.8、2.0、2.2、2.4、2.7、3.0、3.3、3.6、3.9、4.3、4.7、5.1、5.6、6.2、6.8、7.5、8.2、9.1

市场上成品电阻器的准确度等级大多为Ⅰ、Ⅱ级，Ⅲ级的很少采用。精密电阻器的标称阻值有 E192、E96、E48 系列，其准确度等级为 0.05、0.1 或 00、0.2 或 0，仅供精密

仪器或特殊电子设备使用。

3. 额定功率

电阻器的额定功率是指在规定的温度和大气压下，电阻器在交流或直流电路中能长期连续工作所消耗的最大功率。常用的有（1/8）W、（1/4）W、（1/2）W、1W、2W、5W、10W 等。在电路中表示电阻器额定功率的图形符号如图 2-27 所示。

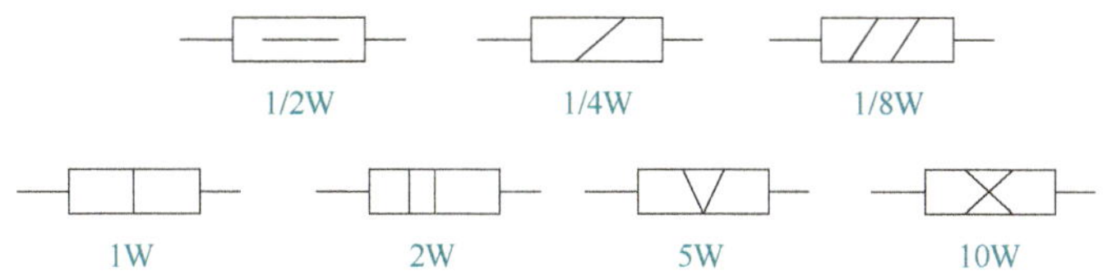

图 2-27　电阻器额定功率的图形符号

在正常工作条件下，电流对电阻器做功，电阻器就会产生热量，当温度超过电阻器能承受的极限时，电阻器就会烧坏。所以，选择电阻器时，电路中加在电阻器上的功率不能大于电阻器的额定功率。所选电阻器的额定功率要符合实际电路对电阻器功率容量的要求，一般不应随意加大或减小电阻器的功率。若电路要求是功率型电阻器，则其额定功率可高于实际电路要求功率的 1～2 倍。

（五）电阻器主要参数的标注方法

电阻器主要参数的标注方法有直标法、文字符号法、数码法和色标法。

1. 直标法

直标法一般是用数字和单位符号直接将标称阻值等参数标注在电阻器上。图 2-28a 所示电阻器上印有“RXTO-2 20kΩ±0.1%”，则该电阻器是标称阻值为 20kΩ、允许误差为±0.1%、额定功率为 2W 的线绕电阻器；图 2-28b 所示电阻器上印有“RX22 4W 2kΩ”，则该电阻器是标称阻值为 2kΩ，额定功率为 4W 的线绕电阻器；图 2-28c 所示电阻器上印有“RT-0.5 1.2kΩ±10%”，则该电阻器是标称阻值为 1.2kΩ、允许误差为±10%、额定功率为 0.5W 的碳膜电阻器。

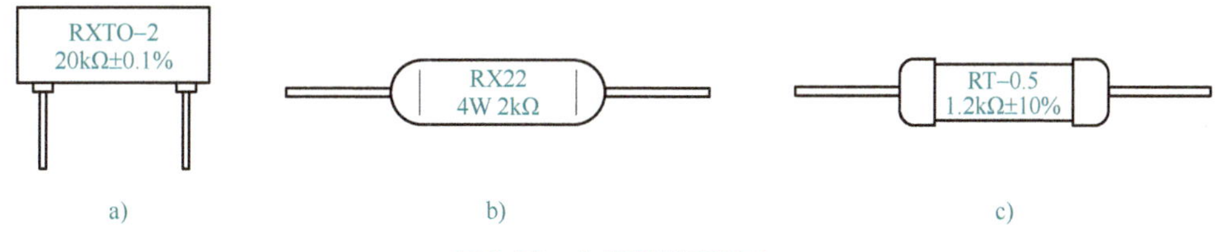

图 2-28　电阻器的直标法

2. 文字符号法

文字符号法是用数字和单位符号组合在一起表示，文字符号前面的数字表示整数阻值，文字符号后面的数字表示小数点后面的小数阻值。电阻值单位的文字符号见表 2-13，电阻允许误差的文字符号见表 2-14。例如，电阻器上标有“R33”表示标称阻值为 0.33Ω，标有“6K8”表示标称阻值为 6.8kΩ，标有“1K0J”表示标称阻值为 1kΩ、允许误差为±5%。

表 2-13 电阻值单位的文字符号

文字符号	R	K	M	G	T
表示单位	Ω	10^3Ω	10^6Ω	10^9Ω	10^{12}Ω

表 2-14 电阻允许误差的文字符号

文字符号	D	F	G	J	K	M
允许误差	±0. 5%	±1%	±2%	±5%	±10%	±20%

3. 数码法

数码法是在电阻器上用三位数码表示标称值的标注方法。数码从左到右，第一、二位表示电阻的有效值，第三位表示指数，即零的个数，单位为 Ω。允许误差通常采用文字符号表示。体积较小的可变电阻器以及贴片电阻器的电阻值一般用数码法表示。如图 2-29 所示，“202”表示电阻器阻值为 $20\times10^2\Omega=2k\Omega$。

图 2-29 数码法

4. 色标法

色标法是用不同颜色的带或点在电阻器表面标出标称阻值和允许误差。电阻器色环符号的说明见表 2-15。色标法分为两位有效数字表示法（四色环表示法）和三位有效数字表示法（五色环表示法）两种。

表 2-15 电阻器色环符号说明

四色环	第一环	第二环		第三环	第四环
五色环	第一环	第二环	第三环	第四环	第五环
颜色	读数			倍率	允许误差
黑	0	0	0	10^0	—
棕	1	1	1	10^1	±1%
红	2	2	2	10^2	±2%
橙	3	3	3	10^3	—
黄	4	4	4	10^4	—
绿	5	5	5	10^5	±0. 5%
蓝	6	6	6	10^6	±0. 25%
紫	7	7	7	10^7	±0. 1%
灰	8	8	8	10^8	—
白	9	9	9	10^9	—
金	—	—	—	10^{-1}	±5%
银	—	—	—	10^{-2}	±10%
无色	—	—	—	—	±20%

（1）两位有效数字的色标法　普通电阻器用两位有效数字色标法，即用四色环表示，前三环表示电阻值，最后一环表示示允许误差，如图 2-30 所示。

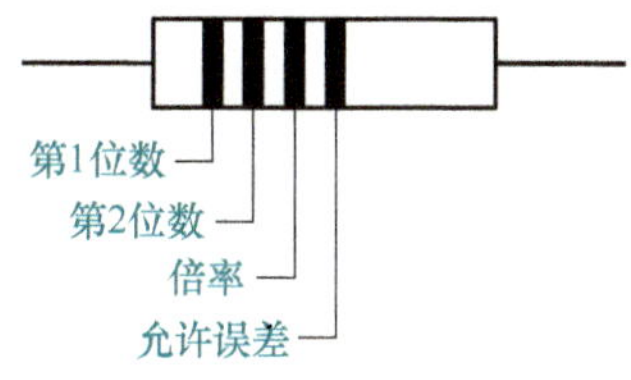

图 2-30　四色环的意义

【指点迷津】

识读四色环电阻器的关键：表示精度（允许误差）的第四环一般为金色或银色。

识读四色环电阻器的方法：四色环电阻器一般是碳膜电阻，用前 3 个色环来表示阻值（前 2 个色环表示有效值，第 3 个色环表示倍率），第 4 个色环表示允许误差，如图 2-31 所示，其阻值为：R=①②×10^③（①、②为有效数字，③为倍率，④为误差）。

图 2-31　四色环电阻器读数示意图

实践与应用

图 2-32 所示的四色环电阻器，色环按顺序排列分别为棕、黑、红、金，则该电阻器的阻值为多少，允许误差为多少？

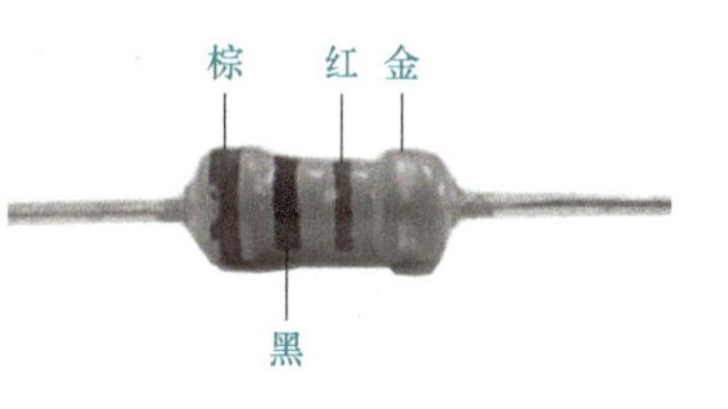

图 2-32　四色环电阻器

（2）三位有效数字的色标法　精密电阻器用三位有效数字色标法，即用五色环表示，前四环表示电阻值，最后一环表示示允许误差，如图 2-33 所示。

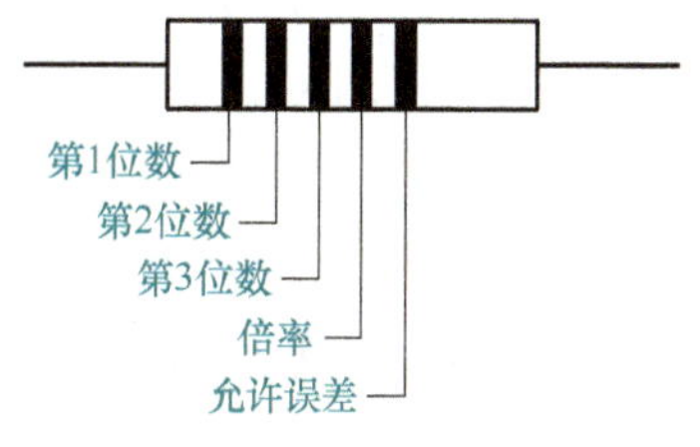

图 2-33　五色环的意义

【指点迷津】

识读五色环电阻器的关键：表示精度（允许误差）的第五环与其他四环相距较远。

识读五色环电阻器的方法：一般是金属膜电阻器，为了更好地表示精度，用前4个色环表示阻值（前3个色环表示有效值，第4个色环表示倍率），第5个色环表示误差，如图2-34所示，其阻值为：R=①②③×10^④（①、②、③为有效数字，④为倍率，⑤为误差）。

图 2-34　五色环电阻器读数示意图

实践与应用

如图2-35所示的五色环电阻器，色环按顺序排列分别为黄、紫、黑、棕、棕，则该电阻器的阻值为多少，允许误差为多少？

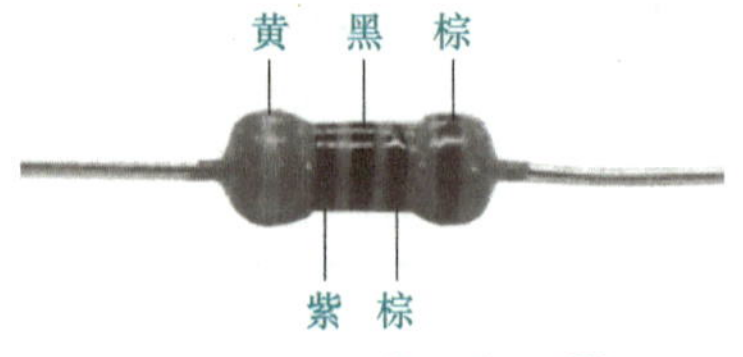

图 2-35　五色环电阻器

（六）用万用表检测固定电阻器的基本操作方法

1）选择挡位与量程。测量电阻时，挡位与量程选择开关应旋至电阻测量区，倍率的选择应以测量时指针指在刻度盘的中间位置为标准。

2）电阻调零。每次选择或更换倍率后，在测量之前必须进行电阻调零。电阻调零的操作方法如图2-13所示。

3）测量电阻。将万用表红、黑表笔分别接到被测电阻两端，如图2-36所示。

图 2-36　用万用表测量电阻示意图

4）读数。根据指针位置读出最小刻度值，再乘以该挡的倍率，即为测量电阻值。

【指点迷津】

用万用表测量电阻器时，人手不能触及电阻器两端或接触表笔的金属部分，否则会引起测量误差（并联人体电阻，使测得电阻值变小）。

用万用表测出的电阻值接近标称阻值，就可以认为电阻器基本上是好的，如果阻值相差很大、阻值为“零”或为“∞”，则说明电阻器已损坏。

（七）用万用表检测可变电阻器的基本操作方法

检测可变电阻器时，首先要看转轴转动是否平滑，开关是否灵活（带开关电位器）。

1）选择挡位与量程。根据可变电阻器的标称阻值选择挡位与量程。

2）电阻调零。每次选择或更换倍率后，在测量之前必须进行电阻调零。

3）测量与读数。将万用表红、黑表笔分别接到可变电阻器两边的两个固定引脚处，如图2-37所示。根据指针位置读出最小刻度值，再乘以该挡的倍率，即为测量电阻值。

图2-37 万用表测量可变电阻器示意图1

4）将两表笔分别与边上的引脚和中间引脚相连接，如图2-38所示。若将可变电阻器的转轴逆时针旋转，万用表指针应平滑移动，电阻值逐渐减小。若将电位器的转轴再顺时针旋转，万用表指针应平滑移动，电阻值逐渐增大，直到接近可变电阻器的标称阻值。

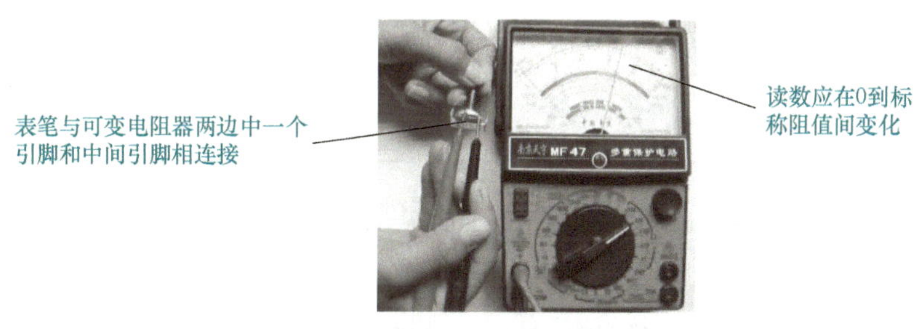

图2-38 万用表测量可变电阻器示意图2

【指点迷津】

用万用表测量可变电阻器时，在旋转转轴过程中，固定引脚和中间引脚间的电阻变化应均匀，不能出现跳动或突变，否则视为可变电阻器损坏。

四、任务实施

任务实施器材准备：多种规格电阻器和万用表。

1. 识别电阻器

1）根据指导教师所给的电阻器，从外部仔细观察，识别其类型，完成表2-16。要求分清电阻器是固定电阻器还是可变电阻器。若是固定电阻器，要求再分清是碳膜电阻器、金属膜电阻器还是线绕电阻器；若是可变电阻器，要求再分清是半可调电阻器、碳膜电位器、线绕电位器还是实心电位器等。

表2-16　识别电阻器

编　号	实　物　图	类　　型	编　号	实　物　图	类　　型
1			5		
2			6		
3			7		
4			8		

2）根据指导教师所给的电子电路板，识别电子电路板上电阻器，指出电阻器的类型。

2. 识读电阻器参数

（1）识读电阻器的型号　根据指导教师所给的电阻器，指出型号中各部分字母、数字的含义，完成表2-17。

表 2-17　识读电阻器的型号

型　号	含　义	型　号	含　义
WS24		RJ22	
RT31		WXG3	
WSL4		RXT2	

（2）识读直标电阻器的参数　根据指导教师所给的电阻器，读出标称阻值、允许误差、额定功率等参数，完成表 2-18。

表 2-18　电阻器的主要参数 1

实 物 图	主 要 参 数	实 物 图	主 要 参 数

（3）识读文字符号标注电阻器的参数　根据指导教师所给的电阻器，读出标称阻值、允许误差、额定功率等参数，完成表 2-19。

表 2-19　电阻器的主要参数 2

实 物 图	主 要 参 数	实 物 图	主 要 参 数

		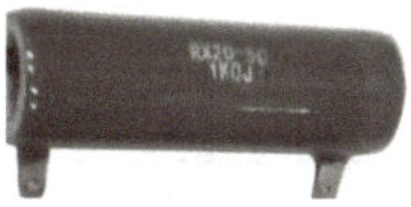	

（4）识读数码标注电阻器的参数　根据指导教师所给的电阻器，读出标称阻值、允许误差、额定功率等参数，完成表 2-20。

表 2-20 电阻器的主要参数 3

实 物 图	主 要 参 数	实 物 图	主 要 参 数
103		202	
1502		102	

（5）识读色标电阻器的参数 根据指导教师所给的电阻器，读出标称阻值、允许误差、额定功率等参数，完成表 2-21。

表 2-21 电阻器的主要参数 4

实 物 图	主 要 参 数	实 物 图	主 要 参 数

3. 检测电阻器

（1）检测固定电阻器 根据指导教师所给的固定电阻器，先读出标称阻值、允许误差、额定功率等主要参数，再用万用表测量其阻值。将标称值与测量值进行对比，判断固定电阻器的好坏，并完成表 2-22。

表 2-22 检测固定电阻器记录表

编 号	识读主要参数	测 量 值	判 断 结 果
1			
2			
3			
4			

（2）检测可变电阻器 根据指导教师所给的可变电阻器，先读出标称阻值、允许误差、额定功率等主要参数，再用万用表测量标称阻值、可调阻值。将标称值与测量值进行对比，判断可变电阻器的好坏，并完成表 2-23。

表 2-23　检测可变电阻器记录表

编　　号	识读主要参数	测量标称阻值	测量可调阻值	判 断 结 果
1				
2				
3				
4				

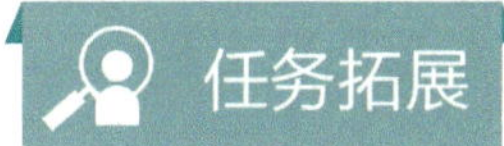

用绝缘电阻表测量绝缘电阻

绝缘电阻表俗称摇表，其刻度是以兆欧（MΩ）为单位的。它主要用来检查电气设备、家用电器或电气线路对地及相间的绝缘电阻，以保证这些设备、电器和线路工作在正常状态，避免发生触电伤亡及设备损坏等事故。

一、认识绝缘电阻表

绝缘电阻表按显示方式可分为指针式和数字式绝缘电阻表，按电压等级可分为 500V 级、1 000V 级、2 500V 级和 5 000V 级等。图 2-39 所示为绝缘电阻表的实物。

a) 指针式

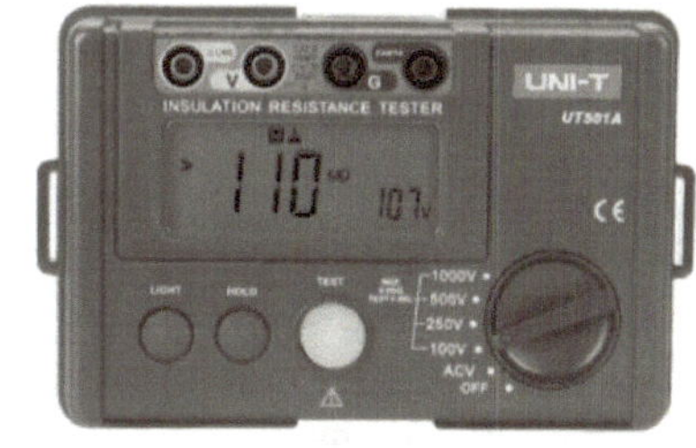

b) 数字式

图 2-39　绝缘电阻表

使用绝缘电阻表时，规定其电压等级应高于被测物的绝缘电压等级。测量额定电压在 500V 以下的电气设备或电气线路的绝缘电阻时，可选用 500V 或 1 000V 级绝缘电阻表；测量额定电压在 500V 以上的电气设备或电气线路的绝缘电阻时，应选用 1 000~2 500V 级绝缘电阻表；测量绝缘子的绝缘电阻时，应选用 2 500~5 000V 绝缘电阻表。一般情况下，测量低压电气设备的绝缘电阻时，可选用 500V 级绝缘电阻表。

图 2-40 所示为指针式绝缘电阻表的结构示意图。它主要由磁电式流比计和手摇发电机组成。发电机是绝缘电阻表的电源，可以采用直流发电机，也可以采用交流发电机与整流装置配用。直流发电机的容量很小，但电压很高（100~5 000V）。磁电式流比计是绝缘电阻表的测量机构，由固定的永久磁铁和可在磁场中转动的两个线圈组成。

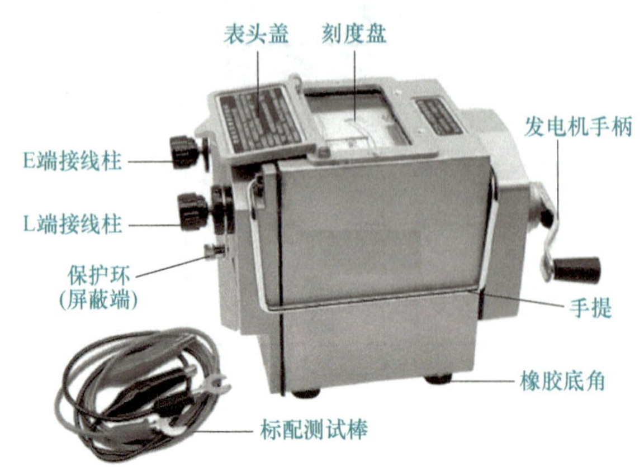

图 2-40　指针式绝缘电阻表的结构示意图

二、用绝缘电阻表测量绝缘电阻的方法

1）切断电气设备电源。测量前，必须将被测电气设备的电源切断，并将被测电气设备对地短路放电。不能在电气设备带电的情况下进行测量，以保证人身和设备的安全。对可能感应出高压电的电气设备，必须消除这种可能性后，才能进行测量。

2）清洁被测设备。要清洁被测设备表面，以减少接触电阻，确保测量结果的正确性。

3）进行开路和短路试验。测量前，应对绝缘电阻表进行一次开路和短路试验，检查绝缘电阻表是否良好。开路试验的方法：在绝缘电阻表未接被测设备之前，将“线（L）和地（E）”接线柱分开，摇动手柄使发电机达到额定转速（120r/min），观察指针是否指在标尺的“∞”位置，如图 2-41a 所示。短路试验的方法：将接线柱“线（L）和地（E）”短接，缓慢摇动手柄，观察指针是否指在标尺的“0”位置，如图 2-41b 所示。如指针不能指到相应位置，则说明绝缘电阻表有故障，应检修后再用。

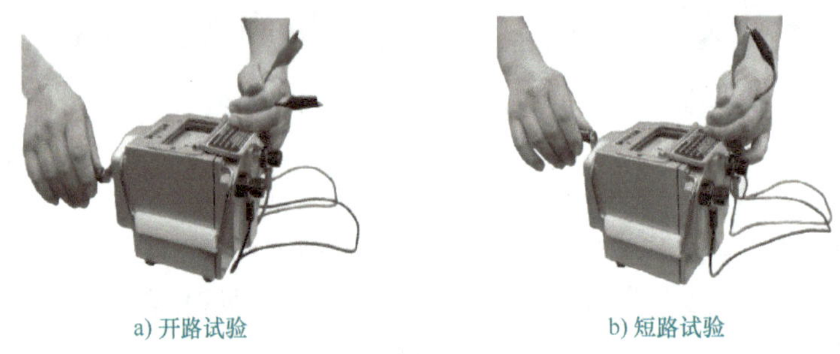

a) 开路试验　　b) 短路试验

图 2-41　绝缘电阻表的开路和短路试验

4）正确接线。绝缘电阻表上的“线（L）”接在被测设备与大地绝缘的导体部分，“地（E）”接在被测设备的外壳或大地。“保护环（G）”接在被测设备的屏蔽装置或不需要测量的部分。测量绝缘电阻时，一般只用“L”和“E”接线端。但在测量电缆对地绝缘电阻或被测设备漏电流较严重时，就要使用“G”端，并将“G”端接屏蔽层或外壳。然后沿顺时针方向摇动手柄，摇动的速度应由慢而快，当转速达到 120r/min 左右时（ZC-25

型），保持匀速转动 1min 后读数，并且要边摇边读数，不能停下来读数。图 2-42 所示为绝缘电阻表使用示意图。

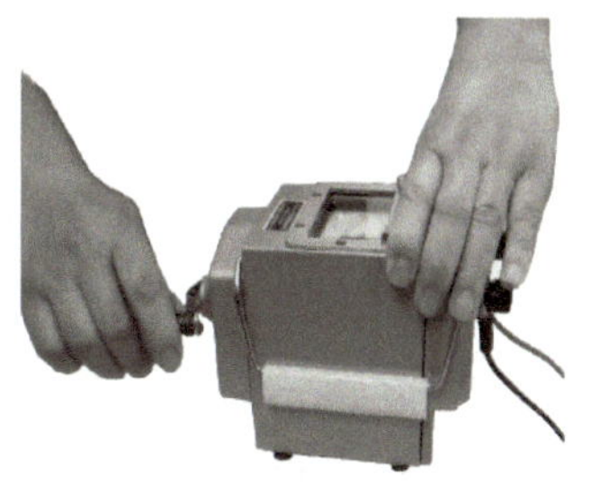
a) 使用

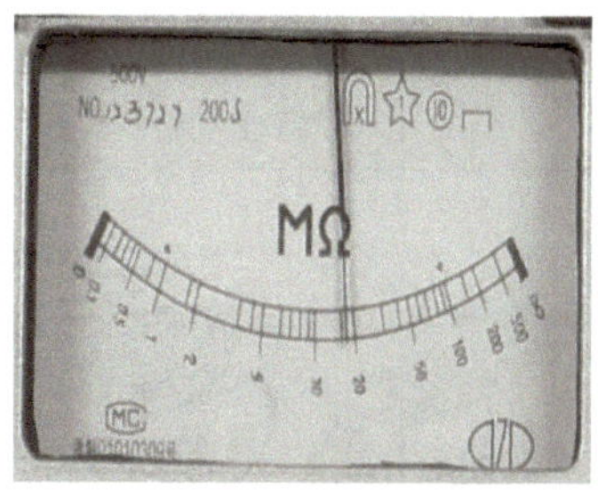

b) 读数

图 2-42　绝缘电阻表使用示意图

5）放电。检测完毕后，要对被测设备和绝缘电阻表进行放电。被测设备的放电方法：将测量时使用的地线从绝缘电阻表上取下来与被测设备短接一下即可。绝缘电阻表的放电方法：将 L、E 两接线短接。放电的目的是避免因被测设备和绝缘电阻表两接线间有高压电而发生触电事故。

【指点迷津】

使用绝缘电阻表的宜与忌

1）绝缘电阻表应水平放置，且远离周边有大电流的导体和较强的外磁场。

2）手柄摇动时，其接线柱间不许短路。摇动手柄应由慢渐快，若发现指针指向零位置，则说明被测设备可能发生了短路，这时就不能继续摇动手柄，以防表内发电机绕组发热损坏。

3）禁止在雷电时或高压设备附近测量绝缘电阻，只能在设备不带电，也没有感应电的情况下进行测量。

4）检测过程中，被测设备上不能进行操作；绝缘电阻表接线应分开。

5）绝缘电阻表停止转动之前或被测设备未放电之前，严禁用手触及。拆线时，也不要触及引线的金属部分。

6）测量结束时，对于大电容设备要放电。

7）绝缘电阻表接线柱引出的测量软线绝缘应良好，两根导线之间和导线与地之间应保持适当距离，以免影响测量精度。

8）为了防止被测设备表面泄漏电阻，使用绝缘电阻表时应将被测设备的中间层（如电缆壳芯之间的内层绝缘物）接于保护环。

9）要定期校验其精度。

三、检测电动机绝缘电阻的方法

利用绝缘电阻表检测三相交流异步电动机绝缘电阻的方法见表 2-24。

表 2-24 用绝缘电阻表检测三相交流异步电动机绝缘电阻的方法

测量项目	电动机绕组对地绝缘电阻	电动机绕组间绝缘电阻
示意图	120r/min L E	120r/min L E
检测步骤	1. 将 E 接线柱接机壳（即接地），L 接线柱接到电动机某一相绕组的接线端子上 2. 摇动手柄，使转速逐渐增至 120r/min 3. 正常情况下，电动机对地绝缘电阻应不低于 0.5MΩ 4. 重复上述步骤，检测其他两相绕组的对地绝缘电阻	1. 将 E 和 L 接线柱分别接到电动机两相绕组的接线端子上 2. 摇动手柄，使转速逐渐增至 120r/min 3. 正常情况下，电动机绕组间的绝缘电阻应不低于 0.5MΩ 4. 重复上述步骤，检测其他两相之间的绝缘电阻

五、任务评价

任务评价标准见表 2-25。

表 2-25 任务评价标准

任务名称		评价标准	配分/分	扣分
识别电阻器		1. 识别电阻器类型有误，扣 3~5 分 2. 在电子电路板上识别电阻器有误，扣 3~5 分	10	
识读电阻器参数		1. 电阻器型号识读有误，扣 5~10 分 2. 识读直标电阻器参数有误，扣 5~10 分 3. 识读文字符号标注电阻器参数有误，扣 5~10 分 4. 识读数码标注电阻器参数有误，扣 5~10 分 5. 识读色标电阻器参数有误，扣 5~10 分	40	
检测电阻器	检测固定电阻器	1. 万用表挡位与量程选择开关选择有误，扣 3~5 分 2. 测量方法有误，扣 3~5 分 3. 读数有误，扣 3~5 分 4. 不会读数，扣 3~5 分	25	

（续）

任务名称		评价标准				配分/分	扣分
检测电阻器	检测可变电阻器	1. 万用表挡位与量程选择开关选择有误，扣 3~5 分 2. 测量方法有误，扣 3~5 分 3. 读数有误，扣 3~5 分 4. 不会读数，扣 3~5 分				25	
职业素养要求		详见表 1-4					
开始时间			结束时间		实际时间		成绩	

学生自评：

学生签名：　　　　年　　月　　日

教师评语：

教师签名：　　　　年　　月　　日

六、收获总结

将本任务实施过程中的收获与问题总结填写在表 2-26 中。

表 2-26　收获与问题总结反馈表

序号	我会做的	我学会的	我的疑问	解决办法
1				
2				
3				
4				
5				

存在的问题：

项目总结

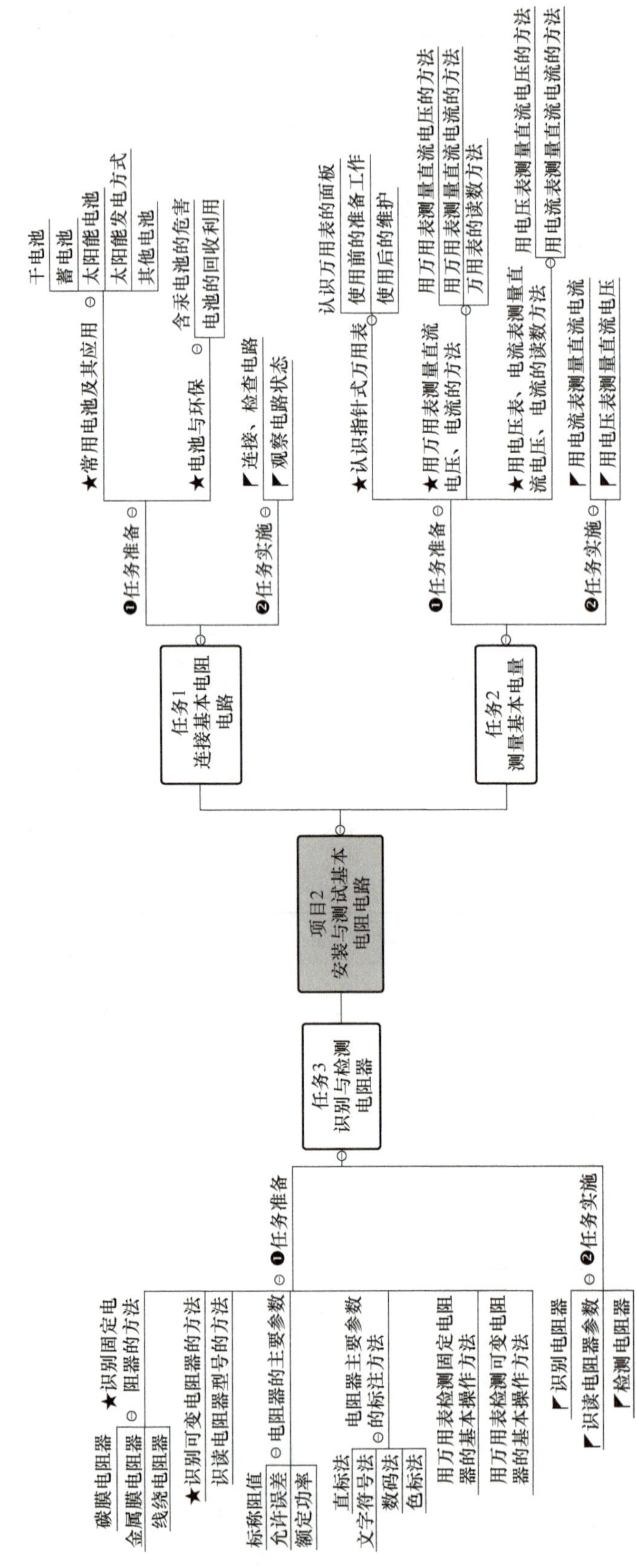
项目2
安装与测试基本电阻电路
任务1
连接基本电阻电路
❶任务准备
★常用电池及其应用
干电池
蓄电池
太阳能电池
太阳能发电方式
其他电池
★电池与环保
含汞电池的危害
电池的回收利用
❷任务实施
连接、检查电路
观察电路状态
任务2
测量基本电量
❶任务准备
★认识指针式万用表
认识万用表的面板
使用前的准备工作
使用后的维护
★用万用表测量直流电压、电流的方法
用万用表测量直流电压的方法
用万用表测量直流电流的方法
万用表的读数方法
★用电压表、电流表测量直流电压、电流的读数方法
用电压表测量直流电压的方法
用电流表测量直流电流的方法
❷任务实施
用电流表测量直流电流
用电压表测量直流电压
任务3
识别与检测电阻器
❶任务准备
★识别固定电阻器的方法
碳膜电阻器
金属膜电阻器
线绕电阻器
★识别可变电阻器的方法
识读电阻器型号的方法
电阻器的主要参数
标称阻值
允许误差
额定功率
电阻器主要参数的标注方法
直标法
文字符号法
数码法
色标法
用万用表检测固定电阻器的基本操作方法
用万用表检测可变电阻器的基本操作方法
❷任务实施
识别电阻器
识读电阻器参数
检测电阻器

项目评价

项目综合评价标准，见表 2-27。

表 2-27 项目综合评价表

<table>
<tr><th>序号</th><th>评价项目</th><th>评价标准</th><th>配分/分</th><th>自 评</th><th>组 评</th></tr>
<tr><td rowspan="5">1</td><td rowspan="5">职业素养</td><td>穿戴符合要求</td><td rowspan="5">25</td><td></td><td rowspan="5"></td></tr>
<tr><td>遵守安全操作规程，不发生安全事故</td><td></td></tr>
<tr><td>现场整洁干净，符合 7S 管理规范</td><td></td></tr>
<tr><td>遵守实训室规章制度</td><td></td></tr>
<tr><td>收集、整理技术资料并归档</td><td></td></tr>
<tr><td rowspan="3">2</td><td rowspan="3">团队合作能力</td><td>有较强的集体意识和团队协作能力</td><td rowspan="3">15</td><td></td><td rowspan="3"></td></tr>
<tr><td>积极参与小组活动，协作完成任务</td><td></td></tr>
<tr><td>共同交流和探讨，能正确评价自己和他人</td><td></td></tr>
<tr><td>3</td><td>创新能力</td><td>有良好的创新思维，能做出合理的创新</td><td>5</td><td></td><td></td></tr>
<tr><td>4</td><td>管理能力</td><td>有较强的自我管理意识与能力</td><td>5</td><td></td><td></td></tr>
<tr><td rowspan="3">5</td><td rowspan="3">任务完成情况</td><td>连接基本电阻电路</td><td rowspan="3">50</td><td></td><td rowspan="3"></td></tr>
<tr><td>测量基本电量</td><td></td></tr>
<tr><td>识别与检测电阻器</td><td></td></tr>
<tr><td colspan="3">合计</td><td>100</td><td></td><td></td></tr>
<tr><td colspan="6">教师总评：</td></tr>
</table>

思考与提升

1. 在一堆电子元器件中找出所有电阻器并进行归类。

2. 有一个标注“220Ω±5%”的电阻器，请说明使用万用表检测其阻值的操作步骤，并判断其好坏。

3. 经常玩赛车的小明有一次在给赛车更换电池时，不小心把新旧电池混在一起了，小明不知道该如何区分。请你用指针式万用表帮助小明区分新、旧电池。

（1）写出用指针式万用表区分新、旧电池的方法。

（2）写出用指针式万用表测电池两端电压的操作步骤。

项目 3　安装与测试简单电阻电路

项目导入

本项目是在认识简单电阻电路的基础上，学习用伏安法测量电阻；能够正确安装简单电阻电路，通过使用直流电压表和直流电流表检测电阻串联电路、电阻并联电路的电压、电流等参数的实践操作，研究、分析电路的特点。在此基础上，学习用电阻法排除简单电阻电路的故障，提升常用电气维修技能。

项目任务

本项目包括伏安法测量电阻、安装与测试闭合电路、测量电阻串联电路的参数、测量电阻并联电路的参数、测量电路中电压与电位和排除电阻性电路的故障共 6 个任务。

任务 1　伏安法测量电阻

一、任务目标

1）熟悉伏安法测量电阻的原理。
2）会用伏安法测量电阻。
3）养成遵守纪律、安全操作的意识，培养爱岗敬业、精益求精的工匠精神。

二、任务描述

根据给定的器材和要求，正确选择伏安法测量电阻的接法，正确使用直流电压表、直流电流表测量电路的参数，并求出电阻的阻值。

三、任务准备

用万用表测量电阻是在负载不通电时进行的。但在实际使用中，如需要测量通电中的负载电阻，就需要用伏安法。伏安法是根据部分电路欧姆定律 $R=\frac{U}{I}$，用电压表测出电阻两端的电压，用电流表测出通过电阻的电流，再求出电阻值的方法。

用伏安法测量电阻时，由于电压表和电流表本身具有内阻，把它们接入电路以后，不可避免地要改变被测电路中的电压和电流，会给测量结果带来误差。用伏安法测量电阻有外接法和内接法两种。

（一）外接法测量电阻的方法

外接法测量电阻的电路如图 3-1 所示，由于电压表的分流作用，电流表测出的电流值要比通过电阻 R 的电流大，即 $I=I_V+I_R$。因而求出的电阻值要比真实电阻值小。待测电阻的阻值比电压表的内阻小得越多，则因电压表的分流而引起的误差就会越小。所以外接法适用于测量电阻值比较小的电阻。

（二）内接法测量电阻的方法

内接法测量电阻的电路如图 3-2 所示。由于电流表的分压作用，电压表测出的电压值要比电阻 R 两端的电压大，即 $U=U_V+U_R$。因而求出的电阻值要比真实电阻值大。待测电阻的阻值比电流表的内阻大得越多，则因电流表的分压作用而引起的误差就越小。所以内接法适用于测量电阻值比较大的电阻。

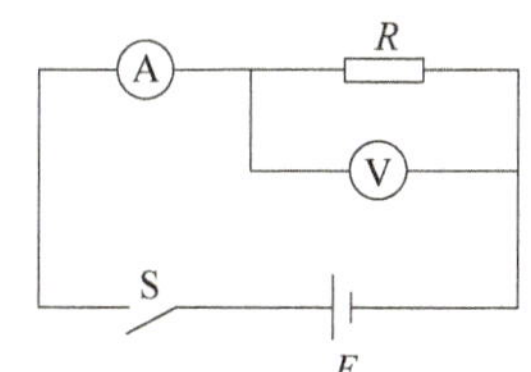

图 3-1　外接法测量电阻的电路

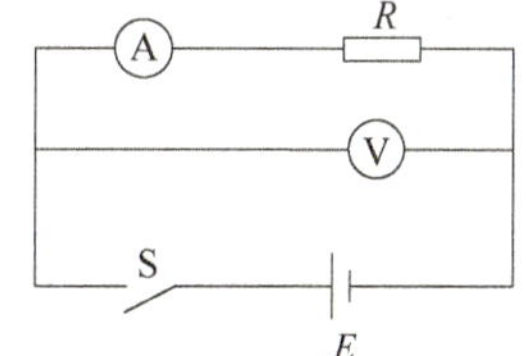

图 3-2　内接法测量电阻的电路

四、任务实施

任务实施器材准备：多种规格电阻、导线、开关、电源、电压表、电流表和万用表。

（一）使用外接法测量电阻

1. 判断电阻阻值的大小

根据指导教师所给的电阻，用万用表初步测量电阻的阻值，记录在表 3-1 中。

2. 连接电路

按图 3-1 所示的电路图和图 3-3 所示的实物图正确连接电路，并进行检查。

3. 读出数据

闭合开关 S，读出直流电压表和电流表的读数，并记录在表 3-1 中。

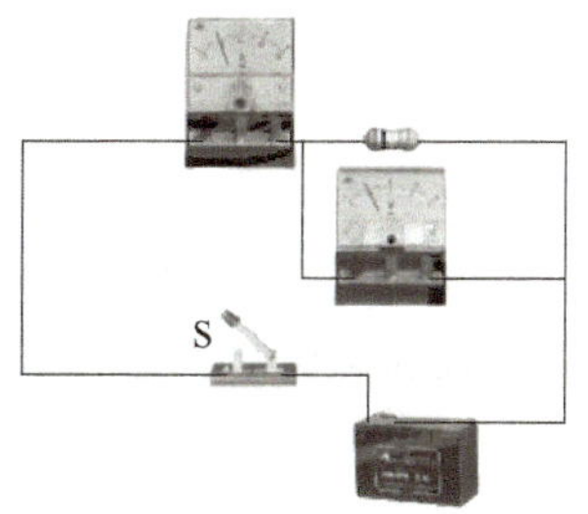

图 3-3　外接法测量电阻实物

表 3-1 外接法测量电阻记录表

万用表测量结果/Ω	电压表读数/V	电流表读数/A	计算结果/Ω
比较与分析测量结果			

4. 计算电阻值

根据所测出的数据计算待测电阻值，并记录在表 3-1 中。

5. 比较与分析测量结果

比较外接法测量计算出的电阻值和用万用表测量出的电阻值，分析产生误差的原因。

（二）使用内接法测量电阻

1. 判断电阻阻值的大小

根据指导教师所给的电阻，用万用表初步测量电阻的阻值，记录在表 3-2 中。

2. 连接电路

根据图 3-2 所示的电路图和图 3-4 所示的实物图正确连接电路，并进行检查。

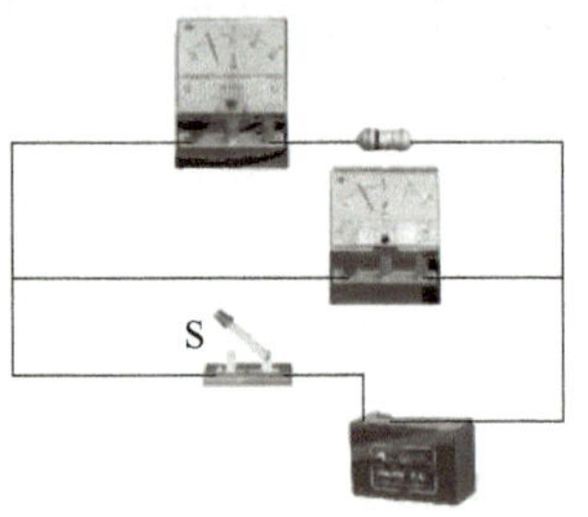

图 3-4 内接法测量电阻实物

3. 读出数据

闭合开关 S，读出直流电压表和电流表的读数，并记录在表 3-2 中。

表 3-2 内接法测量电阻记录表

万用表测量结果/Ω	电压表读数/V	电流表读数/A	计算结果/Ω
比较与分析测量结果			

4. 计算电阻值

根据所测出的数据计算待测电阻值，并记录在表 3-2 中。

5. 比较与分析测量结果

比较内接法测量计算出的电阻值和用万用表测量出的电阻值，分析产生误差的原因。

五、任务评价

任务评价标准，见表 3-3。

表 3-3　任务评价标准

<table>
<tr><th>任务名称</th><th colspan="5">评价标准</th><th>配分/分</th><th>扣分</th></tr>
<tr><td>使用外接法
测量电阻值</td><td colspan="5">1. 判断电阻阻值大小有误，扣 3~5 分
2. 连接电路有误，扣 3~5 分
3. 没有检查电路，扣 5 分
4. 读取数据与记录有误，扣 5~8 分
5. 计算电阻值不正确，扣 5 分
6. 比较与分析测量结果有误，扣 5~10 分</td><td>50</td><td></td></tr>
<tr><td>使用内接法
测量电阻值</td><td colspan="5">1. 判断电阻阻值大小有误，扣 3~5 分
2. 连接电路有误，扣 3~5 分
3. 没有检查电路，扣 5 分
4. 读取数据与记录有误，扣 5~8 分
5. 计算电阻值不正确，扣 5 分
6. 比较与分析测量结果有误，扣 5~10 分</td><td>50</td><td></td></tr>
<tr><td>职业素养要求</td><td colspan="5">详见表 1-4</td><td></td><td></td></tr>
<tr><td>开始时间</td><td></td><td>结束时间</td><td></td><td>实际时间</td><td></td><td>成绩</td><td></td></tr>
<tr><td colspan="8">学生自评：

学生签名：　　　　年　月　日</td></tr>
<tr><td colspan="8">教师评语：

教师签名：　　　　年　月　日</td></tr>
</table>

六、收获总结

将本任务实施过程中的收获与问题总结填写在表 3-4 中。

表 3-4　收获与问题总结反馈表

序号	我会做的	我学会的	我的疑问	解决办法
1				
2				
3				
4				
5				
存在的问题：				

任务2　安装与测试闭合电路

一、任务目标

1）会正确安装闭合电路。

2）会正确测量电路中的电流、负载电阻上的电压和电源端电压等参数。

3）会计算电源的输出功率、负载获得的功率等参数。

4）会分析闭合电路中电动势与端电压、电源输出功率与负载获得功率等参数的关系。

5）养成遵守纪律、安全操作的意识，培养爱岗敬业、精益求精的工匠精神。

二、任务描述

根据给定的器材和要求，正确安装闭合电路，正确使用直流电压表、直流电流表测量电路中的电流、电压等参数，计算电源的输出功率、负载获得的功率等参数，分析闭合电路中电动势与端电压、电源输出功率与负载获得功率等参数之间的关系。

三、任务准备

在图3-5所示的闭合电路中，电路的电流I，与电源电动势E成正比，与电路的总电阻（$R+r$）成反比。负载R两端的电压等于电源的端电压，也等于电源电动势减去电源的电压降，即$U=E-Ir$。

当负载电阻R发生变化时，电路中的电流、电源的端电压、负载上的电压、电源的输出功率、负载获得的功率等都会发生变化。但电源电动势等于负载两端的电压与电源内阻上的电压降之和；电源产生的功率等于负载获得的功率与电源内部消耗的功率之和。

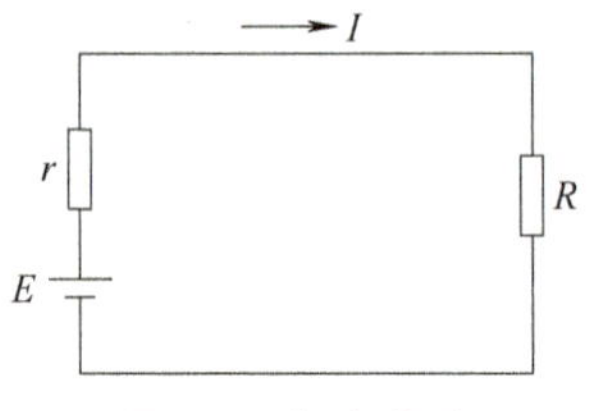

图3-5　闭合电路

四、任务实施

任务实施器材准备：多种规格电阻、导线、开关、电源、电压表、电流表和万用表。

（一）安装闭合电路

根据指导教师所给的器材按图3-5正确安装闭合电路。

（二）测量电路的参数

1. 测量电路的电流

在电路中接入合适的电流表，测量电路中的电流I，并记录在表3-5中。

2. 测量电路的电压

在电路中接入合适的电压表，测量电源的端电压和负载R上的电压，并记录在表3-5中。

表 3-5　电路参数记录与分析计算

负载电阻 R/Ω	电流 I/A	电源电动势 E/V	负载电压 U_R/V	电源端电压 U/V	计算电源内阻电压降U_r/V	计算电源内阻 r/Ω
0.1		3				
0.5		3				
2.5		3				
结果分析	1. 电源电动势 E 与负载电压U_R、内阻电压降U_r的关系： 2. 负载电阻 R 变化时，负载电压U_R、内阻电压降U_r的变化规律：					

3. 重复测量电路的电流、电压

保持电源电动势不变，改变负载电阻 R 的大小，重复测量电路中的电流和电压等参数，并记录在表 3-5 中。

4. 计算电路的参数

根据所测得的电压、电流等参数计算电源内阻的电压降、电源内阻等参数，填入表 3-5 中。

5. 分析电路的参数

根据测量和计算所得的参数，分析电源电动势 E 与负载电压U_R、内阻电压降U_r的关系；分析负载电阻 R 变化时，负载电压U_R、内阻电压降U_r的变化规律，填入表 3-5 中。

（三）分析与计算电路的功率

根据上述测量和计算所得的参数，计算电源产生的功率P_E、电源内阻消耗的功率P_r、负载获得的功率P_R，并分析电源产生的功率与负载获得的功率、电源内阻消耗的功率之间的关系；分析负载变化时，负载获得功率的变化规律，并将计算和分析结果填入表 3-6中。

表 3-6　负载电阻 R 的大小与各功率之间的关系

电源电动势 E/V	负载电阻 R/Ω	电源产生的功率P_E/W	电源内阻消耗的功率P_r/W	负载获得的功率P_R/W
3	0.1			
3	0.5			
3	2.5			
结果分析	1. 电源产生的功率与负载获得的功率、电源内阻消耗的功率之间的关系： 2. 负载变化时，负载获得功率的变化规律： 3. 负载获得最大功率或电源输出最大功率的条件：			

五、任务评价

任务评价标准，见表 3-7。

表 3-7　任务评价标准

<table>
<tr><th>任务名称</th><th colspan="5">评价标准</th><th>配分/分</th><th>扣分</th></tr>
<tr><td>安装闭合电路</td><td colspan="5">1. 安装电路有误，扣 5~10 分
2. 没有检查电路，扣 5 分</td><td>20</td><td></td></tr>
<tr><td>测量电路的参数</td><td colspan="5">1. 电流表连接有误，扣 3~5 分
2. 测量出的电流参数、记录参数有误，扣 3~5 分
3. 电压表连接有误，扣 3~5 分
4. 测量出的电压参数、记录参数有误，扣 5~8 分
5. 电路的参数分析有误，扣 5~10 分</td><td>50</td><td></td></tr>
<tr><td>分析与计算电路的功率</td><td colspan="5">1. 计算电路的功率有误，扣 5~10 分
2. 结果分析有误，扣 5~10 分</td><td>30</td><td></td></tr>
<tr><td>职业素养要求</td><td colspan="5">详见表 1-4</td><td></td><td></td></tr>
<tr><td>开始时间</td><td></td><td>结束时间</td><td></td><td>实际时间</td><td></td><td>成绩</td><td></td></tr>
<tr><td colspan="8">学生自评：

学生签名：　　　　年　　月　　日</td></tr>
<tr><td colspan="8">教师评语：

教师签名：　　　　年　　月　　日</td></tr>
</table>

六、收获总结

将本任务实施过程中的收获与问题总结填写在表 3-8 中。

表 3-8　收获与问题总结反馈表

序号	我会做的	我学会的	我的疑问	解决办法
1				
2				
3				
4				
5				
存在的问题：				

任务3　测量电阻串联电路的参数

一、任务目标

1）会正确安装电阻串联电路。

2）会正确测量电阻串联电路中电压与电流等参数。

3）会分析电阻串联电路的特点。

4）养成遵守纪律、安全操作的意识，培养爱岗敬业、精益求精的工匠精神。

二、任务描述

根据给定的器材和要求，正确安装电阻串联电路，正确使用直流电压表、直流电流表测量电路中电流、电压等参数，分析电阻串联电路的特点。

三、任务准备

图3-6所示为测量电阻串联电路参数的电路图和实物电路图，要求依此正确安装电路。用直流电流表和直流电压表分别测量各电阻中的电流、电路的总电流和总电压、各电阻上的分电压。通过所测得的参数以及计算结果分析电阻串联电路的特点。

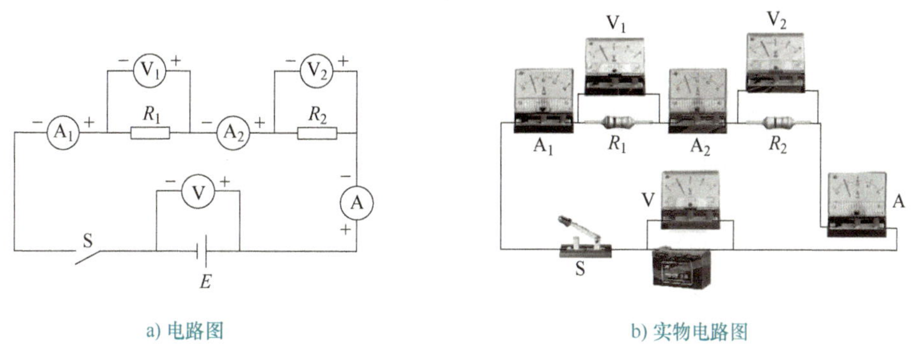

a) 电路图　　b) 实物电路图

图3-6　测量电阻串联电路参数电路及实物电路图

四、任务实施

任务实施器材准备：直流电源、电阻、直流电压表、直流电流表、开关、导线。

（一）安装电阻串联电路

按图3-6所示的电路图和实物电路图正确安装两个电阻串联电路。注意直流电压表、电流表的极性。

（二）测量电阻串联电路的参数

闭合开关S，用直流电压表、直流电流表分别测量通过各个电阻的电流和电路的总电流，总电压和各电阻上的分电压，将测量结果记录在表 3-9 中。

表 3-9 测量电阻串联电路参数记录表

测量电量	电流			电压		
	通过 R_1 的电流 I_1/A	通过 R_2 的电流 I_2/A	总电流 I/A	电阻 R_1 上的电压 U_1/V	电阻 R_2 上的电压 U_2/V	总电压 U/V
参数						
结果分析	电路中的电流关系：			电路中的电压关系：		
计算分析	1. 两个电阻上电压比与电阻比之间的关系： 2. 两个电阻上功率比与电阻比之间的关系：					

（三）分析电阻串联电路的特点

1. 分析电流特点

根据所测得的参数，分析电路中的电流关系，记录在表 3-9 中。

2. 分析电压特点

根据所测得的参数，分析电路中的电压关系，记录在表 3-9 中。

3. 计算与分析电压分配特点

根据所测得的参数，计算两个电阻上的电压比和电阻比，分析两个电阻上的电压比与电阻比之间的关系，记录在表 3-9 中。

4. 计算与分析功率分配特点

根据所测得的参数，计算两个电阻上的功率比和电阻比，分析两个电阻上的功率比与电阻比之间的关系，记录在表 3-9 中。

五、任务评价

任务评价标准见表 3-10。

表 3-10 任务评价标准

任务名称	评价标准	配分/分	扣分
安装电阻串联电路	1. 安装电路有误，扣 5~10 分 2. 没有检查电路，扣 5 分	20	
测量电阻串联电路的参数	1. 电流表连接有误，扣 5~8 分 2. 测量出的电流参数、记录参数有误，扣 3~5 分 3. 电压表连接有误，扣 3~5 分 4. 结果分析与计算分析有误，扣 5~8 分	50	
分析电阻串联电路的特点	1. 分析电流特点有误，扣 3~5 分 2. 分析电压特点有误，扣 3~5 分 3. 计算与分析电压分配的特点有误，扣 3~5 分 4. 计算与分析功率分配的特点有误，扣 3~5 分	30	

（续）

任务名称	评价标准					配分/分	扣分
职业素养要求	详见表 1-4						
开始时间		结束时间		实际时间		成绩	
学生自评： 学生签名：　　年　月　日							
教师评语： 教师签名：　　年　月　日							

六、收获总结

将本任务实施过程中的收获与问题总结填写在表 3-11 中。

表 3-11　收获与问题总结反馈表

序号	我会做的	我学会的	我的疑问	解决办法
1				
2				
3				
4				
5				
存在的问题：				

任务 4　测量电阻并联电路的参数

一、任务目标

1）会正确安装电阻并联电路。

2）会正确测量电阻并联电路中电压与电流等参数。

3）会分析电阻并联电路的特点。

4）养成遵守纪律、安全操作的意识，培养爱岗敬业、精益求精的工匠精神。

二、任务描述

根据给定的器材和要求，正确安装电阻并联电路，正确使用直流电压表、直流电流表测量电路中电流、电压等参数，分析电阻并联电路的特点。

三、任务准备

图 3-7 所示为测量电阻并联电路参数电路图和实物电路图，要求依此正确安装电路。用直流电流表和直流电压表分别测量各电阻中的电流、电路的总电流和电路两端电压、各电阻两端电压。通过所测得的参数以及计算结果分析电阻并联电路的特点。

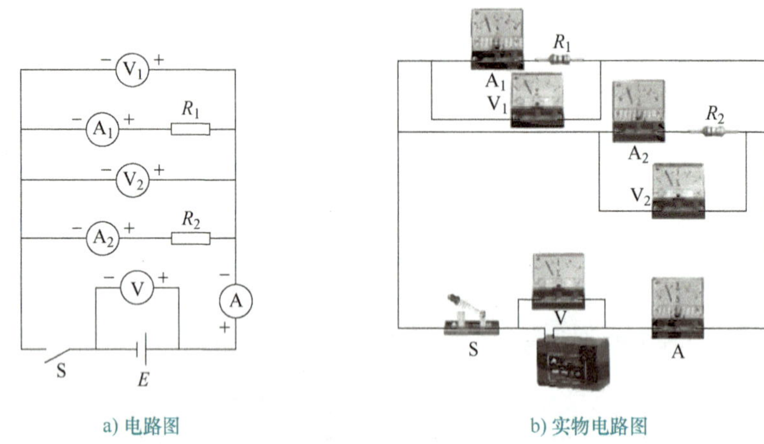

a) 电路图　　b) 实物电路图

图 3-7　测量电阻并联电路参数电路及实物电路图

四、任务实施

任务实施器材准备： 直流电源、电阻、直流电压表、直流电流表、开关、导线。

（一）安装电阻并联电路

根据图 3-7 所示的电路图和实物电路图正确安装两个电阻并联电路。注意直流电压表、电流表的极性。

（二）测量电阻并联电路的参数

闭合开关 S，用直流电压表、直流电流表分别测量通过各个电阻中的电流和电路的总电流，电路两端的电压和各电阻两端的电压，将测量结果记录在表 3-12 中。

表 3-12　测量电阻并联电路参数记录表

测量电量	电流			电压		
	通过 R_1 的电流 I_1/A	通过 R_2 的电流 I_2/A	总电流 I/A	电阻 R_1 两端的电压 U_1/V	电阻 R_2 两端的电压 U_2/V	电路两端的电压 U/V
参数						
结果分析	电路中的电流关系：			电路中的电压关系：		
计算分析	1. 两个电阻上电流比与电阻比之间的关系： 2. 两个电阻上功率比与电阻比之间的关系：					

（三）分析电阻并联电路的特点

1. 分析电流特点

根据所测得的参数，分析电路中的电流关系，记录在表 3-12 中。

2. 分析电压特点

根据所测得的参数，分析电路中的电压关系，记录在表 3-12 中。

3. 计算与分析电流分配特点

根据所测得的参数，计算两个电阻上的电流比和电阻比，分析两个电阻上的电流比与电阻比之间的关系，记录在表 3-12 中。

4. 计算与分析功率分配特点

根据所测得的参数，计算两个电阻上的功率比和电阻比，分析两个电阻上的功率比与电阻比之间的关系，记录在表 3-12 中。

五、任务评价

任务评价标准见表 3-13。

表 3-13　任务评价标准

任务名称	评价标准				配分/分	扣分
安装电阻并联电路	1. 安装电路有误，扣 5~10 分 2. 没有检查电路，扣 5 分				20	
测量电阻并联电路参数	1. 电流表连接有误，扣 5~8 分 2. 测量出的电流参数、记录参数有误，扣 3~5 分 3. 电压表连接有误，扣 3~5 分 4. 结果分析与计算分析有误，扣 5~8 分				50	
分析电阻并联电路的特点	1. 分析电流特点有误，扣 3~5 分 2. 分析电压特点有误，扣 3~5 分 3. 计算与分析电压分配的特点有误，扣 3~5 分 4. 计算与分析功率分配的特点有误，扣 3~5 分				30	
职业素养要求	详见表 1-4					
开始时间		结束时间		实际时间	成绩	
学生自评： 学生签名：　　年　月　日						
教师评语： 教师签名：　　年　月　日						

六、收获总结

将本任务实施过程中的收获与问题总结填写在表 3-14 中。

表 3-14　收获与问题总结反馈表

序号	我会做的	我学会的	我的疑问	解决办法
1				
2				
3				
4				
5				
存在的问题：				

任务 5　测量电路中的电压与电位

一、任务目标

1）会正确安装电路。

2）会正确测量电路中的电压与各点电位等参数。

3）会分析电路中电压与电位之间的关系。

4）养成遵守纪律、安全操作的意识，培养爱岗敬业、精益求精的工匠精神。

二、任务描述

根据给定的器材和要求，正确安装电路，正确使用万用表测量电路中电压和各点电位等参数，分析电路中电压与电位之间的关系。

三、任务准备

图 3-8 为测量电路中电压、电位参数电路图，要求依此正确安装电路。用万用表分别测量电路中各段电路的电压和各点的电位，分析电路中电压与电位之间的关系。

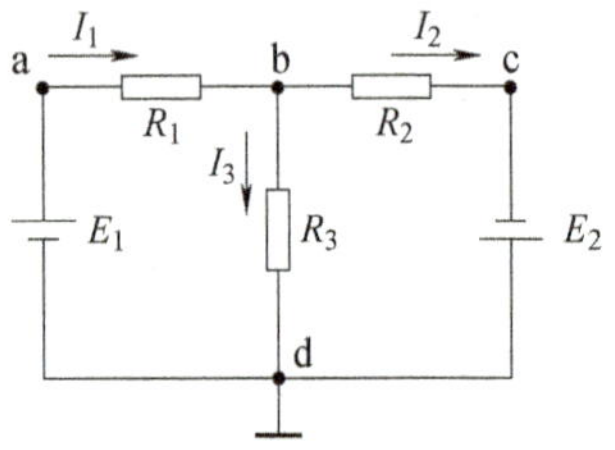

图 3-8　测量电路中电压、电位参数电路图

四、任务实施

任务实施器材准备： 直流电源 E_1、E_2，电阻 R_1、R_2、R_3，万用表、导线等。

（一）安装电路

根据图 3-8 所示的电路图正确安装电路，并检查安装的电路。

（二）测量电压

分别以 d、b 为参考点，用万用表合适的电压挡测量 a 与 d、a 与 b、b 与 d、b 与 c、d 与 c 点间的电压值，并记录在表 3-15 中。

表 3-15　测量电路中各段电压各段参数记录表

参考点	a 与 d 间电压 U_{ad}/V	a 与 b 间电压 U_{ab}/V	b 与 d 间电压 U_{bd}/V	b 与 c 间电压 U_{bc}/V	d 与 c 间电压 U_{dc}/V
以 d 为参考点					
以 b 为参考点					
结果分析					

（三）测量电位

用万用表合适的电压挡测量以 d 点为参考点时电路中 a、b、c 各点的电位；测量以 b 点为参考点电路中 a、c、d 各点的电位，并记录在表 3-16 中。

表 3-16　测量电路中各点电位参数记录表

测量值	以 d 为参考点			以 b 为参考点		
	a 点电位 V_a	b 点电位 V_b	c 点电位 V_c	a 点电位 V_a	c 点电位 V_c	d 点电位 V_d
电位值/V						
结果分析						

（四）分析电压与电位之间的关系

1）分析参考点变化时，电路中各段电压的变化情况，记录在表 3-15 中。

2）分析参考点变化时，电路中各点电位的变化情况，记录在表 3-16 中。

3）分别以 d、b 为参考点，计算与分析电路中各段电压与各点电位之间的关系。

五、任务评价

任务评价标准见表 3-17。

表 3-17　任务评价标准

任务名称	评价标准	配分/分	扣分
安装电路	1. 安装电路有误，扣 5~10 分 2. 没有检查电路，扣 5 分	15	
测量电压	1. 万用表使用不熟练或操作有误，扣 5~8 分 2. 测量出的电压参数、记录参数有误，每个扣 3~5 分	30	
测量电位	1. 万用表使用不熟练或操作有误，扣 5~8 分 2. 测量出的电位参数、记录参数有误，每个扣 3~5 分	30	
分析电压与电位之间的关系	1. 参考点变化时，电路中各段电压变化情况分析有误，扣 5~8 分 2. 参考点变化时，电路中各点电位变化情况分析有误，扣 5~8 分 3. 计算与分析电路中各段电压与各点电位之间的关系有误，扣 5~8 分	25	

（续）

任务名称	评价标准					配分/分	扣分
职业素养要求	详见表 1-4						
开始时间		结束时间		实际时间		成绩	

学生自评：

学生签名：　　年　月　日

教师评语：

教师签名：　　年　月　日

六、收获总结

将本任务实施过程中的收获与问题总结填写在表 3-18 中。

表 3-18　收获与问题总结反馈表

序号	我会做的	我学会的	我的疑问	解决办法
1				
2				
3				
4				
5				
存在的问题：				

任务 6　排除电阻性电路的故障

一、任务目标

1）了解电阻性电路的常见故障与分析方法。

2）会用电阻测量法检查与排除电阻性电路的故障。

3）会用电压测量法检查与排除电阻性电路的故障。

4）养成遵守纪律、安全操作的意识，培养爱岗敬业、精益求精的工匠精神。

二、任务描述

根据给定的器材和要求，正确安装电路，用万用表对电阻性电路进行“常态”测试、“断路故障”测试和“短路故障”测试，根据测试结果分析、排除电路故障。

三、任务准备

用电设备的电气电路经常会发生故障。常见的故障主要有短路、断路两种。当用电设备的电气电路发生故障时，要求能够迅速、准确地查找到故障点，然后用正确的方法排除故障，使用电设备尽快恢复正常工作。电气电路故障的检测方法主要有电阻测量法和电压测量法等。

图3-9所示是一个开关控制两盏白炽灯的电路。假设电路出现“闭合开关S，灯HL_1、HL_2均不亮”的故障，应当如何去检测和判断呢？

（一）电阻测量法

电阻测量法是指在切断电路的电源后，用万用表的电阻挡检测电路中两标号间电阻的通、断情况，从而判断电气故障的方法。常用的电阻测量法有电阻分段测量法和电阻分阶测量法。

1. 电阻分段测量法

电阻分段测量法是在切断电源后，用万用表电阻挡逐段测量电路中相邻两标号间的电阻值来判断电气故障的方法。下面以图3-9所示电路出现“闭合开关S，灯HL_1、HL_2均不亮”故障为例，介绍电阻分段测量法检测和判断电气故障的方法与步骤，如图3-10所示。

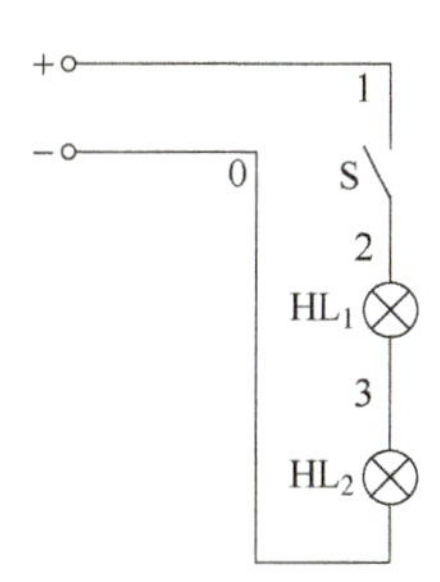

图3-9　一个开关控制两盏白炽灯电路图

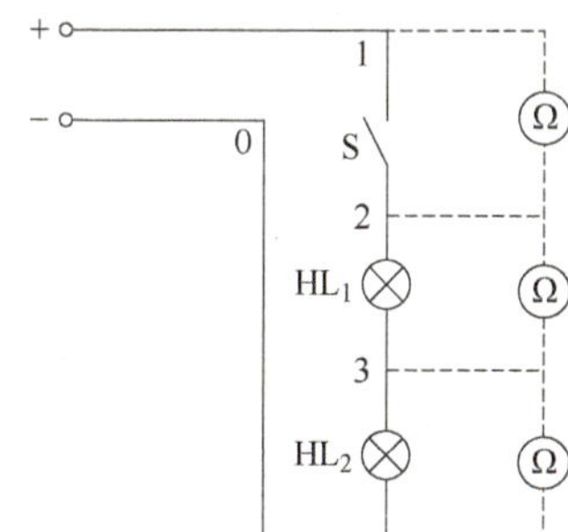

图3-10　电阻分段测量法

1）切断电源。检测前，必须先切断电源，以免在检测时发生短路、触电事故。

2）选择挡位。将万用表挡位与量程选择开关旋至合适的电阻挡，并调零。

3）检测电阻。按图3-10所示的测量方法，用万用表检测电路中相邻两标号间的电阻值。

4）判断故障。根据检测到的电阻值分析判断故障点。

具体检测、判断故障点的方法见表3-19。

2. 电阻分阶测量法

电阻分阶测量法是在切断电源后，用万用表电阻挡依次分阶测量电阻值来判断电气故障的方法。下面以图3-9所示电路出现“闭合开关S，灯HL_1、HL_2均不亮”故障为例，介绍电阻分阶测量法检测和判断电气故障的方法与步骤，如图3-11所示。

表 3-19 用电阻分段测量法检测、判断故障点

故障现象	测量状态	测量点标号	测量结果	判断结果
闭合开关 S，灯 HL_1、HL_2 均不亮	闭合开关 S	1-2	0	开关 S 正常
			∞	开关 S 接触不良或连线断路
	常态	2-3	灯 HL_1 的电阻值	灯 HL_1 正常
			0	灯 HL_1 短路
			∞	灯 HL_1 损坏（断路）或连线断路
	常态	3-4	灯 HL_2 的电阻值	灯 HL_2 正常
			0	灯 HL_2 短路
			∞	灯 HL_2 损坏（断路）或连线断路

1）切断电源。检测前，必须先切断电源，以免在检测时发生短路、触电事故。

2）选择挡位。将万用表挡位与量程选择开关旋至合适的电阻挡，并调零。

3）检测电阻。将万用表的一支表笔固定在 1 号接线点上，另一支表笔分别接到 2、3、0 号接线点上，像“跨台阶”一样一级一级检测电路中两标号间的电阻值。

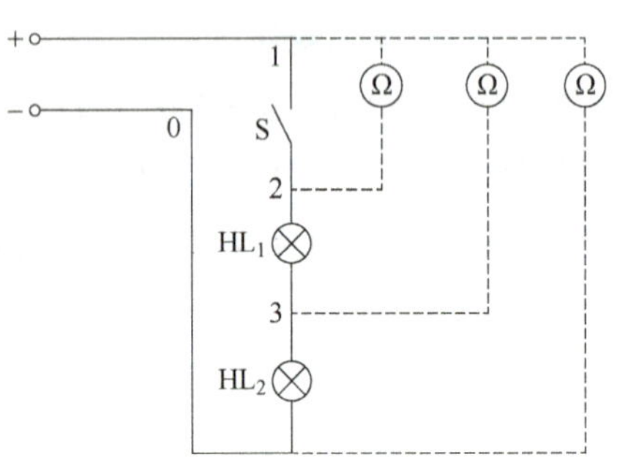

图 3-11 电阻分阶测量法

4）判断故障。根据检测到的电阻值分析判断故障点。

具体检测、判断故障点的方法见表 3-20。

表 3-20 用电阻分阶测量法检测、判断故障点

故障现象	测量状态	测量点标号	测量结果	判断结果
闭合开关 S，灯 HL_1、HL_2 均不亮	闭合开关 S	1-2	0	开关 S 正常
			∞	开关 S 断路（接触不良）或连线断路
		1-3	0	灯 HL_1 短路
			R_1	灯 HL_1 正常
			∞	1-3 之间元器件接触不良（断路）或连线断路
		1-0	0	灯 HL_1、HL_2 全部短路
			R_1	灯 HL_1 正常，灯 HL_2 短路
			R_1+R_2	灯 HL_1、HL_2 正常
			∞	1-0 之间元器件断路（接触不良）或连接断路

注：R_1、R_2 分别为白炽灯 HL_1、HL_2 正常时的电阻值。

【指点迷津】

使用电阻测量法的注意事项

1）测量前一定要切断电源。

2）若所测量电路与其他电路有并联，须将该电路与其他电路先断开，否则将导致测量电阻值不准确。

3）测量高电阻值的电器元件（用电器）时，要将万用表的电阻挡调至合适挡位。

4）测量时，可将电阻分阶测量法和分段测量法结合使用，以便迅速查明故障点。

（二）电压测量法

电压测量法是电路接通电源后，用万用表电压挡检测电气线路两标号间的电压值来判断电气故障的方法。常用的电压测量法有电压分段测量法和电压分阶测量法。

1. 电压分段测量法

电压分段测量法是指电路接通电源后，用万用表的电压挡逐段测量相邻两标号间的电压来判断电气故障的方法。下面以图3-9所示电路出现“闭合开关S，灯HL_1、HL_2均不亮”故障为例，介绍电压分段测量法检测和判断电气故障的方法与步骤，如图3-12所示。

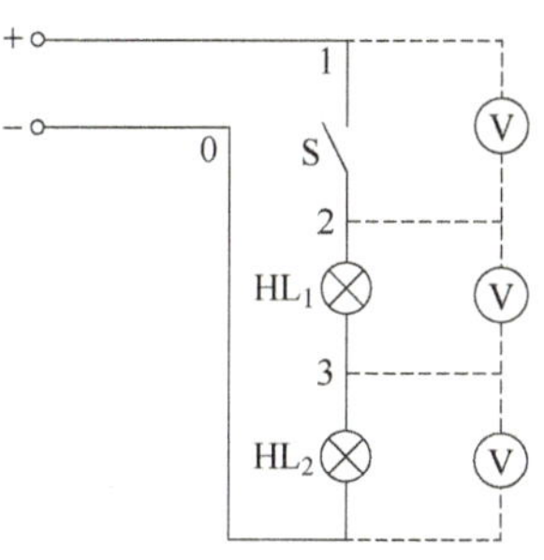

图3-12　电压分段测量法

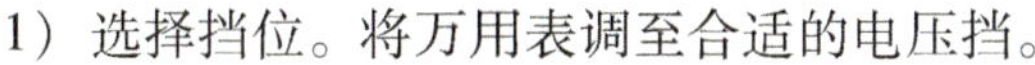

1）选择挡位。将万用表调至合适的电压挡。

2）接通电源。检测前，先接通电源，用万用表电压挡检测电源两端电压是否正常，如电压电源为12V，若所测得的电压值为零或远小于正常值，则说明电源有故障。

3）检测电压。闭合开关S，用万用表检测电路中相邻两标号间的电压值。

4）判断故障。根据检测到的电压值分析判断故障点。

具体检测、判断故障点的方法见表3-21。

表3-21　用电压分段测量法检测、判断故障点

故障现象	测量状态	测量点标号	测量结果	判断结果
闭合开关S，灯HL_1、HL_2均不亮（电源电压为12V）	闭合开关S	1-2	0	开关S正常
			12V	开关S接触不良或连线断路
		2-3	0	灯HL_1短路
			12V	灯HL_1断路（接触不良）或连线断路
		3-0	0	灯HL_2短路
			12V	灯HL_2断路（接触不良）或连线断路

2. 电压分阶测量法

电压分阶测量法是在接通电源后，用万用表电压挡依次分阶测量电压值来判断电气故

障的方法。下面以图 3-9 所示电路出现“闭合开关 S，灯 HL_1、HL_2 均不亮”故障为例，介绍电压分阶测量法检测和判断电气故障的方法与步骤，如图 3-13 所示。

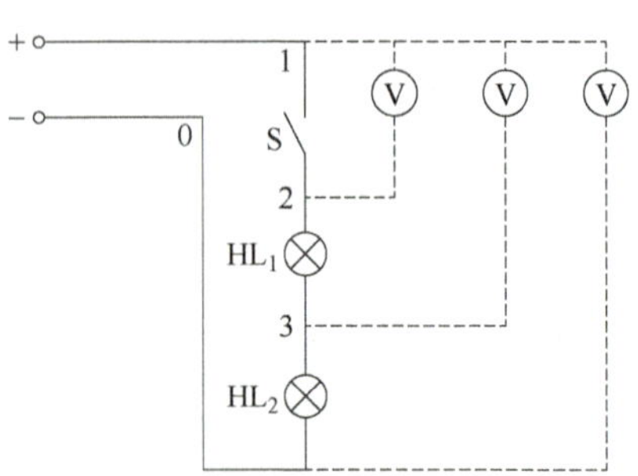

图 3-13　电压分阶测量法

1）选择挡位。将万用表调至合适的电压挡。

2）接通电源。检测前，先接通电源，用万用表电压挡检测电源两端电压是否正常，如电压电源为 12V，若所测得的电压值为零或远小于正常值，则说明电源有故障。

3）检测电压。将万用表的红表笔固定在 1 号接线点上，黑表笔分别接到 1、2、3 号接线点上，像“跨台阶”一样一级一级检测电路中 1-2、1-3、1-0 标号间的电压值。

4）判断故障。根据检测到的电压值分析判断故障点。

具体检测、判断故障点的方法见表 3-22。

表 3-22　用电压分阶测量法检测、判断故障点

故障现象	测量状态	测量点标号	测量结果	判断结果
闭合开关 S，灯 HL_1、HL_2 均不亮（电源电压为 12V）	闭合开关 S	1-2	0	开关 S 正常
			12V	开关 S 接触不良或连线断路
		1-3	0	灯 HL_1 短路
			12V	灯 HL_1 断路（接触不良）或连线断路
		1-0	0	灯 HL_2 短路
			12V	灯 HL_2 断路（接触不良）或连线断路

四、任务实施

任务实施器材准备： 直流电源 E_1、E_2，电阻 R_1、R_2、R_3，开关 S，万用表、导线。

（一）安装电路

图 3-14 所示为电阻性电路故障排除实验电路图，已知 $E=6V$，$R_1=R_3=R_4=120\ \Omega$，$R_2=240\ \Omega$。根据图 3-14 所示的实验电路图正确安装电路，并检查安装的电路是否正确。

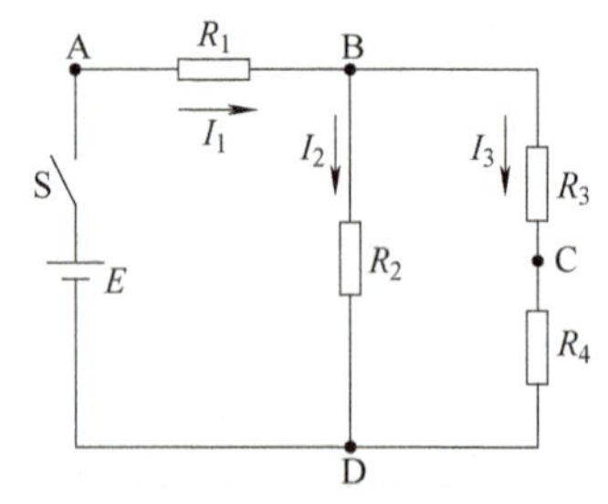

图 3-14　电阻性电路故障排除实验电路图

（二）“电路常态”检测

1）电阻测量。断开开关 S，用万用表电阻挡检测 A-B、B-C、C-D、B-D、A-D 之间的电阻值，将测量结果填入表 3-23，并分析测量结果。

2）电压测量。闭合开关 S，用万用表电压挡测量 A-B、B-C、C-D、B-D 之间的电压值，将测量结果填入表 3-24，并分析测量结果。

表 3-23　电阻测量记录表

测量点	R_{AB}	R_{BC}	R_{CD}	R_{BD}	R_{AD}
测量结果/Ω					
测量结果分析					

表 3-24　电压测量记录表

测量点	U_{AB}	U_{BC}	U_{CD}	U_{BD}
测量结果/V				
测量结果分析				

3）电位测量。闭合开关 S，以 D 点为参考点，用万用表电压挡测量 A、B、C 点的电位，将测量结果填入表 3-25，并分析测量结果。

表 3-25　电位测量记录表

测量点	V_A	V_B	V_C	V_D
测量结果/V				0
测量结果分析				

（三）“断路故障”检测与排除

1）设置“断路故障”。断开开关 S，将电路中的 C 点断开，如图 3-15 所示，把靠近电阻 R_3 的一端称为 C_1，把靠近电阻 R_4的一端称为 C_2。

2）用电阻测量法检测与排除故障。断开开关 S，用万用表电阻挡分别测量 A-B、B-C、C-D、B-D、A-D 之间的电阻值，将测量结果填入表 3-26，并分析测量结果，判断故障范围（点）并给出故障排除方法。

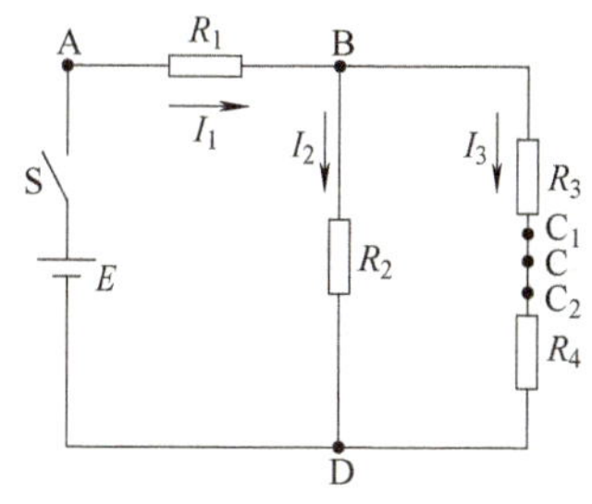

图 3-15　“断路故障”实验电路图

表 3-26　电阻测量法检测与排除“断路故障”记录表

测量点	R_{AB}	R_{BC}	R_{CD}	R_{BD}	R_{AD}
测量结果/Ω					
测量结果分析（正常、不正常及电阻值变化情况）					
判断故障范围（点）					
故障排除方法					

3）用电压分段测量法检测与排除故障。闭合开关 S，用万用表电压挡分别测量 A-B、B-C、C-D、B-D、A-D 之间的电压值，将测量结果填入表 3-27，并分析测量结果，判断故

障范围（点）并给出故障排除方法。

表 3-27　电压分段测量法检测与排除“断路故障”记录表

测量点	U_{AB}	U_{BC}	U_{CD}	U_{BD}	U_{AD}
测量结果/V					
测量结果分析（电压值变化情况）					
判断故障范围（点）					
故障排除方法					

4）用电压分阶测量法检测与排除故障。闭合开关 S，以 D 点为公共点（参考点），用万用表电压挡分别测量 A-D、B-D、C-D、C_1-D、C_2-D 之间的电压值，将测量结果填入表 3-28，并分析测量结果，判断故障范围（点）并给出故障排除方法。

表 3-28　电压分阶测量法检测与排除“断路故障”记录表

测量点	U_{AD}	U_{BD}	U_{CD}	U_{C_1D}	U_{C_2D}
测量结果/V					
测量结果分析（电压值变化情况）					
判断故障范围（点）					
故障排除方法					

（四）“短路故障”检测与排除

1）设置“短路故障”。断开开关 S，将电路中的 B、D 两点短接，如图 3-16 所示。

2）用电阻测量法检测与排除故障。断开开关 S，用万用表电阻挡分别测量 A-B、B-C、C-D、B-D、A-D 之间的电阻值，将测量结果填入表 3-29，并分析测量结果，判断故障范围（点）并给出故障排除方法。

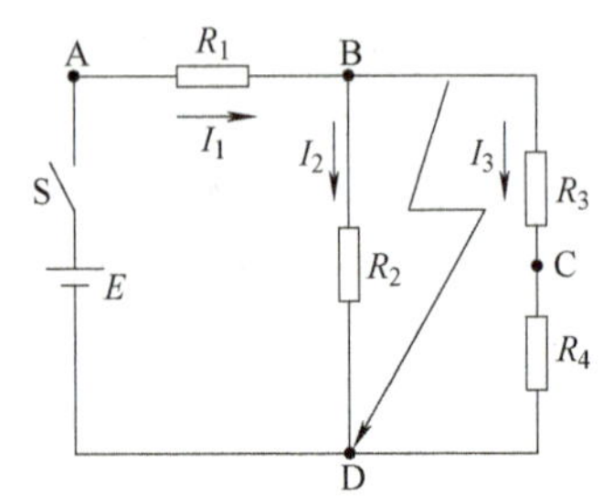

图 3-16　“短路故障”实验电路图

表 3-29　电阻测量法检测与排除“短路故障”记录表

测量点	R_{AB}	R_{BC}	R_{CD}	R_{BD}	R_{AD}
测量结果/Ω					
测量结果分析（正常、不正常及电阻值变化情况）					
判断故障范围（点）					
故障排除方法					

3）用电压分段测量法检测与排除故障。闭合开关 S，用万用表电压挡分别测量 A-B、B-C、C-D、B-D、A-D 之间的电压值，将测量结果填入表 3-30，并分析测量结果，判断故障范围（点）并给出故障排除方法。

表 3-30　电压分段测量法检测与排除“短路故障”记录表

测量点	U_{AB}	U_{BC}	U_{CD}	U_{BD}	U_{AD}
测量结果/V					
测量结果分析（电压值变化情况）					
判断故障范围（点）					
故障排除方法					

4）用电压分阶测量法检测与排除故障。闭合开关 S，以 D 点为公共点（参考点），用万用表电压挡分别测量 A-D、B-D、C-D 之间的电压值，将测量结果填入表 3-31，并分析测量结果，判断故障范围（点）并给出故障排除方法。

表 3-31　电压分阶测量法检测与排除“短路故障”记录表

测量点	U_{AD}	U_{BD}	U_{CD}
测量结果/V			
测量结果分析（电压值变化情况）			
判断故障范围（点）			
故障排除方法			

五、任务评价

任务评价标准见表 3-32。

表 3-32　任务评价标准

任务名称	评价标准	配分/分	扣分
安装电路	1. 安装电路有误，扣 5~10 分 2. 没有检查电路，扣 5 分	10	
“电路常态”检测	1. 进行电阻测量时，测量参数、结果分析有误，扣 5~8 分 2. 进行电压测量时，测量参数、结果分析有误，扣 5~8 分 3. 进行电位测量时，测量参数、结果分析有误，扣 5~8 分	20	
“断路故障”检测与排除	1. 设置“断路故障”有误，扣 2 分 2. 用电阻测量法检测与排除故障时，万用表检测参数、记录参数、测量结果分析、判断故障范围（点）、故障排除方法有误，扣 5~8 分	35	

（续）

任务名称	评价标准	配分/分	扣分
“断路故障”检测与排除	3. 用电压分段测量法检测与排除故障时，万用表检测参数、记录参数、测量结果分析、判断故障范围（点）、故障排除方法有误，扣5~8分 4. 用电压分阶测量法检测与排除故障时，万用表检测参数、记录参数、测量结果分析、判断故障范围（点）、故障排除方法有误，扣5~8分	35	
“短路故障”检测与排除	1. 设置“短路故障”有误，扣2分 2. 用电阻测量法检测与排除故障时，万用表检测参数、记录参数、测量结果分析、判断故障范围（点）、故障排除方法有误，扣5~8分 3. 用电压分段测量法检测与排除故障时，万用表检测参数、记录参数、测量结果分析、判断故障范围（点）、故障排除方法有误，扣5~8分 4. 用电压分阶测量法检测与排除故障时，万用表检测参数、记录参数、测量结果分析、判断故障范围（点）、故障排除方法有误，扣5~8分	35	
职业素养要求	详见表1-4		
开始时间	结束时间 实际时间	成绩	
学生自评： 学生签名：　年　月　日			
教师评语： 教师签名：　年　月　日			

六、收获总结

将本任务实施过程中的收获与问题总结填写在表3-33中。

表3-33　收获与问题总结反馈表

序号	我会做的	我学会的	我的疑问	解决办法
1				
2				
3				
4				
5				
存在的问题：				

项目总结

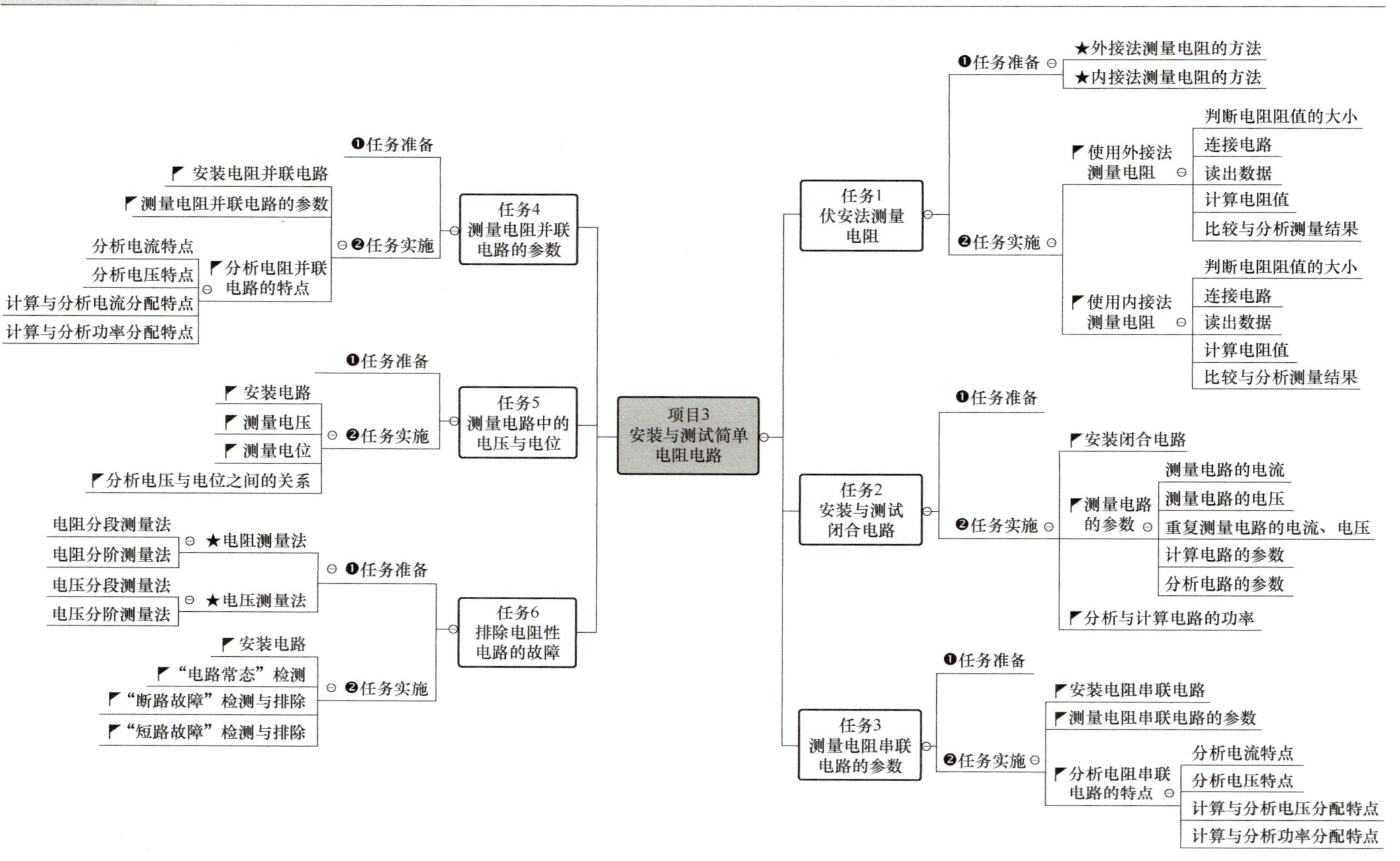
项目3
安装与测试简单电阻电路
任务1
伏安法测量电阻
❶任务准备
★外接法测量电阻的方法
★内接法测量电阻的方法
❷任务实施
使用外接法测量电阻
判断电阻阻值的大小
连接电路
读出数据
计算电阻值
比较与分析测量结果
使用内接法测量电阻
判断电阻阻值的大小
连接电路
读出数据
计算电阻值
比较与分析测量结果
任务2
安装与测试闭合电路
❶任务准备
❷任务实施
安装闭合电路
测量电路的参数
测量电路的电流
测量电路的电压
重复测量电路的电流、电压
计算电路的参数
分析电路的参数
分析与计算电路的功率
任务3
测量电阻串联电路的参数
❶任务准备
❷任务实施
安装电阻串联电路
测量电阻串联电路的参数
分析电阻串联电路的特点
分析电流特点
分析电压特点
计算与分析电压分配特点
计算与分析功率分配特点
任务4
测量电阻并联电路的参数
❶任务准备
❷任务实施
安装电阻并联电路
测量电阻并联电路的参数
分析电阻并联电路的特点
分析电流特点
分析电压特点
计算与分析电流分配特点
计算与分析功率分配特点
任务5
测量电路中的电压与电位
❶任务准备
❷任务实施
安装电路
测量电压
测量电位
分析电压与电位之间的关系
任务6
排除电阻性电路的故障
❶任务准备
★电阻测量法
电阻分段测量法
电阻分阶测量法
★电压测量法
电压分段测量法
电压分阶测量法
❷任务实施
安装电路
“电路常态”检测
“断路故障”检测与排除
“短路故障”检测与排除

项目评价

项目综合评价标准见表 3-34。

表 3-34　项目综合评价表

序号	评价项目	评价标准	配分/分	自评	组评
1	职业素养	穿戴符合要求	25		
		遵守安全操作规程，不发生安全事故			
		现场整洁干净，符合 7S 管理规范			
		遵守实训室规章制度			
		收集、整理技术资料并归档			
2	团队合作能力	有较强的集体意识和团队协作能力	15		
		积极参与小组活动，协作完成任务			
		共同交流和探讨，能正确评价自己和他人			
3	创新能力	有良好的创新思维，能做出合理的创新	5		
4	管理能力	有较强的自我管理意识与能力	5		
5	任务完成情况	伏安法测量电阻	50		
		安装与测试闭合电路			
		测量电阻串联电路的参数			
		测量电阻并联电路的参数			
		测量电路中的电压与电位			
		排除电阻性电路的故障			
合计			100		

教师总评：

思考与提升

1. 现有 36V 直流电源一个，标有额定参数为“10W、12V”的白炽灯 5 盏，不同阻值的电阻器若干，你能否让这些白炽灯正常工作？

2. 标有额定参数为“110V、40W”和“110V、100W”的两盏白炽灯，串联在 220V 的电源上使用，可能会出现什么现象？若并联使用，电源电压应为多大？

3. 额定电压为 110V 的 40W、60W、100W 3 盏白炽灯，如何连接在电源电压为 220V 的电路中，才能使各白炽灯都能正常发光。画出电路图，并用计算简单说明原因。

4. 额定电压为 220V 的 40W、60W、100W 3 盏白炽灯串联后接在额定电压为 220V 的电源中，当开关 S 闭合时，发现 3 盏白炽灯均不亮（电源正常），请分析 3 盏白炽灯均不亮的原因，并说明如何用电阻测量法、电压测量法检查故障原因？

项目 4 认识与分析复杂直流电路

项目导入

随着我们探索“电工技术”的不断深入，我们将进一步研究复杂直流电路，以提升我们对电工技术的认知方法及解决实际电工技术问题的能力，为我们学习本课程后续内容和后续课程打下扎实的基础。我们将通过连接复杂直流电路来验证基尔霍夫定律、叠加定理等分析与计算复杂直流电路的基本定律与定理。我们还将学习如何用直流单臂电桥精确测量电阻。

项目任务

本项目包括验证基尔霍夫定律、验证叠加定理、运用直流单臂电桥测量电阻 3 个任务。

任务 1 验证基尔霍夫定律

一、任务目标

1）会连接复杂直流电路。

2）能测量复杂直流电路中的电压与电流。

3）能验证基尔霍夫定律。

4）养成遵守纪律、安全操作的意识，培养爱岗敬业、精益求精的工匠精神。

二、任务描述

通过连接复杂直流电路和测量复杂直流电路中的电压与电流，验证电路中节点电流和回路中电压的特点和规律，即验证基尔霍夫定律。

三、任务准备

（一）安装复杂直流电路

根据图 4-1 所示的电路图和实物电路图安装复杂直流电路，在安装过程中要注意电流表的极性和电路连接的正确性。

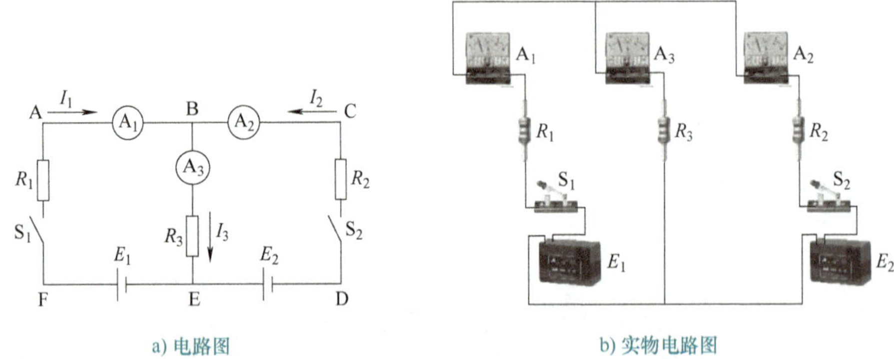

a) 电路图　　b) 实物电路图

图 4-1　复杂直流电路

（二）测量电路中的电压与电流

1）将直流稳压电源 E_1、E_2调节到适当值。

2）闭合电源开关 S_1、S_2，观察 3 只电流表的读数并记录。

3）用万用表测量电阻 R_1、R_2、R_3和直流稳压电源两端的电压值并记录。

4）调节直流稳压电源的输出电压值，重复上述过程，测量并记录电路中的电流和电压值。

四、任务实施

任务实施器材准备： 直流可调稳压电源两台、电阻若干、直流电流表 3 只、万用表（或直流电压表）3 只、开关、导线。

（一）连接电路

1）选择电阻。在指导教师提供的电阻中，选择 $R_1=100\Omega$、$R_2=200\Omega$、$R_3=51\Omega$ 的电阻各 1 只。

2）连接电路。按图 4-1 所示的复杂直流电路图、实物电路图正确连接电路。要注意电流表的极性。

3）检查电路。检查所连接电路是否正确，注意应将开关 S_1、S_2 置于打开位置。

（二）测量支路电流

1）调节直流稳压电源。将直流稳压电源 E_1、E_2的输出电压均调到 12V。

2）测量各支路电流。闭合开关 S_1、S_2，读取电流表的读数，将测量结果记录在表 4-1中。

3）重复上述过程。将直流稳压电源 E_1、E_2 的输出电压分别调到 12V、9V 和 9V、12V，读取电流表的读数，将测量结果记录在表 4-1 中。

表 4-1　各支路电流测量结果记录表

实验次数	电源电压	I_1/mA	I_2/mA	I_3/mA
1	$E_1=12V$，$E_2=12V$			
2	$E_1=12V$，$E_2=9V$			
2	$E_1=9V$，$E_2=12V$			

（三）测量回路电压

1）短接直流电流表。将图 4-1 中的直流电流表拆下，并用短路线短接。

2）调节直流稳压电源。先将直流稳压电源 E_1、E_2的输出值调到 12V，接通电路。

3）测量各段电压。用万用表（或直流电压表）测出各段电压，将测量结果记录在表 4-2 中。测量时，应注意万用表（或直流电压表）的指针偏转情况，若出现反偏，应立即调换表笔重新测量。

4）重复上述过程。分别将直流稳压电源 E_1、E_2 的输出电压调到 12V、9V 和 9V、12V，读取电压表的读数，将测量结果记录在表 4-2 中。

表 4-2　各段电压测量结果记录表

实验次数	电源电压	U_{AD}/V	U_{DE}/V	U_{AE}/V	U_{EB}/V	U_{EF}/V	U_{FA}/V
1	$E_1=12V$，$E_2=12V$						
2	$E_1=12V$，$E_2=9V$						
3	$E_1=9V$，$E_2=12V$						

（四）分析支路电流与回路电压的特点

1. 分析支路电流的特点

分析支路电流 I_1、I_2、I_3之间的关系，在允许误差的范围内得出结论，填入表 4-3 中。

2. 分析回路电压的特点

对于回路 ABEF、BCDE 和 ABCDEF 的电压关系，在允许误差的范围内得出结论，填入表 4-3 中。

表 4-3　支路电流和回路电压特点分析

分析项目	分析类别	分析结果
支路电流	节点 B	
	节点 E	
回路电压	回路 ABEF	
	回路 BCDE	
	回路 ABCDEF	

五、任务评价

任务评价标准，见表 4-4。

表 4-4 任务评价标准

<table>
<tr><th>任务名称</th><th colspan="6">评价标准</th><th>配分/分</th><th>扣　分</th></tr>
<tr><td>连接电路</td><td colspan="6">1. 连接电路有误，扣 5~10 分
2. 没有检查电路，扣 5 分</td><td>10</td><td></td></tr>
<tr><td>测量支路电流</td><td colspan="6">1. 电流参数读取有误，每个扣 5~8 分
2. 电流参数记录有误，每个扣 3~5 分</td><td>30</td><td></td></tr>
<tr><td>测量回路电压</td><td colspan="6">1. 电压参数读取有误，每个扣 5~8 分
2. 电压参数记录有误，每个扣 3~5 分</td><td>30</td><td></td></tr>
<tr><td>分析支路电流与回路电压的特点</td><td colspan="6">1. 支路电流特点分析有误，扣 5~10 分
2. 回路电压特点分析有误，扣 5~10 分</td><td>30</td><td></td></tr>
<tr><td>职业素养要求</td><td colspan="6">详见表 1-4</td><td></td><td></td></tr>
<tr><td>开始时间</td><td></td><td>结束时间</td><td></td><td>实际时间</td><td></td><td></td><td>成绩</td><td></td></tr>
</table>

学生自评：

学生签名：　　　　年　　月　　日

教师评语：

教师签名：　　　　年　　月　　日

六、收获总结

将本任务实施过程中的收获与问题总结填写在表 4-5 中。

表 4-5 收获与问题总结反馈表

序　号	我会做的	我学会的	我的疑问	解决办法
1				
2				
3				
4				
5				

存在的问题：

任务 2　验证叠加定理

一、任务目标

1）会正确安装电路。

2）能测量复杂直流电路中的电压与电流。

3）能验证叠加定理。

4）养成遵守纪律、安全操作的意识，培养爱岗敬业、精益求精的工匠精神。

二、任务描述

通过安装复杂直流电路和测量复杂直流电路中的电压与电流，验证电路中所有电源共同作用时的电流和电压与各个电源单独作用时的电流和电压之间的关系，即验证叠加定理。

三、任务准备

（一）安装复杂直流电路

根据图 4-1 所示的电路图和实物电路图安装复杂直流电路，在安装过程中要注意电流表的极性和电路连接的正确性。

（二）测量电路中的电压与电流

1）将直流稳压电源 E_1、E_2 调节到适当值。

2）闭合电源开关 S_1、S_2，观察 3 只电流表的读数，记录各支路中的电流。

3）用万用表测量电阻 R_1、R_2、R_3 上的电压值。

4）让直流稳压电源 E_1 或 E_2 单独作用（另一个直流稳压电源断开后，将电路短接），重复上述过程，测量各支路中的电流、各电阻上的电压值。

四、任务实施

任务实施器材准备：直流可调稳压电源两台、电阻若干、直流电流表 3 只、万用表（或直流电压表）3 只、开关、导线。

（一）连接电路

1）选择电阻。在指导教师提供的电阻中选择合适的电阻。

2）连接电路。按图 4-1 所示的复杂直流电路电路图、实物电路图正确连接电路。要注意电流表的极性。

3）检查电路。检查所连接电路是否正确，注意应将开关 S_1、S_2 置于打开位置。

（二）测量电流与电压

1）调节直流稳压电源。将直流稳压电源 E_1、E_2 的输出电压均调到 12V。

2）测量各支路电流。闭合开关 S_1、S_2，读取电流表的读数，将测量结果记录在表 4-6 中。

3）测量各电阻上的电压。闭合开关 S_1、S_2，用万用表测量各电阻上的电压，将测量结果记录在表 4-6 中。

4）E_1或 E_2单独作用时（另一个直流稳压电源断开后，将电路短接），重复上述过程，测量各支路中的电流、各电阻上的电压值，将测量结果记录在表 4-6 中。

表 4-6 电流与电压测量结果记录表

测量状态	测量参数											
	电压						支路电流					
	U_{R1}		U_{R2}		U_{R3}		I_1/mA		I_2/mA		I_3/mA	
E_1、E_2共同作用	U_{R1}		U_{R2}		U_{R3}		I_1		I_2		I_3	
E_1 单独作用	U_{R11}		U_{R21}		U_{R31}		I_{11}		I_{21}		I_{31}	
E_2 单独作用	U_{R12}		U_{R22}		U_{R32}		I_{12}		I_{22}		I_{32}	

注：各支路电流、各电阻上电压的方向以 E_1、E_2共同作用时的方向为参考（正）方向；当 E_1或 E_2单独作用时，若各支路电流、各电阻上电压的方向与参考方向不一致，则测量结果应记为负值。

（三）分析电路中电流、电压、功率关系

1）通过计算，分析任何一条支路中的电流是否等于各个电源单独作用时在此支路中所产生的电流的代数和。

2）通过计算，分析任何一个电阻上的电压是否等于各个电源单独作用时在此电阻上的电压的代数和。

3）通过计算，分析任何一个电阻消耗的功率是否等于各个电源单独作用时电阻上消耗的功率之和。

五、任务评价

任务评价标准见表 4-7。

表 4-7 任务评价标准

任务名称	评价标准	配分/分	扣分
连接电路	1. 连接电路有误，扣 5~10 分 2. 没有检查电路，扣 5 分	10	
测量电流与电压	1. 电流参数读取有误，每个扣 5~8 分 2. 电流参数记录有误，每个扣 3~5 分 3. 电压参数读取有误，每个扣 5~8 分 4. 电压参数记录有误，每个扣 3~5 分	60	

（续）

任务名称	评价标准					配分/分	扣　分
分析电路中电流、电压、功率关系	1. 支路电流的关系分析有误，扣 5~10 分 2. 各电阻上电压的关系分析有误，扣 5~10 分 3. 各电阻消耗功率的关系分析有误，扣 5~10 分					30	
职业素养要求	详见表 1-4						
开始时间		结束时间		实际时间		成绩	

学生自评：

学生签名：　　　　年　月　日

教师评语：

教师签名：　　　　年　月　日

六、收获总结

将本任务实施过程中的收获与问题总结填写在表 4-8 中。

表 4-8　收获与问题总结反馈表

序　号	我会做的	我学会的	我的疑问	解决办法
1				
2				
3				
4				
5				

存在的问题：

任务 3　运用直流单臂电桥测量电阻

一、任务目标

1）熟悉直流单臂电桥的结构、工作原理和使用方法。

2）会正确使用直流单臂电桥测量电阻。

3）养成遵守纪律、安全操作的意识，培养爱岗敬业、精益求精的工匠精神。

二、任务描述

在测量精密电阻时，一般使用直流电桥。直流电桥分为直流单臂电桥和直流双臂电桥。本任务主要学习直流单臂电桥的工作原理、结构和使用方法，正确使用直流单臂电桥测量电阻。

三、任务准备

（一）直流单臂电桥的工作原理

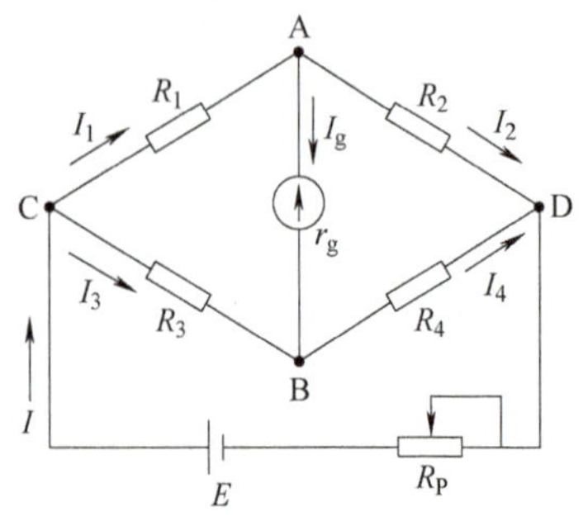

图 4-2　直流单臂电桥原理图

图 4-2 所示为直流单臂电桥原理图，电阻 R_1、R_2、R_3、R_4连接成四边形闭合电路，组成电桥电路的四个“臂”，称为桥臂电阻。在一组对角顶点 A、B 间接入检流计，称为电桥的桥支路；在另一组对角顶点 C、D 间接上直流电源 E 和可变电阻 R_P，这样就组成了最简单的电桥，也称为惠斯通电桥。

若桥支路 AB 中的电流为零（$I_g=0$），则称电桥平衡。由于电桥平衡时 $I_g=0$，则 $U_{AB}=0$，$V_A=V_B$，可以得到

$$U_{CA}=U_{CB} \qquad U_{AD}=U_{BD}$$

根据欧姆定律可得

$$I_1R_1=I_3R_3 \qquad I_2R_2=I_4R_4$$

两式相比可得

$$\frac{I_1R_1}{I_2R_2}=\frac{I_3R_3}{I_4R_4}$$

由于电桥平衡时，$I_g=0$，所以

$$I_1=I_2 \qquad I_3=I_4$$

因此可得

$$\frac{R_1}{R_2}=\frac{R_3}{R_4}$$

或

$$R_1R_4=R_2R_3$$

上式说明直流电桥的平衡条件是：电桥邻臂电阻的比值相等或电桥对臂电阻的乘积相等。

直流电桥的重要用途之一是精确测量电阻。用直流电桥平衡条件测量电阻时，可将待测电阻 R_x 作为电桥的一臂，接到图 4-2 中的 R_1 的位置，设 R_3 为可变电阻，R_4、R_2 的阻值是确定的，调节可变电阻 R_3 使电桥平衡，根据电桥平衡条件，计算出被测电阻 R_x 为

$$R_x=\frac{R_2R_3}{R_4}=\frac{R_2}{R_4}R_3$$

通常称 R_4、R_2 为比率臂，R_3 为比较臂，R_x 为被测臂。

（二）直流单臂电桥的结构

图 4-3 所示为 QJ23 型直流单臂电桥实物，它主要由比率臂、比较臂、检流计 G、被测臂接线端子 R_x等组成。图 4-4 所示为 QJ23 型直流单臂电桥的电路原理图，其中 R_x 为被测电阻，R_2、R_3 为比率臂，R_4 为比较臂。

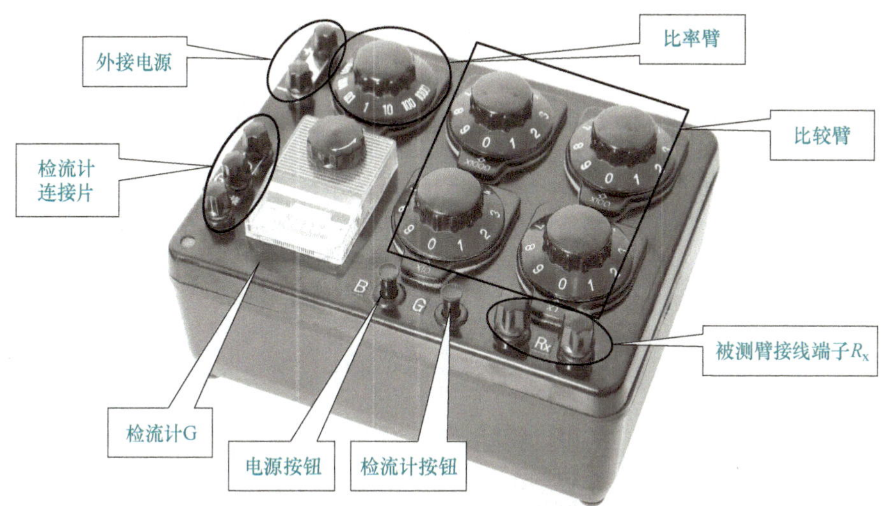

图 4-3　QJ23 型直流单臂电桥实物

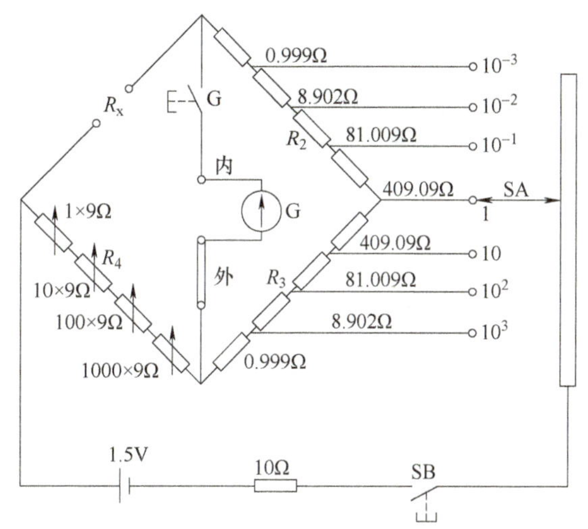

图 4-4　QJ23 型直流单臂电桥的电路原理图

（1）比率臂　它共有 7 个挡位，即×0.001、×0.01、×0.1、×1、×10、×100、×1000。

（2）比较臂　它共有 4 个挡位，每个转盘由 9 个完全相同的电阻组成，分别构成可调电阻的个位、十位、百位和千位，总电阻从 0～9999Ω 变化，所以电桥的测量范围为 1～9999000Ω。

（3）检流计 G（调零）　根据指针偏转，调节电桥平衡。

（4）按钮　它由电源按钮 SB（可以锁定）、检流计按钮 G（点接）组成。

（5）被测臂接线端子 R_x　它用于连接被测电阻。“内、外”接线柱：内接锁检流计指针，外接测量电阻。

（三）直流单臂电桥的使用方法

1. 电桥调试

先将检流计的锁扣打开（内→外），再调节调零旋钮使指针指到零位，如图 4-5 所示。

【指点迷津】

1）当发现电桥电池电压不足时，应更换，否则将影响电桥的灵敏度。

2）当采用外接电源时，必须注意电源的极性。将电源的正、负极分别接到“+”“-”端钮，且不要使外接电源电压超过电桥说明书中的规定值。

图 4-5　检流计调零

2. 选择比较臂、比率臂

先估测被测电阻的大小（图 4-6 所示为用万用表估测电动机绕组电阻值），选择适当的比率臂，使比较臂的 4 个挡位电阻都能被充分利用。这样容易把电桥调到平衡，并能保证测量的 4 位有效数字。

一般来讲，估测电阻值为几千欧时，比率臂应选×1 挡；估测电阻值为几十欧时，比率臂应选×0. 01 挡；估测电阻为几欧时，比率臂应选×0. 001 挡。

3. 接入被测电阻

将被测电阻 R_x 接在“Rx”位置上。要求用较粗、较短的连接导线，并将漆膜刮干净，拧紧接头。因为接头接触不良将使电桥的平衡不稳定，严重时可能损坏检流计。图 4-7所示为将电动机绕组作为被测电阻接入电路。

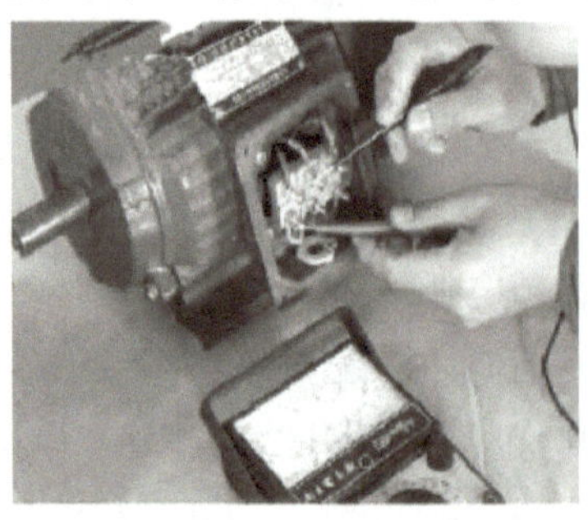

图 4-6　估测被测电阻

图 4-7　接入被测电阻

4. 调节电桥平衡

先按下电源按钮 B（锁定），再按下检流计按钮 G（点接），使电桥电路接通。调节比较臂电阻使检流计指向零位，使电桥平衡。若检流计指针指向“+”，则应增加比较臂电阻；若检流计指针指向“-”，则应减小比较臂电阻，如图 4-8 所示。

图 4-8　调节电桥平衡

5. 读取电阻值

被测电阻值应为比较臂读数×比率臂读数。

6. 关闭电桥

测量完毕，先断开检流计按钮，再断开电源按钮，然后拆除被测电阻，最后锁上检流计机械锁扣，以防搬动过程中损坏检流计。

四、任务实施

任务实施器材准备： 被测电阻 R_1、R_2（$R_1=5.1\Omega$，$R_2=3.3\Omega$）、QJ23 型直流单臂电桥、万用表。

1. 电桥调试

先将检流计的锁扣打开（内→外），再调节调零旋钮使指针指到零位。

2. 选择比较臂、比率臂

（1）选择比较臂　根据被测电阻 R_1 的大小选择适当的比率臂，使比较臂的 4 个挡位电阻都能被充分利用。

（2）选择比率臂　根据估测电阻值将比率臂调到×0.001 挡。

3. 接入被测电阻

将被测电阻 R_1 接在“Rx”位置上。

4. 调节电桥平衡

先按下电源按钮 SB（锁定），再按下检流计按钮 G（点接），使电桥电路接通。调节比较臂电阻，使检流计指向零位，使电桥平衡。

5. 读取电阻值

读取电阻值。

6. 重复测量

测量被测电阻 R_2 的阻值。

7. 关闭电桥

测量完毕，先断开检流计按钮，再断开电源按钮，然后拆除被测电阻，最后锁上检流计机械锁扣，以防搬动过程中损坏检流计。

五、任务评价

任务评价标准见表 4-9。

表 4-9　任务评价标准

任务名称	评价标准					配分/分	扣　分
电桥调试	不能调节调零器使检流计指针指向零位，扣 3~5 分					10	
选择比较臂、比率臂	1. 选择比较臂有误，扣 5~8 分 2. 选择比率臂有误，扣 5~8 分					20	
接入被测电阻	被测电阻接入有误，扣 3~5 分					10	
调节电桥平衡	1. 电桥平衡调节不熟练，扣 5~10 分 2. 不会调节电桥平衡，扣 10 分					40	
读取电阻值	读取电阻值有误，扣 10 分					10	
关闭电桥	关闭电桥操作有误，扣 3~10 分					10	
职业素养要求	详见表 1-4						
开始时间		结束时间		实际时间		成绩	

学生自评：

学生签名：　　　　年　　月　　日

教师评语：

教师签名：　　　　年　　月　　日

六、收获总结

将本任务实施过程中的收获与问题总结填写在表 4-10 中。

表 4-10　收获与问题总结反馈表

序　号	我会做的	我学会的	我的疑问	解决办法
1				
2				
3				
4				
5				

存在的问题：

项目总结

- 项目4 认识与分析复杂直流电路
  - 任务1 验证基尔霍夫定律
    - ❶任务准备
      - ★安装复杂直流电路
      - ★测量电路中的电压与电流
    - ❷任务实施
      - 连接电路
        - 选择电阻
        - 连接电路
        - 检查电路
      - 测量支路电流
      - 测量回路电压
      - 分析支路电流与回路电压的特点
  - 任务2 验证叠加定理
    - ❶任务准备
      - ★安装复杂直流电路
      - ★测量电路中的电压与电流
    - ❷任务实施
      - 连接电路
        - 选择电阻
        - 连接电路
        - 检查电路
      - 测量电流与电压
      - 分析电路中电流、电压、功率关系
  - 任务3 运用直流单臂电桥测量电阻
    - ❶任务准备
      - 直流单臂电桥的工作原理
      - 直流单臂电桥的结构
      - 直流单臂电桥的使用方法
    - ❷任务实施
      - 电桥调试
      - 选择比较臂、比率臂
      - 接入被测电阻
      - 调节电桥平衡
      - 读取电阻值
      - 重复测量
      - 关闭电桥

项目评价

项目综合评价标准见表 4-11。

表 4-11 项目综合评价表

序号	评价项目	评价标准	配分/分	自评	组评
1	职业素养	穿戴符合要求	25		
		遵守安全操作规程，不发生安全事故			
		现场整洁干净，符合 7S 管理规范			
		遵守实训室规章制度			
		收集、整理技术资料并归档			
2	团队合作能力	有较强的集体意识和团队协作能力	15		
		积极参与小组活动，协作完成任务			
		共同交流和探讨，能正确评价自己和他人			
3	创新能力	有良好的创新思维，能做出合理的创新	5		
4	管理能力	有较强的自我管理意识与能力	5		
5	任务完成情况	验证基尔霍夫定律	50		
		验证叠加定理			
		运用直流单臂电桥测量电阻			
合计			100		

教师总评：

思考与提升

1. 能否用叠加定理求解复杂电路中某电阻消耗的功率？
2. 电桥平衡的条件是什么？电桥平衡时有哪些特点？
3. 简述用直流单臂电桥测量阻值约为 918Ω 电阻的步骤。

项目5 认识与应用电容器

项目导入

电容器是电路的基本元件之一，它在电力系统中可以起移相、降电压、无功补偿等作用，在电子电路中可以起滤波、耦合、调谐、隔直流等作用。本项目主要讲述如何识别与检测电容器、电容器串联与并联电路的特点、电容器如何进行充电和放电。

项目任务

本项目包括识别与检测电容器、测量电容器串联电路的参数、测量电容器并联电路的参数、观察电容器的充电与放电现象4个任务。

任务1 识别与检测电容器

一、任务目标

1）会识别电容器的类型。

2）会识读电容器的主要参数。

3）会判别电容器的极性。

4）会检测电容器质量的好坏。

5）会选用电容器的方法。

6）养成遵守纪律、安全操作的意识，培养爱岗敬业、精益求精的工匠精神。

二、任务描述

本任务通过识别与检测电容器，学会识读电容器主要参数、判别电容器极性和质量好坏，及选用电容器的方法。

三、任务准备

（一）识别电容器的方法

1. 识别固定电容器的方法

常见的固定电容器有有极性电容器和无极性电容器两大类。

（1）识别有极性电容器的方法　有极性电容器即电解电容器，分为铝电解电容器、钽电解电容器、铌电解电器等，它们的实物如图 5-1 所示。

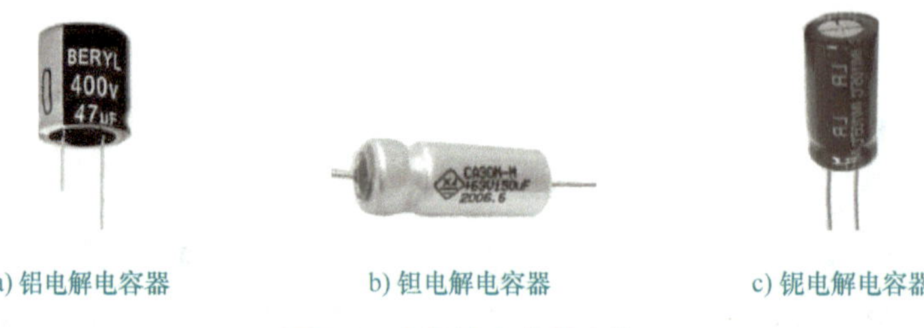

a) 铝电解电容器　　b) 钽电解电容器　　c) 铌电解电容器

图 5-1　有极性电容器实物

（2）识别无极性电容器的方法　无极性电容器有纸介电容器、瓷片电容器、涤纶（聚酯）电容器、云母电容器、聚苯乙烯电容器、玻璃釉电容器等，它们的实物如图 5-2 所示。

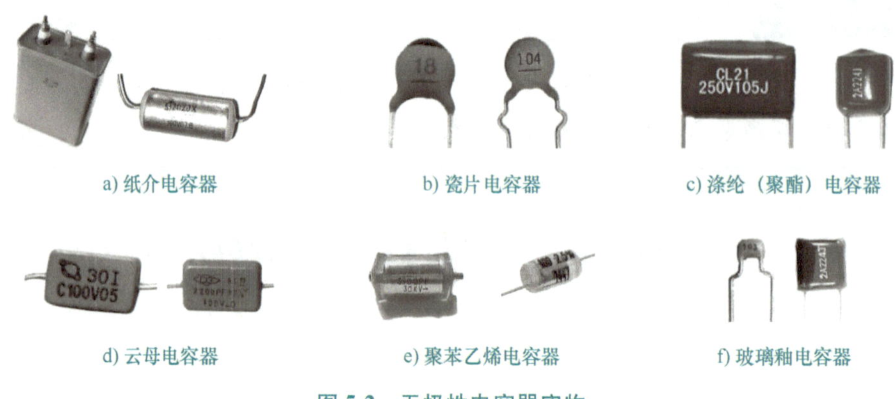

a) 纸介电容器　　b) 瓷片电容器　　c) 涤纶（聚酯）电容器

d) 云母电容器　　e) 聚苯乙烯电容器　　f) 玻璃釉电容器

图 5-2　无极性电容器实物

2. 识别可变电容器的方法

（1）识别半可变电容器的方法　半可变电容器又称为微调电容器，常用的半可变电容器有陶瓷微调电容器、薄膜微调电容器、拉线微调电容器等，它们的实物如图 5-3 所示。

a) 陶瓷微调电容器

b) 薄膜微调电容器

c) 拉线微调电容器

图 5-3　半可变电容器实物

（2）识别可变电容器的方法　可变电容器的容量可调范围较大，主要有单联可调电容器、双联可调电容器、四联可调电容器、空气介质可调电容器等，它们的实物如图 5-4 所示。

a) 单联可调电容器

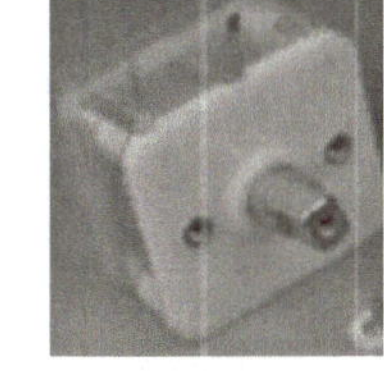
b) 双联可调电容器

c) 四联可调电容器

d) 空气介质可调电容器

图 5-4　可变电容器的实物图

（二）识读电容器型号的方法

电容器的型号一般由 4 部分组成，各部分的含义如图 5-5 所示，电容器型号的命名方法见表 5-1。

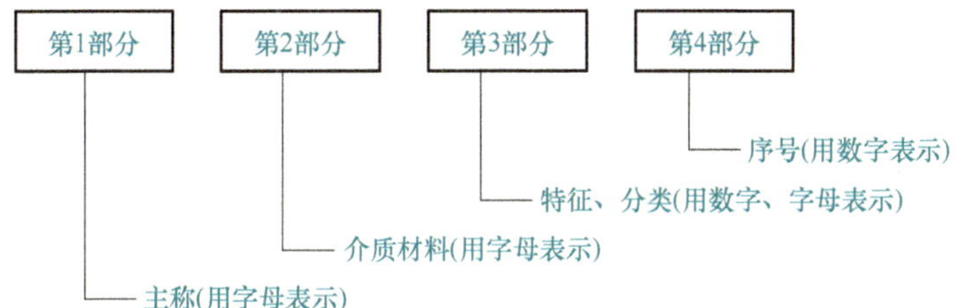

图 5-5　电容器型号命名的含义

表 5-1　电容器型号的命名方法

第 1 部分		第 2 部分		第 3 部分					第 4 部分
主称		介质材料		特征、分类					序号
符号	意义	符号	意义	符号	意义				
					瓷介电容器	云母电容器	电解电容器	有机电容器	
C	电容器	C	高频陶瓷	1	圆形	非密封	箔式	非密封	对主称、材料相同，仅尺寸、性能指标略有不同，但基本不影响相互使用的产品，给予同一序号；当性能指标差别明显，影响互换
		Y	云母	2	管形	非密封	箔式	非密封	
		I	玻璃釉	3	迭片	密封	烧结粉非固体	密封	
		O	玻璃膜	4	多层（独石）	独石	烧结粉固体	密封	
		Z	纸介	5	穿心	—	—	穿心	
		J	金属化纸介质	6	支柱式	—	交流	交流	
		B	聚苯乙烯	7	交流	标准	无极性	片式	
		L	聚酯膜	8	高压	高压	—	高压	

（续）

<table>
<tr><th colspan="2">第 1 部分</th><th colspan="2">第 2 部分</th><th colspan="5">第 3 部分</th><th>第 4 部分</th></tr>
<tr><th colspan="2">主称</th><th colspan="2">介质材料</th><th colspan="5">特征、分类</th><th rowspan="3">序号</th></tr>
<tr><th rowspan="2">符号</th><th rowspan="2">意义</th><th rowspan="2">符号</th><th rowspan="2">意义</th><th rowspan="2">符号</th><th colspan="4">意义</th></tr>
<tr><th>瓷介
电容器</th><th>云母
电容器</th><th>电解
电容器</th><th>有机
电容器</th></tr>
<tr><td rowspan="9">C</td><td rowspan="9">电容器</td><td>Q</td><td>漆膜</td><td>9</td><td>—</td><td>—</td><td>特殊</td><td>特殊</td><td rowspan="9">使用时，则在序号后面加大写字母作为区别代号</td></tr>
<tr><td>S</td><td>3 类陶瓷</td><td>J</td><td colspan="4">金属化型</td></tr>
<tr><td>H</td><td>复合介质</td><td>W</td><td colspan="4">微调型</td></tr>
<tr><td>D</td><td>铝电解</td><td>G</td><td colspan="4">高功率型</td></tr>
<tr><td>A</td><td>钽电解</td><td>T</td><td colspan="4" rowspan="5">—</td></tr>
<tr><td>N</td><td>铌电解</td><td>Y</td></tr>
<tr><td>G</td><td>合金电解</td><td>—</td></tr>
<tr><td>T</td><td>2 类陶瓷</td><td>—</td></tr>
<tr><td>E</td><td>其他材料电解</td><td>—</td></tr>
</table>

如 CL21 型电容器，C 表示电容器，L 表示其材料是聚酯膜，2 表示结构是非密封型，1 为序号，故 CL21 型电容器为聚酯膜非密封型电容器。

如 CY11 型电容器，C 表示电容器，Y 表示其材料是云母，1 表示结构是非密封型，1 为序号，故 CY11 型电容器为云母非密封型电容器。

（三）识读电容器主要参数的方法

电容器的主要参数有额定工作电压、标称容量和允许误差等。这些主要参数的标注方法有直标法、文字符号法、数码法和色标法。

1. 直标法

电容器的各种参数直接用数字标注在电容器上的表示方法称为直标法。图 5-6a 所示电容器的标称容量为 4700μF、额定工作电压为 25V。图 5-6b 所示电容器的标称容量为 10μF、额定工作电压为 250V。

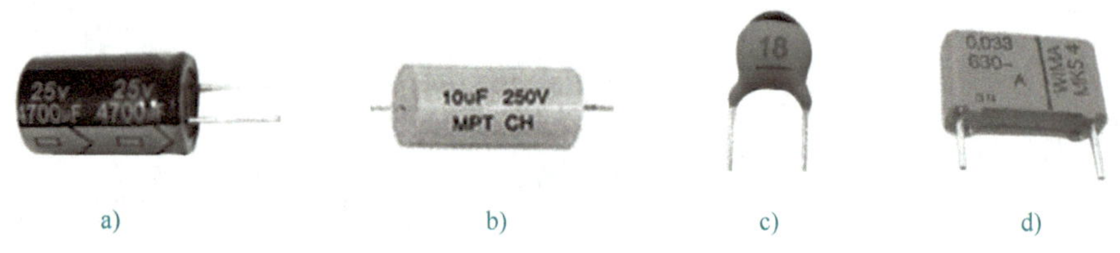

a) b) c) d)

图 5-6 电容器参数的直标法

【指点迷津】

电容器参数直标法规则

有些电容器由于体积小，为便于标注，习惯上省略单位，但应遵循如下规则：

1）凡是不带小数点的整数，若无标注单位，则默认单位为 pF。如图 5-6c 所示，

"18"表示电容器容量为18pF。

2）凡带小数点的数值，若无标注单位，则默认单位为μF。如图5-6d所示，"0.033"表示电容器容量为0.033μF。

3）许多小型固定电容器（如陶瓷电容器等）的耐压值均在100V以上，由于体积小可以不标注。

2. 文字符号法

文字符号法是用数字和字母相结合表示电容器的标称容量，字母前面的数字表示整数值，字母后面的数字表示小数值。如图5-7所示，4n7表示电容器标称容量为4.7nF，即4700pF。

图5-7　电容器参数的文字符号标注法

3. 数码法

数码法一般用3位数字来表示标称容量的大小，前两位数字表示有效数字，第3位数字表示指数，即零的个数，单位为pF。若第3位数字用"9"表示时，则说明该电容器的标称容量在1~9.9pF之间，即这个"9"代表"10^{-1}"。如图5-8a所示，105表示电容器标称容量为10×10^5pF = 1000000pF = 1μF，J表示允许误差为±1%，2500表示额定工作电压为250V。在图5-8b中，335表示电容器标称容量为33×10^5pF = 3300000pF = 3.3μF，K表示允许误差为±10%，630表示额定工作电压为630V。

4. 色标法

色标法是用不同颜色的带或点在电容器表面标出标称容量。电容器的色码一般只有3环，前两环色码表示有效数字，第3环色码表示倍率，单位为pF。如图5-9所示的色码电容器，色环按顺序排列分别为黄、紫、棕色，则该电容器的标称容量为47×10^1pF = 470pF。

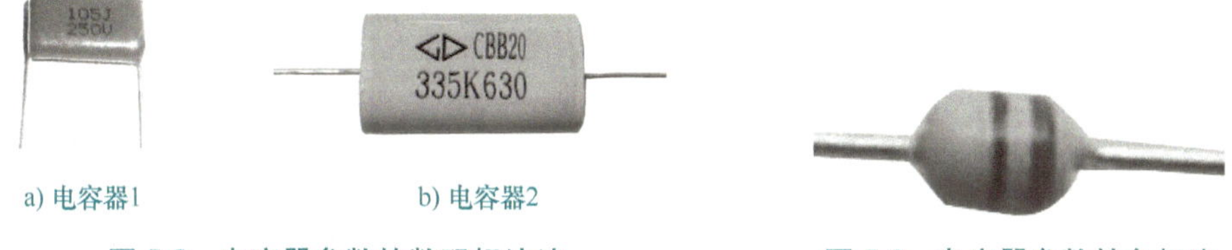

a) 电容器1　　b) 电容器2

图5-8　电容器参数的数码标注法

图5-9　电容器参数的色标法

【指点迷津】

电容器参数色标法

电容器使用色环颜色代表的数字与电阻器是相同的，只是电容器的标称容量单位为pF。

当色码用4种颜色表示时，前两位色码表示有效数字，第3位色码表示倍率，第4位为允许误差，标称容量单位为pF。

（四）判别电容器极性的方法

1. 外观法识别极性

对于有极性电容器，可以从外观识别其正、负极。

1）未使用过的电解电容器以引线的长短来区分电容器的正、负极，长引线为正极，短引线为负极，如图 5-10 所示。

2）通过电容器外壳标注来区分电容器的正、负极，如有些电容器外壳标注负号位置对应的引线为负极，如图 5-11 所示。

图 5-10　以引线长短区分电容器的正、负极

图 5-11　以外壳标注区分电容器的正、负极

2. 检测法判别极性

电解电容器的极性可以用万用表的电阻挡进行判别。这是根据电解电容器正向漏电电流小、反向漏电电流大的特性进行判别的，具体检测步骤与方法如下。

1）电容器放电。将电容器两个电极短路进行放电。

2）选择挡位与量程。应选择电阻挡，根据电容器标称容量大小选择合适的量程，并进行电阻调零。一般情况下，1~47μF 之间的电容器可用 R×1k 挡测量，大于 47μF 的电容器可用 R×100 挡测量。

3）测量漏电电阻。将万用表红、黑表笔任意搭接在电容器两电极上，测量其漏电电阻的大小。

4）电容器再次放电。将电容器两个电极短路进行放电。

5）再次测量漏电电阻。交换万用表的红、黑表笔再次进行测量，测量其漏电电阻的大小。

6）比较漏电电阻。比较两次测得的漏电电阻，漏电电阻值大的一次，黑表笔所接为电容器的正极，红表笔所接为电容器的负极，如图 5-12 所示。

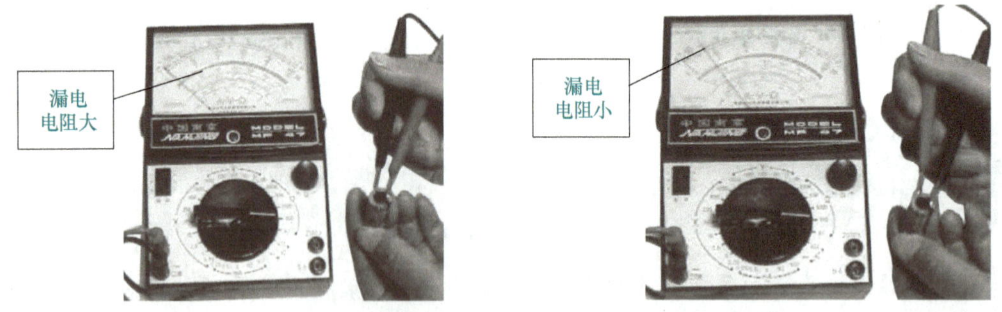

图 5-12　万用表检测电解电容器的正、负极性

电解电容器的漏电电阻一般应在几百千欧，否则将不能正常工作。

（五）判断电容器质量好坏的方法

1. 外观法判断质量好坏

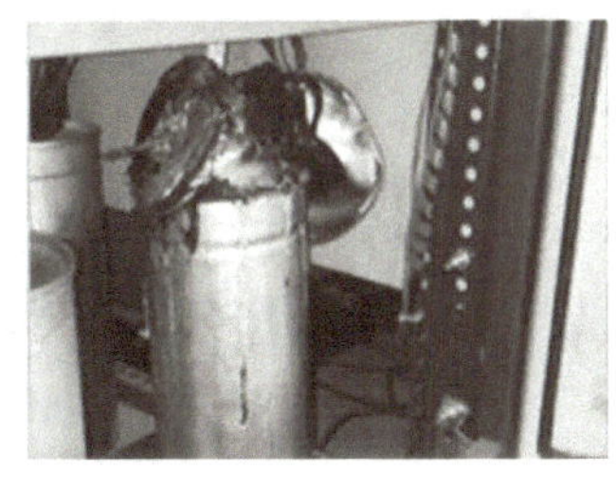
图 5-13 击穿后的电容器

电容器常见问题一般有漏电、断路、短路等。当电容器发生击穿短路故障时，会造成其两极板间绝缘被破坏。这时，电容器外壳一般会出现膨胀、爆裂等现象。图 5-13 所示为击穿后的电容器。

2. 用万用表检测电容器并判断质量好坏

用万用表检测电容器并判断质量好坏的步骤和方法如下。

1）选择挡位与量程。应选择电阻挡，根据电容器标称容量大小选择合适的量程，并进行电阻调零。

2）观察电容器充/放电现象。将万用表红、黑表笔分别接在电容器两电极引脚上。在表笔刚接触的瞬间，万用表的指针应立即向右偏转较大幅度，接着缓慢向左回归到最左端刻度处。然后将红、黑表笔对调接在电容器两电极引脚上，万用表指针应立即向右偏转更大幅度，接着缓慢向左回归到最左端刻度处，如图 5-14 所示。电容器的容量越大，指针向右偏转的幅度既越大，向左回归越缓慢。

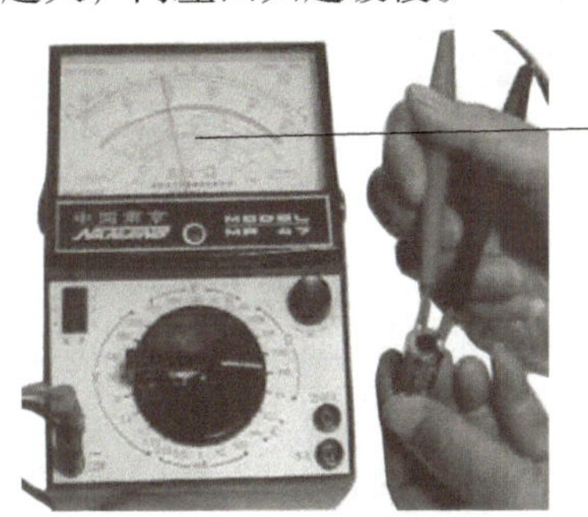

图 5-14 万用表检测电容器

3）判断电容器质量好坏。在检测过程中，若发现万用表指针不动，说明电容器内部断路或电容器容量太小，充/放电电流太小，不足以使指针偏转，如图 5-15 所示。若发现万用表指针向右偏转到零刻度处后不再向左回归，则说明电容器内部短路，如图 5-16 所示。若发现万用表指针无法回归到最左端刻度处，而是停在电阻值小于 500kΩ 的刻度处，则说明电容器漏电严重，如图 5-17 所示。

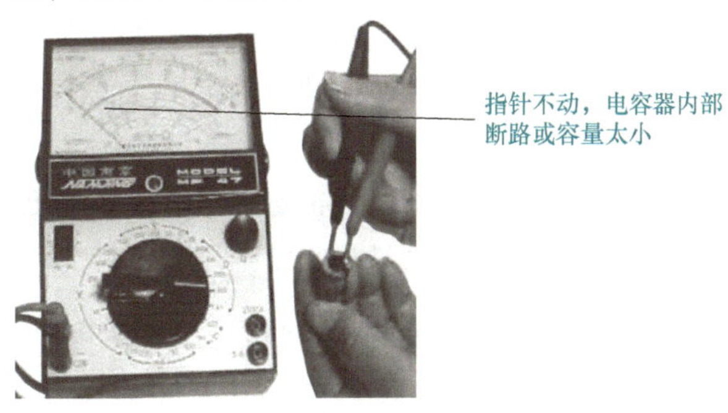

图 5-15 电容器内部断路或容量太小

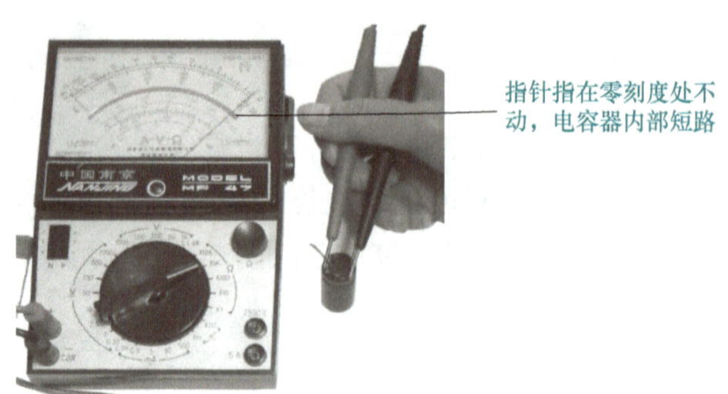

图 5-16　电容器内部短路

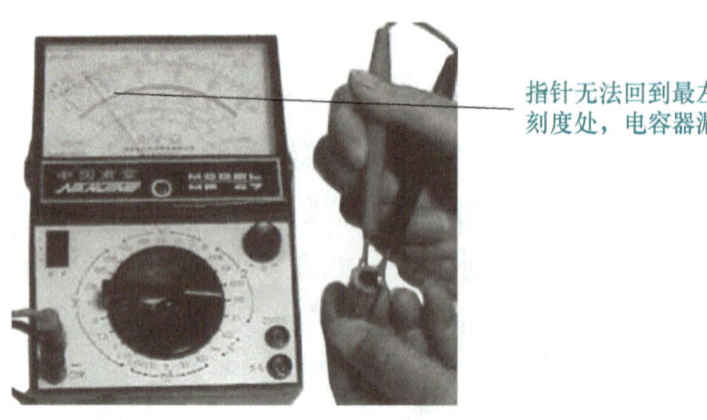

图 5-17　电容器漏电

（六）选用电容器的方法

电容器一般应从型号、额定工作电压、标称容量、允许误差 4 个方面进行选用。

1. 根据电路的要求合理选择型号

例如，一般用于低频耦合、旁路去耦等场合，且电气性能要求较低时，可以采用纸介电容器、电解电容器等。晶体管低频放大器中的耦合电容器应选用 1～22μF 的电解电容器。旁路电容器应根据电路的工作频率进行选择，如在低频电路中，发射极旁路电容器应选用电解电容器，容量在 10～220μF 之间；在中频电路中，可选用 0.01～0.1μF 的纸介、金属化纸介、有机薄膜电容器等；在高频电路中，应选择高频瓷介质电容器；若要求在高温下工作，则应选择玻璃釉电容器等。在电源滤波和退耦电路中，可选用电解电容器。因为在这些使用场合，对电容器性能要求不高，只要体积不大、容量够用就可以了。

对于可变电容器，应根据电容器统调的级数确定应采用单联或多联的可变电容器，然后根据容量的变化范围、容量变化曲线、体积等要求确定相应品种的电容器。

2. 选择电容器的额定工作电压

为保证电容器的正常工作，被选用电容器的额定工作电压（耐压值）不仅要大于实际工作电压，而且还要留有足够的余地，一般选用额定工作电压为实际工作电压两倍以上的电容器。

3. 选择电容器的容量和误差

电容器的容量必须按规定的标称容量值进行选择。电容器的误差等级有多种，在低频耦合、去耦、电源滤波等电路中，电容器可以采用±5%、±10%、±20%等误差等级。但在振荡回路、延时电路、音调控制电路中，电容器的精度要稍高一些。在各种滤波器和各种网络中，要求选用高精度的电容器。

此外，选择电容器时还应注意电容器的温度系数、高频特性等参数。在振荡电路中的振荡元件、移相网络元件、滤波器等，应选用温度系数小的电容器，以确保其性能。

四、任务实施

任务实施器材准备：多种形式固定电容器和可变电容器（编号）、万用表。

（一）识别电容器

对指导教师提供的 10 个电容器进行识别，并将其名称填入表 5-2。

表 5-2　识别电容器结果记录表

编号	名称	标称容量	额定工作电压	有无极性	编号	名称	标称容量	额定工作电压	有无极性
1					6				
2					7				
3					8				
4					9				
5					10				

（二）识读电容器参数

根据指导教师提供的 10 个电容器，识读电容器的标称容量、额定工作电压（耐压值）等参数，并将结果填入表 5-2。

（三）判别电容器极性

将上述识别出的有极性电容器分别通过外观法、万用表检测法判别极性，并将判别结果填入表 5-3。

表 5-3　有极性电容器极性判别结果

序　号	外观法判别结果	万用表检测法判别结果
1		
2		
3		
4		

（四）检测电容器

根据指导教师提供的电容器，分别通过外观法、万用表检测法判断电容器质量的好坏，并将检测结果填入表 5-4。

表 5-4　电容器质量好坏判断结果

编　　号	电容器类别	外观法判断结果	万用表挡位与量程	漏电电阻	存在问题	判断结果
1	陶瓷电容器（0.1μF）					
2	纸介电容器（1μF）					
3	涤纶电容器（3.3μF）					
4	电解电容器（100μF）					
5	电解电容器（1000μF）					

（五）选用电容器

根据指导教师提出的电容器选用要求正确选择电容器。

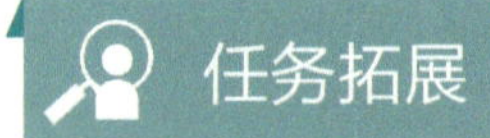

任务拓展

小容量电容器的简易测试法

小容量电容器一般指容量在 1μF 以下的电容器，因其容量太小，所以万用表一般无法估测出其容量，而只能检查其是否漏电或击穿损坏。电容器正常时，用万用表 $R\times 10\text{k}$ 挡测量其两端的电阻值，应为无穷大。若测出有一定的电阻值或电阻值接近 0，则说明该电容器已漏电或已击穿损坏。

任务拓展

交流电容器的检测方法

用万用表对交流电容器进行检测时，可将万用表的挡位与量程选择开关选到 $R\times 10\text{k}$ 挡。万用表的红、黑表笔分别接触电容器的两个引脚，如图 5-18 所示。观察指针的偏转情况，再交换表笔重复测试，观察指针偏转情况。

1）若两次测量中均有充/放电现象，且指针均能回到原位，则说明电容器性能良好。

2）若两次测量中均没有充/放电现象，且指针均停在原位不动，则说明电容器内部开路。

3）若两次测量中指针均停在“0Ω”处不动，则说明电容器内部短路。

4）若两次测量中指针均不能完全回到原位，而是停在某一阻值处不动，则说明电容器漏电。

图 5-18　万用表检测交流电容器

五、任务评价

任务评价标准见表 5-5。

表 5-5　任务评价标准

任务名称	评价标准					配分/分	扣　分
识别电容器	识别电容器类型、名称有误，每个扣 2 分					20	
识读电容器参数	识读电容器参数有误，每个参数扣 3 分					30	
判别电容器极性	1. 外观法判别有误，每个扣 2 分 2. 检测法判别有误，每个扣 3 分					20	
检测电容器	1. 检测方法不正确、不熟练，每次扣 2~3 分 2. 检测结果不正确，每只扣 3 分					20	
选用电容器	选用电容器有误，每只扣 2 分					10	
职业素养要求	详见表 1-4						
开始时间		结束时间		实际时间		成绩	

学生自评：

学生签名：　　　　　　年　　月　　日

教师评语：

教师签名：　　　　　　年　　月　　日

六、收获总结

将本任务实施过程中的收获与问题总结填写在表 5-6 中。

表 5-6　收获与问题总结反馈表

序　号	我会做的	我学会的	我的疑问	解决办法
1				
2				
3				
4				
5				
存在的问题：				

任务2　测量电容器串联电路的参数

一、任务目标

1）会连接电容器串联电路。

2）会测量电容器串联电路的电压。

3）会测量电容器串联电路的电容。

4）能分析电容器串联电路的特点。

5）养成遵守纪律、安全操作的意识，培养爱岗敬业、精益求精的工匠精神。

二、任务描述

根据给定的直流电源、电容器、直流电压表、开关、导线等器件和材料，正确连接电容器串联电路，测量电容器串联电路的电压、电容，分析电容器串联电路的特点。

三、任务准备

（一）电容器串联电路的连接方法

电容器串联电路如图5-19所示。

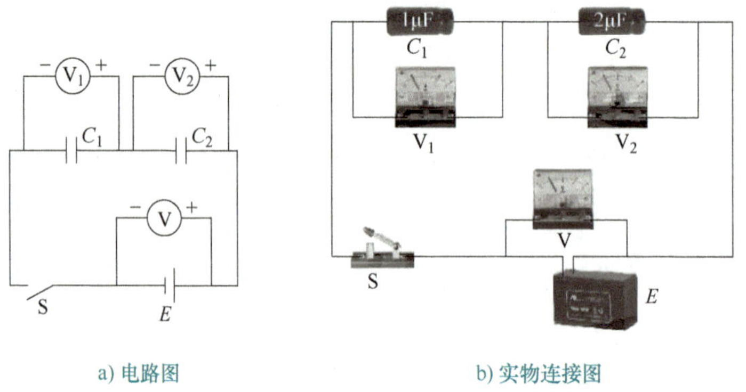

a) 电路图　　b) 实物连接图

图5-19　电容器串联电路

1）连接电容器串联电路。连接时应注意电容器的极性。

2）连接开关和电源。

3）连接电压表。将3只直流电压表分别接在电容器、直流电源两端，应注意电压表的极性。

4）检查电路。仔细检查所连接的电容器串联电路，确保连接正确。

（二）测量电容器串联电路的方法

闭合开关S，待直流电压表指针稳定后正确读取各电压表的读数。

四、任务实施

任务实施器材准备：直流电源、电容器、直流电压表、开关、导线。

（一）连接电容器串联电路

根据图 5-19 所示的电路图和实物连接图正确规范地连接电路，并对所连接电路进行检查，确保所连接电路的正确性。

（二）测量电容器的电压

闭合开关 S，待直流电压表指针稳定后，分别测量电源电压和每个电容器两端的电压，将测量结果记录在表 5-7 中。

表 5-7　测量结果记录 1

测量项目	电源电压 U/V	C_1 两端电压 U_1/V	C_2 两端电压 U_2/V
数据			

（三）测量电路的电容

断开开关 S，用万用表电阻挡测量每个电容器和串联电路的总电容，观察万用表指针的偏转角度，将测量结果记录在表 5-8 中。

表 5-8　测量结果记录 2

测量项目	指针向右偏转电阻值/Ω	指针偏转结果对比
电容器 C_1		
电容器 C_2		
串联电路总电容		

（四）分析电容器串联电路的特点

根据所测得电容器的电压、电容情况分析电容器串联电路的特点，将分析结果记录在表 5-9 中。

表 5-9　分析电容器串联电路的特点

分析项目	分析结果
电压特点	总电压与各电容器上电压关系：
电容特点	总电容与各电容器电容的关系：

五、任务评价

任务评价标准见表 5-10。

表 5-10　任务评价标准

任务名称	评价标准					配分/分	扣　分
连接电容器串联电路	1. 电容器串联电路连接不规范、有误，扣 5~10 分 2. 电容器串联电路连接后不检查，扣 10 分					30	
测量电容器的电压	测量方法、测量结果有误，扣 5~8 分					30	
测量电路的电容	1. 测量方法有误，扣 3~5 分 2. 测量结果记录、结果对比有误，扣 5~8 分					30	
分析电容器串联电路的特点	电容器串联电路的特点分析有误，扣 5~8 分					10	
职业素养要求	详见表 1-4						
开始时间		结束时间		实际时间		成绩	
学生自评： 学生签名：　年　月　日							
教师评语： 教师签名：　年　月　日							

六、收获总结

将本任务实施过程中的收获与问题总结填写在表 5-11 中。

表 5-11　收获与问题总结反馈表

序　号	我会做的	我学会的	我的疑问	解决办法
1				
2				
3				
4				
5				
存在的问题：				

任务 3　测量电容器并联电路的参数

一、任务目标

1）会连接电容器并联电路。

2）会测量电容器并联电路的电压。

3）会测量电容器并联电路的电容。

4）能分析电容器并联电路的特点。

5）养成遵守纪律、安全操作的意识，培养爱岗敬业、精益求精的工匠精神。

二、任务描述

根据给定的直流电源、电容器、直流电压表、开关、导线等器件和材料，正确连接电容器并联电路，测量电容器并联电路的电压、电容，分析电容器并联电路的特点。

三、任务准备

（一）电容器并联电路的连接方法

电容器并联电路如图 5-20 所示。

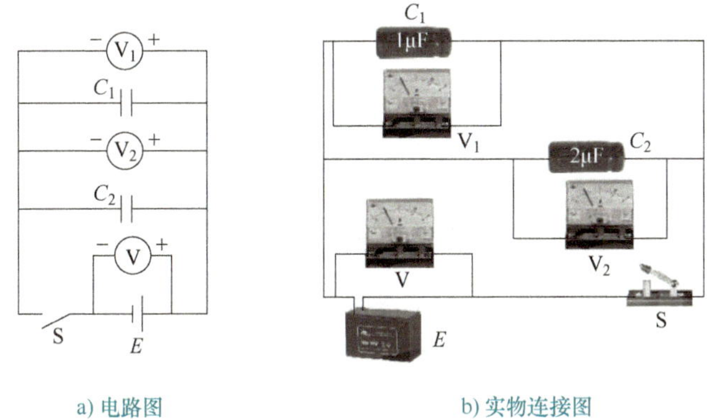

a) 电路图　　b) 实物连接图

图 5-20　电容器并联电路

1）连接电容器并联电路。连接时应注意电容器的极性。

2）连接开关和电源。

3）连接电压表。将 3 只直流电压表分别接在电容器、直流电源两端，应注意电压表的极性。

4）检查电路。仔细检查所连接的电容器并联电路，确保连接正确。

（二）测量电容器并联电路的方法

闭合开关 S，待直流电压表指针稳定后正确读取各电压表的读数。

四、任务实施

任务实施器材准备：直流电源、电容器、直流电压表、开关、导线。

（一）连接电容器并联电路

根据图 5-20 所示电路图和实物连接图，正确规范地连接电路，并对所连接电路进行检查，确保所连接电路的正确性。

（二）测量电容器的电压

闭合开关 S，待直流电压表指针稳定后，分别测量电源电压和每个电容器两端的电压，将测量结果记录在表 5-12 中。

表 5-12 测量结果记录 1

测量项目	电源电压 U/V	C_1 两端电压 U_1/V	C_2 两端电压 U_2/V
数据			

（三）测量电路的电容

断开开关 S，先用万用表电阻挡测量并联电路的总电容，然后拆下各电容器，分别测量电容器的电容，观察万用表指针偏转角度，将测量结果记录在表 5-13 中。

表 5-13 测量结果记录 2

测量项目	指针向右偏转电阻值/Ω	指针偏转结果对比
并联电路总电容		
电容器 C_1		
电容器 C_2		

（四）分析电容器并联电路的特点

根据所测得电容器的电压、电容情况，分析电容器并联电路的特点，将测量结果记录在表 5-14 中。

表 5-14 分析电容器并联电路的特点

分析项目	分析结果
电压特点	总电压与各电容器上电压关系：
电容特点	总电容与各电容器电容的关系：

五、任务评价

任务评价标准见表 5-15。

表 5-15 任务评价标准

任务名称	评价标准					配分/分	扣分
连接电容器并联电路	1. 电容器并联电路连接不规范、有误，扣 5~10 分 2. 电容器并联电路连接后不检查，扣 10 分					30	
测量电容器的电压	测量方法、测量结果有误，扣 5~8 分					30	
测量电路的电容	1. 测量方法有误，扣 3~5 分 2. 测量结果记录、结果对比有误，扣 5~8 分					30	
分析电容器并联电路的特点	电容器并联电路的特点分析有误，扣 5~8 分					10	
职业素养要求	详见表 1-4						
开始时间		结束时间		实际时间		成绩	

（续）

学生自评：		
	学生签名：	年　月　日
教师评语：		
	教师签名：	年　月　日

六、收获总结

将本任务实施过程中的收获与问题总结填写在表 5-16 中。

表 5-16　收获与问题总结反馈表

序　号	我会做的	我学会的	我的疑问	解决办法
1				
2				
3				
4				
5				
存在的问题：				

任务 4　观察电容器的充电与放电现象

一、任务目标

1）会安装电容器充电与放电实验电路。

2）会观察电容器充电与放电实验现象。

3）会分析电容器充电与放电实验结果。

4）养成遵守纪律、安全操作的意识，培养爱岗敬业、精益求精的工匠精神。

二、任务描述

电容器的基本工作过程是充电与放电，由这种充电与放电作用所延伸出来的许多现象，使得电容器有着种种不同的用途。例如，在单相交流异步电动机中用电容器来移相；在照相机的闪光灯中用电容器来产生高能量的瞬间放电等。

本任务要求根据给定的直流电源、发光二极管、电阻器、电容器、电压表、电流表、导线、开关等器材，正确连接电容器充电与放电实验电路，观察实验现象，分析实验结果。

三、任务准备

图 5-21a 所示为电容器充电与放电实验的实物连接图，图 5-21b 是电路图，按电路图连接电路的步骤和方法如下。

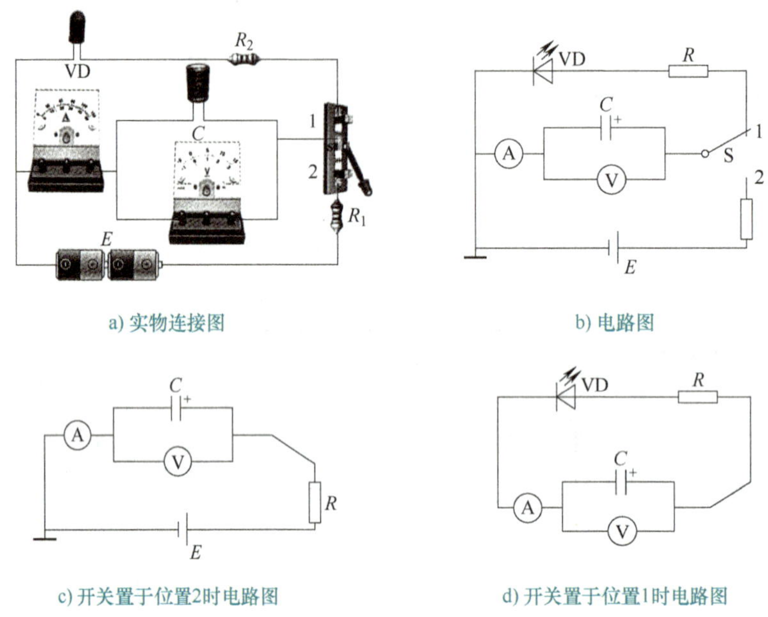

a) 实物连接图

b) 电路图

c) 开关置于位置2时电路图

d) 开关置于位置1时电路图

图 5-21　电容器充电与放电实验电路

1）按实物连接图正确连接电路。连接时，应注意电容器的极性和电压表、电流表的极性。

2）电容器的充电过程。将开关置于位置 2，如图 5-21c 所示。可以观察到电流表的指针先偏转一个较大的角度，然后渐渐向零位偏转，最后指向零位；电压表的指针从零位开始慢慢偏转，最后停在一定位置后不动；发光二极管不会发光。

3）电容器的放电过程。电容器 C 充电后，将开关置于位置 1，如图 5-21d 所示。可以观察到电流表的指针先偏转一个较大的角度，然后渐渐向零位偏转，最后指向零位；电压表的指针从最大电压位置慢慢向小电压位置偏转，经过一段时间后指向零位；观察到发光二极管突然变亮，然后慢慢变暗到不亮。

4）更换容量较大的电容器，重新观察电容器的充电与放电过程。

5）反复操作步骤 1、2 的电容器充电、放电过程，观察电压表、电流表数值的变化与时间的对应关系，并尝试画出电容器的充电与放电曲线。观察发光二极管的发光情况。

6）分析实验现象，得出结论。

四、任务实施

任务实施器材准备： 电容器（470μF、50V，1000μF、50V）各 1 只、直流电源（0~

32V、0~2A）1 台、直流电流表（0~100mA、0~200mA）1 块、直流电压表（量程 10V）1 块、发光二极管 1 个、电阻器（1kΩ）2 个、开关（单刀双掷）1 个、连接导线若干。

（一）连接电容器充/放电实验电路

根据指导教师提供的实验器材正确连接电容器充/放电实验电路。连接完成后，仔细检查所连接的电路，确保连接的正确性。

（二）观察电容器充电现象

将开关置于位置 2，观察电流表、电压表示数变化和发光二极管亮度变化，并将观察到的现象和整个过程记录在表 5-17 中。

表 5-17　电容器充电与放电现象记录

电容器充/放电过程	电压表示数			电流表示数			二极管亮暗情况	电压变化曲线
	开始	中间数值	结束	开始	中间数值	结束		
电容器充电 1								
电容器充电 2								
电容器放电 1								
电容器放电 2								

（三）观察电容器放电现象

将开关置于位置 1，观察电流表、电压表示数变化和发光二极管亮度变化，并将观察到的现象和整个过程记录在表 5-17 中。

（四）重复电容器充电与放电现象

更换容量较大的电容器，反复进行电容器充电与放电实验，观察和记录实验现象。

（五）分析实验现象

根据实验现象分析产生实验现象的原因。

电容器的放电方法

电容器在通电的电路断电后，都会储存有一定量的电荷，其两端会有一定的电压，必须将电容器储存的电荷放掉（即电容器的放电），否则有可能发生触电事故。

对于容量较小的低压电容器，可以通过人为用小电阻或导线短路快速放电。

对于容量较大的电容器，一般不宜用导线直接放电，否则会产生电火花，从而烧坏引线、电容器。可以在导线中串联一个阻值较大（2MΩ 左右）、功率较大的电阻器进行放电或用放电线圈进行放电。

五、任务评价

任务评价标准见表 5-18。

表 5-18 任务评价标准

任务名称	评价标准					配分/分	扣分
连接电容器充/放电实验电路	1. 电容器充/放电实验电路连接不规范、有误，扣 3~5 分 2. 电容器充/放电实电路连接后不检查，扣 5 分					10	
观察电容器充电现象	1. 观察电压表示数变化及记录有误，扣 3~5 分 2. 观察电流表示数变化及记录有误，扣 3~5 分 3. 观察发光二极管发光情况及记录有误，扣 3~5 分					40	
观察电容器放电现象	1. 观察电压表示数变化及记录有误，扣 3~5 分 2. 观察电流表示数变化及记录有误，扣 3~5 分 3. 观察发光二极管发光情况及记录有误，扣 3~5 分					40	
分析实验现象	电容器充/放电实验现象分析有误，扣 5~8 分					10	
职业素养要求	详见表 1-4						
开始时间		结束时间		实际时间		成绩	

学生自评：

学生签名：　　　　年　　月　　日

教师评语：

教师签名：　　　　年　　月　　日

六、收获总结

将本任务实施过程中的收获与问题总结填写在表 5-19 中。

表 5-19 收获与问题总结反馈表

序　号	我会做的	我学会的	我的疑问	解决办法
1				
2				
3				
4				
5				

存在的问题：

项目总结

- 项目5 认识与应用电容器
  - 任务1 识别与检测电容器
    - ❶任务准备
      - ★识别电容器的方法
        - 识别固定电容器的方法
        - 识别可变电容器的方法
      - ★识读电容器型号的方法
      - ★识读电容器主要参数的方法
        - ★直标法
        - ★文字符号法
        - ★数码法
        - ★色标法
      - ★判别电容器极性的方法
        - 外观法识别极性
        - 检测法判别极性
      - ★判断电容器质量好坏的方法
        - 外观法判断质量好坏
        - 用万用表检测电容器并判断质量好坏
      - ★选用电容器的方法
        - ★根据电路的要求合理选择型号
        - ★选择电容器的额定工作电压
        - ★选择电容器的容量和误差
    - ❷任务实施
      - 识别电容器
      - 识读电容器参数
      - 判别电容器极性
      - 检测电容器
      - 选用电容器
  - 任务2 测量电容器串联电路的参数
    - ❶任务准备
      - ★电容器串联电路的连接方法
      - ★测量电容器串联电路的方法
    - ❷任务实施
      - 连接电容器串联电路
      - 测量电容器的电压
      - 测量电路的电容
      - 分析电容器串联电路的特点
  - 任务3 测量电容器并联电路的参数
    - ❶任务准备
      - 电容器并联电路的连接方法
      - 测量电容器并联电路的方法
    - ❷任务实施
      - 连接电容器并联电路
      - 测量电容器的电压
      - 测量电路的电容
      - 分析电容器并联电路的特点
  - 任务4 观察电容器的充电与放电现象
    - ❶任务准备
      - 电容器的充电过程
      - 电容器的放电过程
    - ❷任务实施
      - 连接电容器充/放电实验电路
      - 观察电容器充电现象
      - 观察电容器放电现象
      - 重复电容器充电与放电现象
      - 分析实验现象

项目评价

项目综合评价标准见表 5-20。

表 5-20 项目综合评价表

序号	评价项目	评价标准	配分/分	自评	组评
1	职业素养	穿戴符合要求	25		
		遵守安全操作规程，不发生安全事故			
		现场整洁干净，符合 7S 管理规范			
		遵守实训室规章制度			
		收集、整理技术资料并归档			
2	团队合作能力	有较强的集体意识和团队协作能力	15		
		积极参与小组活动，协作完成任务			
		共同交流和探讨，能正确评价自己和他人			
3	创新能力	有良好的创新思维，能做出合理的创新	5		
4	管理能力	有较强的自我管理意识与能力	5		
5	任务完成情况	识别与检测电容器	50		
		测量电容器串联电路的参数			
		测量电容器并联电路的参数			
		观察电容器的充电与放电现象			
合计			100		

教师总评：

思考与提升

1. 试述怎样按照电路的要求选择电容器。

2. 有一只电容器，表面标注“CL21、250V、105J”等字样，请说明电容器的名称和主要参数。

3. 有一只电容器，表面标注“10μF500V”等字样，请用万用表检测并判断该电容器的质量好坏，说明检测步骤和要点。

4. 试述电容器的充电与放电过程。

5. 在某电子电路中需要一只额定工作电压为 500V，电容量为 4μF 的电容器，但现只有额定工作电压为 250V，标称容量为 4μF 的电容器若干只，通过怎样的连接方法才能满足要求？请画出示意图。

6. 某同学在检修电子电路板时，发现有 3 只电容器损坏了。观察这 3 只电容器的外壳，发现第 1 只是额定工作电压为 50V、电容为 10μF 的电容器；第 2 只是额定工作电压为 10V、电容为 200μF 的电容器；第 3 只是额定工作电压为 20V、电容为 50μF 的电容器。但当时他手中只有额定工作电压为 10V、标称容量为 50μF 的电容器若干，他应当如何做才能满足更换这 3 只电容器的要求？请画出示意图并进行说明。

项目 6 认识与分析磁与电磁

项目导入

电与磁之间有着密切的联系，几乎所有的电子设备都应用到磁与电磁的基本原理。例如，电磁铁就是利用电流产生磁场，形成电磁吸力来吸持铁磁材料，操纵、牵引机械装置以完成预期动作的低压电器。电磁铁种类很多，应当如何来识别与检测电磁铁呢？铁磁物质可以用什么方法让它磁化，磁化后又如何进行消磁呢？

项目任务

本项目包括识别与检测常用电磁铁、铁磁物质的充磁与消磁两个任务。

任务 1 识别与检测常用电磁铁

一、任务目标

1）了解常用电磁铁的类型，熟悉常用电磁铁的符号、功能和典型应用。

2）会识别电磁铁。

3）会检测电磁铁并判断其好坏。

4）养成遵守纪律、安全操作的意识，培养爱岗敬业、精益求精的工匠精神。

二、任务描述

通过识别电磁铁，了解常用电磁铁的类型，熟悉常用电磁铁的符号、功能和典型应用。通过检测电磁铁，学会判断电磁铁好坏的方法。

三、任务准备

（一）电磁铁的分类

电磁铁主要由铁心、衔铁、线圈和工作机构等组成。电磁铁可以分为制动电磁铁、牵引电磁铁、阀用电磁铁和起重电磁铁等。

1. 制动电磁铁

制动电磁铁在电气传动装置中用作电动机的机械制动，以达到准确迅速停车的目的。常用的型号有 MZD1（单相）、MZS1（三相）等系列。

MZD1 系列交流单相回转式制动电磁铁如图 6-1 所示。该系列制动电磁铁为开启式，常与 JWZ 系列或 TJ2 系列闸瓦制动器配合使用，共同组成电磁抱闸制动器。

MZS1 系列三相交流制动电磁铁如图 6-2 所示。该系列电磁铁通常与闸瓦式制动器配合使用，操纵制动器作机械制动用。

图 6-1　MZD1 系列交流单相回转式制动电磁铁

图 6-2　MZS1 系列三相交流制动电磁铁

2. 牵引电磁铁

牵引电磁铁主要用来牵引机械装置，以执行自动控制任务，常用的型号有 MQ1、MQ2 系列。

MQ1、MQ2 系列牵引电磁铁适用于交流 50Hz、电压至 380V 的控制电路，主要用在机床及自动化系统中用来远距离控制和操作牵引机械装置，如图 6-3 所示。

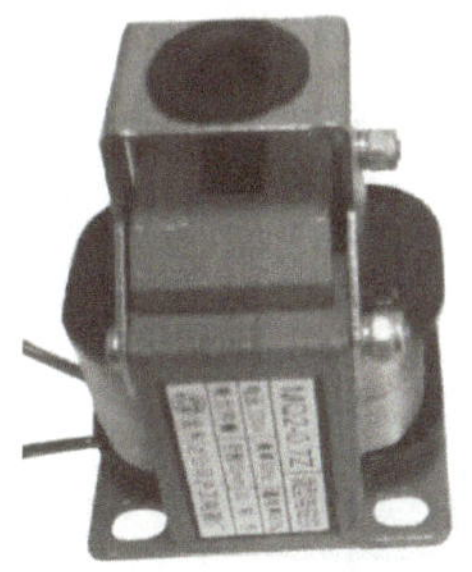

图 6-3　MQ1、MQ2 系列牵引电磁铁

3. 阀用电磁铁

阀用电磁铁是利用磁力推动阀芯，从而控制阀口开启、关闭或换向的目的。例如，

MFJ1 系列阀用电磁铁适用于交流 50Hz 或 60Hz、电压至 380V 的控制电路中，作为金属切削机床液压控制系统开/闭电磁阀之用。图 6-4 所示为常用阀用电磁铁的实物。

图 6-4　常用阀用电磁铁的实物

4. 起重电磁铁

起重电磁铁常用作起重装置来吊运钢锭、钢材、铁砂等铁磁材料，也可用作电磁机械手夹持钢铁等铁磁材料。起重电磁铁的实物如图 6-5 所示。

（二）电磁铁的图形符号

电磁铁的图形符号如图 6-6 所示。

图 6-5　起重电磁铁的实物

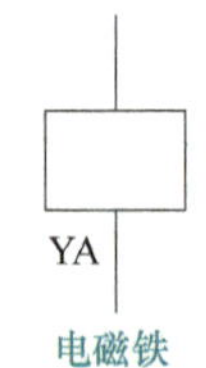

图 6-6　电磁铁的图形符号

（三）电磁铁的选用

电磁铁选用的一般原则：

1）根据机械负载的要求选择电磁铁的种类和结构形式。

2）根据控制系统电压选择电磁铁线圈电压。

3）电磁铁的功率应不小于制动或牵引功率。

【指点迷津】

电磁铁的安装与维护

1）安装前，应清除灰尘和杂物，并检查衔铁有无机械卡阻。

2）电磁铁要牢固地固定在底座上，并将紧固螺钉下方的弹簧垫圈锁紧。

3）电磁铁应按接线图接线，并接通电源，检查衔铁动作是否正常以及有无噪声。

4）定期检查衔铁行程，衔铁行程在运行过程中由于制动面的磨损会增大。当衔铁行程超过正常值时，就要进行调整，以恢复制动面和转盘间的最小空隙。

5）检查连接螺钉的旋紧程度，注意可动部分的机械磨损。

四、任务实施

任务实施器材准备：多种常用电磁铁实物或图片、万用表。

（一）识别常用电磁铁

根据指导教师提供的电磁铁实物或图片，说明电磁铁的名称、功能、型号，完成表 6-1。

表 6-1　常用电磁铁的名称、功能、型号

编　号	图　片	名　称	功　能	型　号
1				
2				
3				
4				
5				
6				
7				

（二）识绘电磁铁的图形符号

根据指导教师所给电磁铁实物或图片，说明电磁铁的名称，画出电磁铁的图形符号，并填入表 6-2 中。

表 6-2　常用电磁铁的图形符号

编　号	名　称	图形符号	编　号	名　称	图形符号
1			3		
2			4		

（三）选用电磁铁

根据指导教师提出的要求正确选用电磁铁。

（四）检测电磁铁

1. 电磁铁线圈直流电阻的检测

判断电磁铁线圈是否烧毁，可测量其直流电阻值，若是零或无穷大，则可认为已烧毁。

对指导教师提供的电磁铁，使用万用表检测其线圈的直流电阻值，并判断线圈的好坏，完成表 6-3。

表 6-3　电磁铁线圈直流电阻的检测

编　号	名　称	线圈直流电阻值/Ω	判断结果	编　号	名　称	线圈直流电阻值/Ω	判断结果
1				3			
2				4			

2. 电磁铁线圈绝缘电阻的检测

电磁铁作为整台电气设备中的一个部件，线圈绝缘电阻的检测可以在整台电气设备的单独部件上进行，测得的绝缘电阻值不应小于 1MΩ。例如，起重电磁铁线圈对壳体的绝缘电阻值在冷态时应不小于 10 MΩ，热态时不得小于 1 MΩ。

对指导教师提供的电磁铁，使用绝缘电阻表检测其线圈的绝缘电阻值，并判断线圈绝缘电阻的好坏，完成表 6-4。

表 6-4　电磁铁线圈绝缘电阻的检测

编　号	名　称	线圈绝缘电阻值/MΩ	判断结果	编　号	名　称	线圈绝缘电阻值/MΩ	判断结果
1				3			
2				4			

五、任务评价

任务评价标准见表 6-5。

表 6-5　任务评价标准

任务名称	评价标准	配分/分	扣　分
认识常用电磁铁	电磁铁的名称、主要功能、型号说明有误，每项扣 2 分	40	
识绘电磁铁的图形符号	识绘电磁铁的图形符号有误，每个扣 2 分	10	
选用电磁铁	选用电磁铁有误，每项扣 2～3 分	10	

（续）

任务名称	评价标准			配分/分	扣　分
检测电磁铁	1. 检测电磁铁线圈直流电阻有误，每个扣 3~5 分 2. 检测电磁铁线圈绝缘电阻有误，每个扣 3~5 分			40	
职业素养要求	详见表 1-4				
开始时间		结束时间		实际时间		成绩	

学生自评：

学生签名：　　　　年　月　日

教师评语：

教师签名：　　　　年　月　日

六、收获总结

将本任务实施过程中的收获与问题总结填写在表 6-6 中。

表 6-6　收获与问题总结反馈表

序　号	我会做的	我学会的	我的疑问	解决办法
1				
2				
3				
4				
5				
存在的问题：				

任务 2　铁磁物质的充磁与消磁

一、任务目标

1）了解铁磁物质充磁与消磁的方法。

2）会进行铁磁物质的充磁与消磁。

3）养成遵守纪律、安全操作的意识，培养爱岗敬业、精益求精的工匠精神。

二、任务描述

在工程技术和日常生活中，我们经常需要将铁磁物质充磁或者消磁，使铁磁物质能够更好地适应工程技术和日常生活的需要，那么，铁磁物质如何进行充磁或者消磁呢？

本任务通过学习铁磁物质充磁与退磁的方法，要求对螺钉旋具刀头进行充磁与消磁。

三、任务准备

1. 铁磁物质的充磁方法

把铁磁物质放到强磁场中，使铁磁物质内部的磁畴沿某一个方向顺序排列，当外磁场消除后，这些特质的磁畴还能保持这种排列而使铁磁物质具有磁性，此过程称为充磁。

图 6-7 所示是为铁磁物质充磁的充磁机，它实际上是一个磁力极强的磁铁，让充磁线圈通过大电流，使线圈产生超强磁场，再配备多种形状的铁块作为附加磁极，以便与被充磁体形成闭合磁路。充磁时，摆设好附加磁极和被充磁体，通入充磁电流，即可进行充磁。

a) 小型充磁机

b) 中型充磁机

c) 大型充磁机

图 6-7　充磁机

2. 铁磁物质的消磁方法

当磁化后的磁性材料受到外来能量的影响，如加热、冲击或放入逐步衰减的交变磁场中，其内部各磁畴的磁矩方向会变得不一致，磁性就会减弱或消失，此过程称为消磁，也称为退磁。

图 6-8 所示是为铁磁物质消磁的消磁机，当消磁机线圈中通过大电流时，将产生衰减的交变磁场，使工件失去磁性。

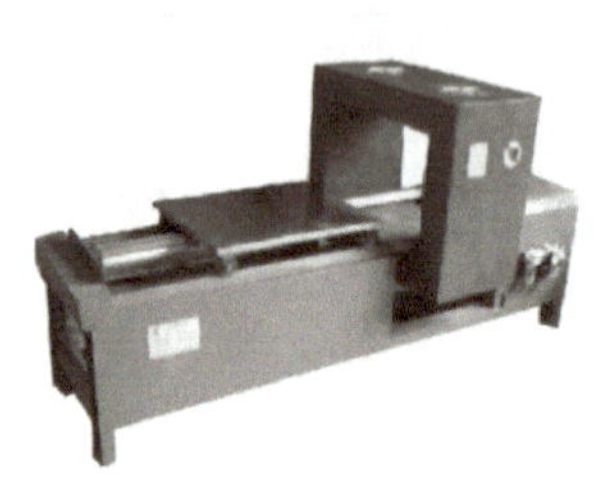

a) 输送式消磁机

b) 台式消磁机

c) 脉冲消磁机

图 6-8　消磁机

3. 螺钉旋具刀头的充磁与消磁方法

（1）螺钉旋具刀头的充磁方法　螺钉旋具刀头一般都进行了磁化处理，使用时可以吸引螺钉等以便操作。当螺钉旋具使用较长时间后，其刀头会慢慢消磁，此时可采用磁铁充磁或电磁充磁两种方法使刀头重新磁化。利用磁铁充磁是将螺钉旋具刀头与一块磁铁放在一起一段时间，刀头即可被磁化；利用电磁充磁是用导线在螺钉旋具刀头上绕几圈，然后用 1.5V 电源通电 1min 左右即可磁化。

（2）螺钉旋具刀头的消磁方法　在某些特定工作环境下，带磁性的螺钉旋具反而使用不方便，这时就要给螺钉旋具刀头消磁。消磁方法一般有高温加热法、摔打法、消磁器消磁法等。高温加热法就是把螺钉旋具刀头放在火焰等高温环境中加热，使螺钉旋具刀头内部磁场混乱而失去磁性；摔打法是把需要消磁的螺钉旋具刀头在地上摔打，使刀头内部磁场混乱而达到消磁的目的；消磁器消磁法是将螺钉旋具刀头放置在两个磁铁相互排斥的空间中，放置一段时间即可达到消磁目的。

四、任务实施

1. 螺钉旋具刀头的充磁

根据指导教师的要求，利用磁铁充磁法或电磁充磁法给螺钉旋具刀头充磁。

2. 螺钉旋具刀头的消磁

根据指导教师的要求，利用高温加热法、摔打法、消磁器消磁法给螺钉旋具刀头消磁。

五、任务评价

任务评价标准见表 6-7。

表 6-7　任务评价标准

任务名称	评价标准					配分/分	扣　分
螺钉旋具刀头的充磁	螺钉旋具刀头充磁达不到要求，扣 10~40 分					50	
螺钉旋具刀头的消磁	螺钉旋具刀头消磁达不到要求，扣 10~40 分					50	
职业素养要求	详见表 1-4						
开始时间		结束时间		实际时间		成绩	
学生自评： 学生签名：　　年　月　日							
教师评语： 教师签名：　　年　月　日							

六、收获总结

将本任务实施过程中的收获与问题总结填写在表 6-8 中。

表 6-8　收获与问题总结反馈表

序　号	我会做的	我学会的	我的疑问	解决办法
1				
2				
3				
4				
5				
存在的问题：				

项目总结

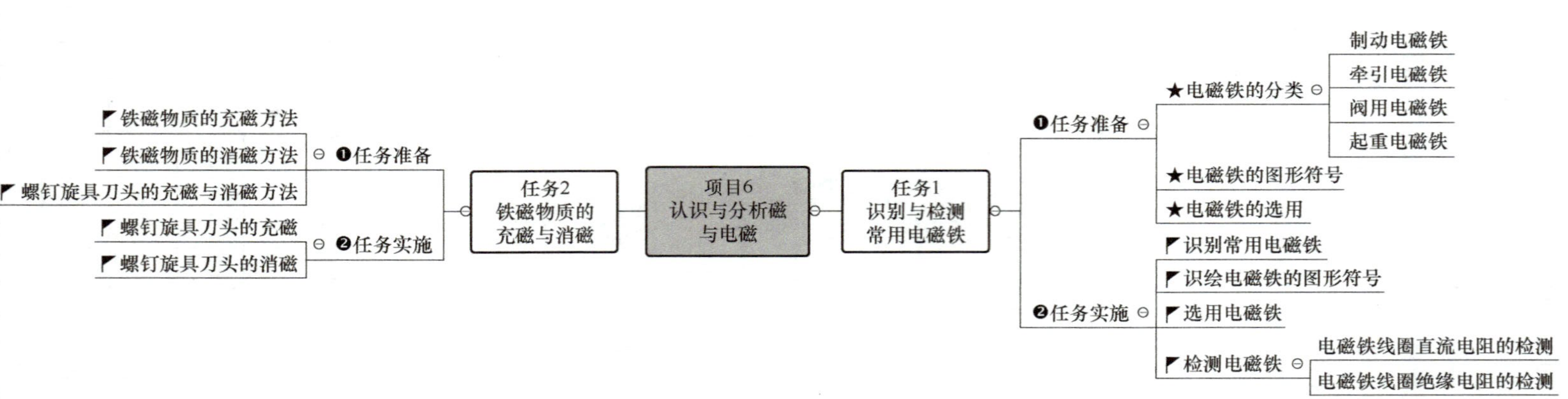
项目6
认识与分析磁与电磁
任务2
铁磁物质的充磁与消磁
❶任务准备
铁磁物质的充磁方法
铁磁物质的消磁方法
螺钉旋具刀头的充磁与消磁方法
❷任务实施
螺钉旋具刀头的充磁
螺钉旋具刀头的消磁
任务1
识别与检测常用电磁铁
❶任务准备
★电磁铁的分类
制动电磁铁
牵引电磁铁
阀用电磁铁
起重电磁铁
★电磁铁的图形符号
★电磁铁的选用
❷任务实施
识别常用电磁铁
识绘电磁铁的图形符号
选用电磁铁
检测电磁铁
电磁铁线圈直流电阻的检测
电磁铁线圈绝缘电阻的检测

项目评价

项目综合评价标准见表 6-9。

表 6-9　项目综合评价表

序　　号	评价项目	评价标准	配分/分	自　评	组　评
1	职业素养	穿戴符合要求	25		
		遵守安全操作规程，不发生安全事故			
		现场整洁干净，符合 7S 管理规范			
		遵守实训室规章制度			
		收集、整理技术资料并归档			
2	团队合作能力	有较强的集体意识和团队协作能力	15		
		积极参与小组活动，协作完成任务			
		共同交流和探讨，能正确评价自己和他人			
3	创新能力	有良好的创新思维，能做出合理的创新	5		
4	管理能力	有较强的自我管理意识与能力	5		
5	任务完成情况	认识与检测常用电磁铁	50		
		铁磁物质的充磁与消磁			
合　计			100		

教师总评：

思考与提升

1. 查找相关资料，制作一个简易电磁铁。

2. 小王同学有一把带磁性的螺钉旋具，使用一段时间后，发现刀头磁性明显减弱。请分析其中的原因，并恢复螺钉旋具刀头的磁性。

项目 7 认识与运用电磁感应现象

项目导入

电感器作为一种常用的电子元器件，是利用电磁感应现象制成的。会识别与检测电感器是电工的一项基本技能。工程技术中常用的电感器、互感器都有同名端，我们应如何判断同名端呢?

项目任务

本项目包括识别与检测电感器、判断互感器的同名端两个任务。

任务 1 识别与检测电感器

一、任务目标

1）会识别常见的电感器。
2）会识读电感器的主要参数。
3）会检测电感器，并判断其好坏。
4）养成遵守纪律、安全操作的意识，培养爱岗敬业、精益求精的工匠精神。

二、任务描述

能够识别电感器的类型、识读电感器的主要参数是正确使用电感器的基础。电感器在使用前、使用中，除需要对其外观、结构进行仔细检查，还需用万用表检测与判断电感器好坏。

本任务包括认识常见电感器的分类、认识电感器型号的方法、识读电感器主要参数的方法和检测电感器的方法等内容。

三、任务准备

（一）认识常见电感器的分类

常用的电感器有空心电感器、磁心电感器、铁心电感器和可调电感器等。

1. 空心电感器

空心电感器又称为空心电感线圈，是由导线一圈靠近一圈地绕在绝缘管上制成，导线间彼此绝缘，而绝缘管是空心的，如图 7-1 所示。在实际应用中，可根据需要用漆包线绕制空心电感器，其电感量的大小由绕制匝数的多少来调整。空心电感器的电感量通常较小，无记忆，很难达到磁饱和，常用于高频电路。

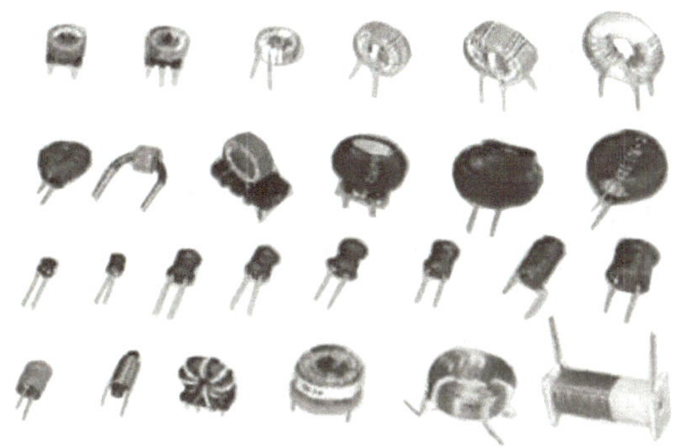

图 7-1　空心电感器

2. 磁心电感器

磁心电感器又称为磁心电感线圈，是由漆包线环绕在磁心或磁棒上制成，如图 7-2 所示。

磁心电感器的电感量大，广泛应用于电视机、摄像机、录像机、办公自动化设备等电子产品的滤波电路中。

图 7-2　磁心电感器

3. 铁心电感器

铁心电感器又称为铁心电感线圈。铁心电感器是由漆包线环绕在铁心上制成，如图 7-3 所示。铁心电感器有时又称为扼流圈，主要在电源供电电路中作隔离或滤波用。

图 7-3　铁心电感器

4. 可调电感器

可调电感器又称为可调电感线圈，是在线圈中加装磁心，并通过调节其在线圈中的位置来改变电感值，如图 7-4 所示。

可调电感器具有体积小、损耗小、分布电容小、电感量可在所需范围内调节的特点。常用作半导体收音机的振荡线圈，电视机中的行振荡线圈、行线性线圈、中频陷波线圈和音响中的频率补偿线圈、阻波线圈等。

可调电感器又分为磁心可调电感器、铜心可调电感器、滑动接点可调电感器、串联互感可调电感器和多抽头可调电感器等。

图 7-4 可调电感器

（二）认识电感器型号的方法

电感器的型号一般由 4 部分组成，各部分的含义如图 7-5 所示。

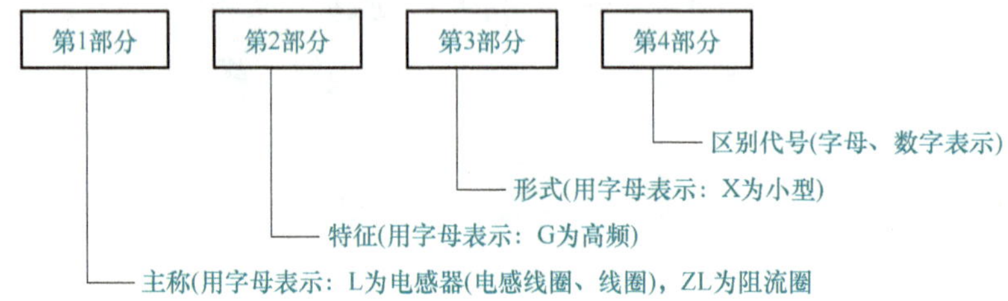

图 7-5 电感器的型号的含义

如 LGX1 型电感器，L 表示电感器，G 表示高频，X 表示小型，1 表示其序号，所以 LGX1 型电感器为小型高频电感器。

（三）识读电感器主要参数的方法

电感器的主要参数有标称电感量、允许误差和额定电流等。

1. 标称电感量

标称电感量是指电感器表面所标的电感量。与电阻器、电容器一样，电感器的标称电感量国家也规定了一系列数值作为产品标准，如 E2 系列的标称电感量为 1、1.2、1.5、1.58、2.2、2.7、3.3、3.9、4.7、5.6、6.8、8.2。

2. 允许误差

标称电感量与实际电感量的差值与标称电感量之比的百分数称为允许误差，它表示电感器的精度。电感器的允许误差等级有 Ⅰ（±5%）、Ⅱ（±10%）、Ⅲ（±20%）。

3. 额定电流

额定电流是指电感器正常工作时允许通过的最大电流。若工作电流大于额定电流，电感器会因发热而改变参数，严重时会烧毁电感器。

4. 电感器主要参数的标注方法

电感器主要参数的标注方法有直标法、数码法和色标法。通常体形较大的电感器用直标法和数码法，而体形较小的电感器用色标法标注。

（1）直标法　电感器采用直标法标注时，一般会在外壳上标注电感量、误差和额定电流值。图 7-6 列出了几只采用直标法标注的电感器。

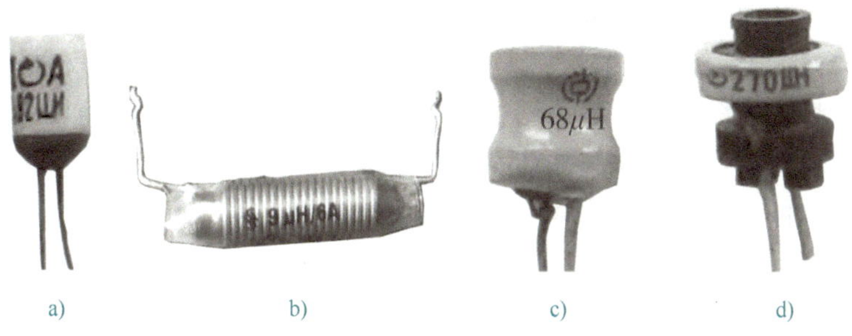

图 7-6　电感器参数的直标法

采用直标法标注电感量时，通常会将电感量值及单位直接标出。在标注误差时，分别用Ⅰ、Ⅱ、Ⅲ表示±5%、±10%、±20%。在标注额定电流时，用 A、B、C、D、E 分别表示最大工作电流为 50mA、150mA、300mA、0.7A 和 1.6A。

如图 7-6a 所示的电感器，外壳上标有“12μH”“I”“A”等字样，表示其电感量为 12μH，误差为Ⅰ级（±5%），最大工作电流为 A 挡（50mA）。如图 7-6b 所示的电感器，外壳上标有“9μH”“6A”等字样，表示其电感量为 9μH，最大工作电流为 6A。如图 7-6c、d 所示的电感器，外壳上只标注了电感量“68μH”“270μH”。

（2）数码法　数码法是在电感器上采用三位数码表示标称电感量的方法。数码从左到右，第一、二位表示电感量的有效值，第三位表示指数，即零的个数，小数点用 R 表示，单位为 μH（微亨）。一般贴片电感器的标称电感量用数码法表示。如图 7-7 所示，电感器外壳上标有“472”“223”“D”字样，则表示其电感量为 4700μH（4.7mH）、22000μH（22mH），最大工作电流为 D 挡（700mA）。

（3）色标法　色标法是采用色点或色环标在电感器上以表示电感量和误差的方法。其电感量和误差标注方法同色环电阻器，单位为 μH。色标法电感器的识读如图 7-8 所示。

图 7-7　电感器参数的数码标注法

图 7-8　电感器的色标法

色标法电感器的色码颜色含义及代表的数值与色环电阻器相同。色标法电感器颜色的排列顺序也与色环电阻器相同。色环电感器与色环电阻器识读的不同之处仅在于单位不同，色环电感器单位为 μH。图 7-9 中所示的色环电感器上标注“红、棕、黑、银”色环，表示电感量为 21μH，误差为±10%。

（四）检测电感器的方法

1. 外观检查法

在检测电感器之前，可先对电感器的外观、结构等进行仔细检查。外观检查法主要查看其外形是否完好无损；磁性材料有无缺损、裂缝等；金属屏蔽罩是否有腐蚀氧化现象；绕组是否清洁干燥；导线绝缘漆有无刻痕划伤；接线有无断裂；铁心有无氧化等。对于可调磁心电感器，可用螺钉旋具轻轻转动磁帽，旋转应既轻松又不打滑。但应注意转动后要将磁帽调回原处，以免电感量发生变化。

2. 万用表检测法

可用万用表电阻挡检测电感器线圈的直流电阻值以判断其好坏，如图 7-10 所示。一般电感器的直流电阻值较小，低频铁心电感器的直流电阻值相对较大。

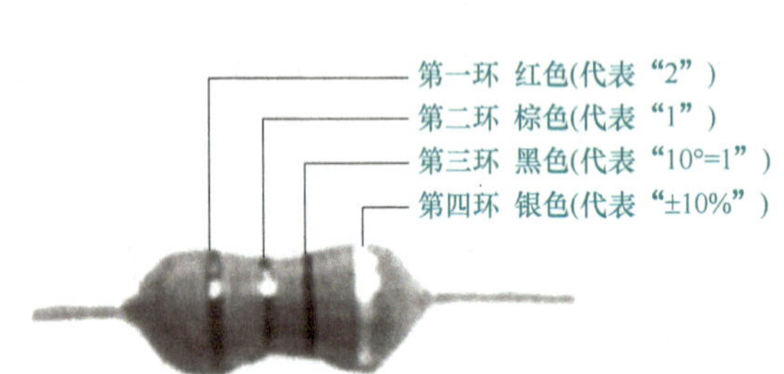

图 7-9 色环电感器

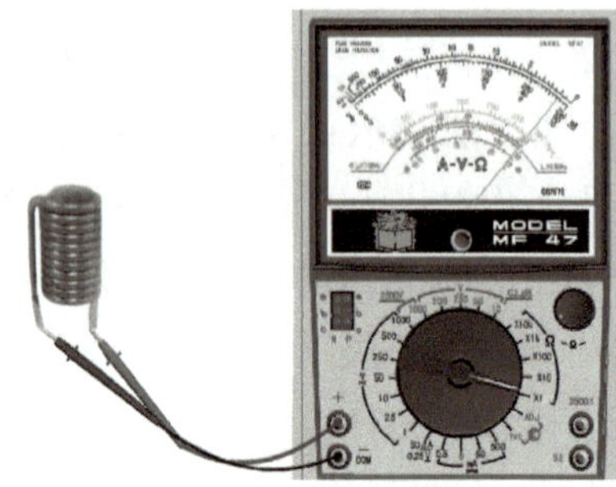

图 7-10 用万用表测量电感器的直流电阻值

【指点迷津】

电感器线圈好坏的判断方法

用万用表检测电感器线圈直流电阻值时，若测得的电阻值为无穷大，表明电感器线圈断路；若测得的电阻值为零，表明电感器线圈短路。

对于低频铁心电感器，还应检查线圈和铁心之间的绝缘电阻，即测量线圈引线与铁心或金属屏蔽罩之间的绝缘电阻，绝缘电阻值应为无穷大，否则说明该电感器绝缘不良。

四、任务实施

任务实施器材准备：常见电感器若干、万用表。

（一）识别常见电感器

对指导教师提供的若干个常见电感器的实物图，识别其名称、类型，完成表 7-1。

表 7-1　电感器的名称、类型、主要参数

编　号	实物图	名　称	类　型	主要参数
1				
2				
3				
4				
5				
6				
7				

（二）识读电感器的主要参数

对指导教师提供的若干个常见电感器实物图，识读其主要参数，完成表 7-1。

（三）检测电感器

对指导教师提供的若干个常见电感器，用万用表的电阻挡检测直流电阻值，用绝缘电阻表检测电感器（指低频铁心电感器）的绝缘电阻值，判断电感器的质量，完成表 7-2。

表 7-2　检测电感器

编　号	名　称	直流电阻值/Ω	绝缘电阻值/MΩ	判断结果
1				
2				
3				
4				

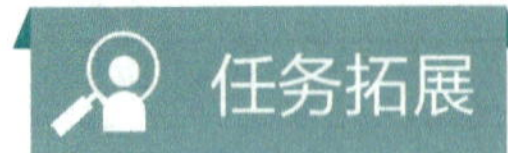

用万用表测量电感器的电感量

有些万用表的刻度盘上不仅有电容量刻度线，还有如图 7-11 所示的电感量刻度线，这种万用表就可以用来测量电感器的电感量。测量时，将万用表的挡拉与量程选择开关旋转至说明书规定的某个交流电压挡（如交流 5V），将 5V 交流辅助电源和被测电感器串联后，接入万用表并将挡位与量程选择开关旋转至“交流 5V”挡，如图 7-12 所示，在表的刻度盘上便可直接读出电感量的数值，并将此值与电感器的标称值比较，就可以判断电感器是否正常。

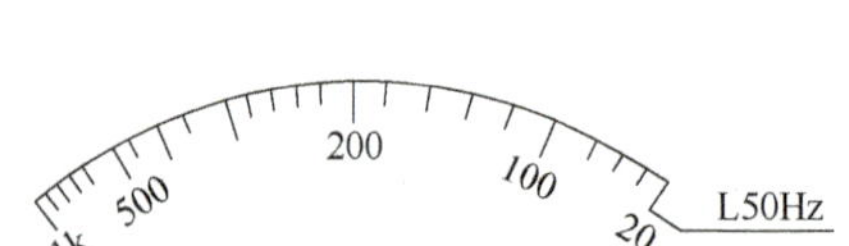

图 7-11　交流 5V 挡电感量刻度线

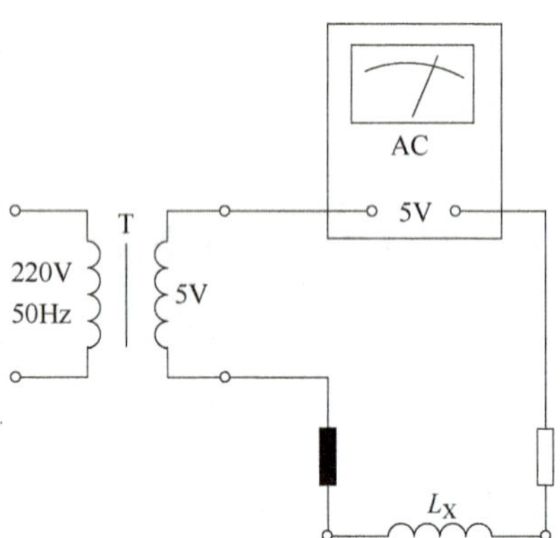

图 7-12　电感器电感量的测量方法

五、任务评价

任务评价标准见表 7-3。

表 7-3　任务评价标准

任务名称	评价标准				配分/分	扣　分
识别常见电感器	识别电感器类型、名称有误，每个扣 4 分				30	
识读电感器的主要参数	识读电感器参数有误，每个扣 4 分				40	
检测电感器	1. 检测方法不正确、不熟练，每次扣 3~5 分 2. 检测结果不正确，每只扣 3 分				30	
职业素养要求	详见表 1-4					
开始时间		结束时间		实际时间	成绩	
学生自评： 学生签名：　年　月　日						
教师评语： 教师签名：　年　月　日						

六、收获总结

将本任务实施过程中的收获与问题总结填写在表 7-4 中。

表 7-4　收获与问题总结反馈表

序　号	我会做的	我学会的	我的疑问	解决办法
1				
2				
3				
4				
5				
存在的问题：				

任务 2　判断互感器的同名端

一、任务目标

1）熟悉互感器同名端的判断方法。

2）会判断互感器的同名端。

3）养成遵守纪律、安全操作的意识，培养爱岗敬业、精益求精的工匠精神。

二、任务描述

同名端的判断是电气技术人员应掌握的基本技能。在高频电路中，如中周变压器、谐振电路、天线磁棒等场合，极性问题特别重要，必须进行同名端的判断。另外，对于开关电源、变压器，一般使用反馈线圈产生振荡的线路，也有同名端的要求，接反了就不能起振。

本任务主要学习互感器同名端的判断方法，为后续课程中判断变压器、电动机等的同名端奠定基础。

三、任务准备

1. 根据线圈绕向判断互感器的同名端

（1）线圈绕向相同　如图 7-13a 所示，线圈 1 和线圈 2 的绕向相同。当线圈 1 中的电流增加时，应用右手螺旋定则可知，线圈 1 中自感电动势的极性 A 端为正，B 端为负，线圈 2 中互感电动势的极性 C 端为正，D 端为负，即 A 与 C、B 与 D 的极性相同；当线圈 1 中的电流减小时，应用右手螺旋定则可知，线圈 1 中自感电动势的极性 B 端为正，A 端为负，线圈 2 中互感电动势的极性 D 端为正，C 端为负，即 A 与 C、B 与 D 的极性仍相同。

从上述分析可知，当两个互感线圈绕向相同时，无论电流从哪一端流入线圈，大小变化如何，A 与 C、B 与 D 端的极性始终保持一致，称 A 与 C、B 与 D 为同名端，A 与 D、B 与 C 为异名端。

（2）线圈绕向相反　如图 7-13b 所示，线圈 1 和线圈 2 的绕向相反。当线圈 1 中的电流增加时，应用右手螺旋定则可知，线圈 1 中自感电动势的极性 A 端为正，B 端为负，线圈 2 中互感电动势的极性 D 端为正，C 端为负，即 A 与 D、B 与 C 的极性相同；当线圈 1 中的电流减小时，应用右手螺旋定则可知，线圈 1 中自感电动势的极性 B 端为正，A 端为负，线圈 2 中互感电动势的极性 C 端为正，D 端为负，即 A 与 D、B 与 C 的极性相同。

从上分析可知，当互感线圈的绕向相反时，无论电流从哪一端流入线圈，大小变化如何，A 与 D、B 与 C 的极性终保持一致，称 A 与 D、B 与 C 为同名端，而 A 与 C、B 与 D 为异名端。

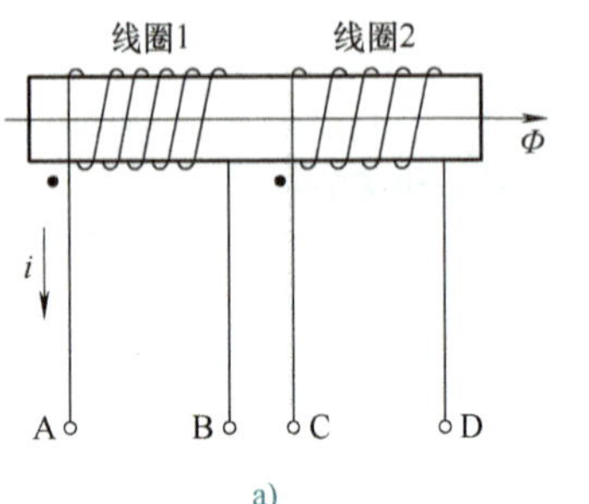

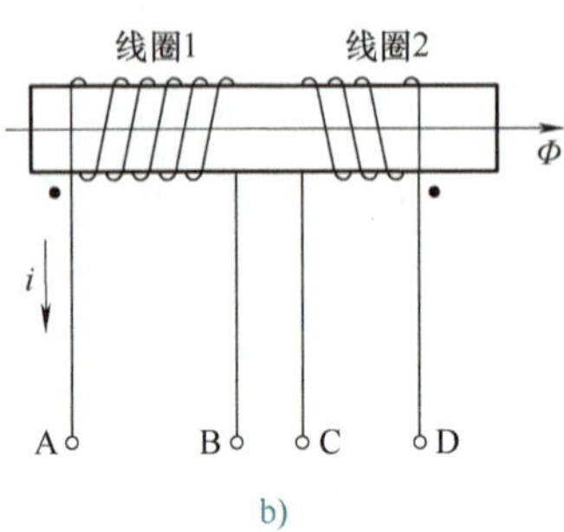

图 7-13　互感线圈的同名端

【指点迷津】

根据互感器线圈的绕向判断同名端

当互感器线圈的绕向相同时，相同端为同名端，相异端为异名端；而当互感线圈的绕向相反时，相同端为异名端，相异端为同名端。

2. 用试验法判定互感器的同名端

当互感线圈的绕向无法确定时，可以用试验的方法来判定它们的同名端。如图 7-14 所示，线圈 1 与电阻 R、开关 S 串联后接到直流电源 E 上。线圈 2 的两端与直流电压表（或电流表）的两个接线柱连接，形成闭合回路。

图 7-14　判定互感线圈同名端的方法

迅速闭合开关S，电流从线圈 1 的 A 端流入，并且电流随时间的增加而增大。如果此时电压表的指针向正刻度方向偏转，则线圈 1 的 A 端与线圈 2 的 C 端是同名端。反之，A 与 C 为异名端。

四、任务实施

任务实施器材准备：互感线圈（如中周变压器）、电源、连接线、电压表、万用表。

根据指导教师所给的互感线圈，先从互感线圈的绕向判断其同名端，然后用试验法判断其同名端，核对两次判断结果，并完成表 7-5。

表 7-5　互感线圈同名端的判断

编　号	线圈绕向	根据绕向判断的同名端	根据试验判断的同名端	结果对比
1				
2				
3				
4				
5				

五、任务评价

任务评价标准见表 7-6。

表 7-6　任务评价标准

<table>
<tr><th>任务名称</th><th colspan="5">评价标准</th><th>配分/分</th><th>扣　分</th></tr>
<tr><td>根据线圈绕向判断互感器的同名端</td><td colspan="5">互感器同名端判断有误，每个扣 10 分</td><td>50</td><td></td></tr>
<tr><td>用试验法判定互感器的同名端</td><td colspan="5">互感器同名端判断有误，每个扣 10 分</td><td>50</td><td></td></tr>
<tr><td>职业素养要求</td><td colspan="5">详见表 1-4</td><td></td><td></td></tr>
<tr><td>开始时间</td><td></td><td>结束时间</td><td></td><td>实际时间</td><td></td><td>成绩</td><td></td></tr>
<tr><td colspan="8">学生自评：
学生签名：　　年　月　日</td></tr>
<tr><td colspan="8">教师评语：
教师签名：　　年　月　日</td></tr>
</table>

六、收获总结

将本任务实施过程中的收获与问题总结填写在表 7-7 中。

表 7-7　收获与问题总结反馈表

<table>
<tr><th>序　号</th><th>我会做的</th><th>我学会的</th><th>我的疑问</th><th>解决办法</th></tr>
<tr><td>1</td><td></td><td></td><td></td><td></td></tr>
<tr><td>2</td><td></td><td></td><td></td><td></td></tr>
<tr><td>3</td><td></td><td></td><td></td><td></td></tr>
<tr><td>4</td><td></td><td></td><td></td><td></td></tr>
<tr><td>5</td><td></td><td></td><td></td><td></td></tr>
<tr><td colspan="5">存在的问题：</td></tr>
</table>

项目总结

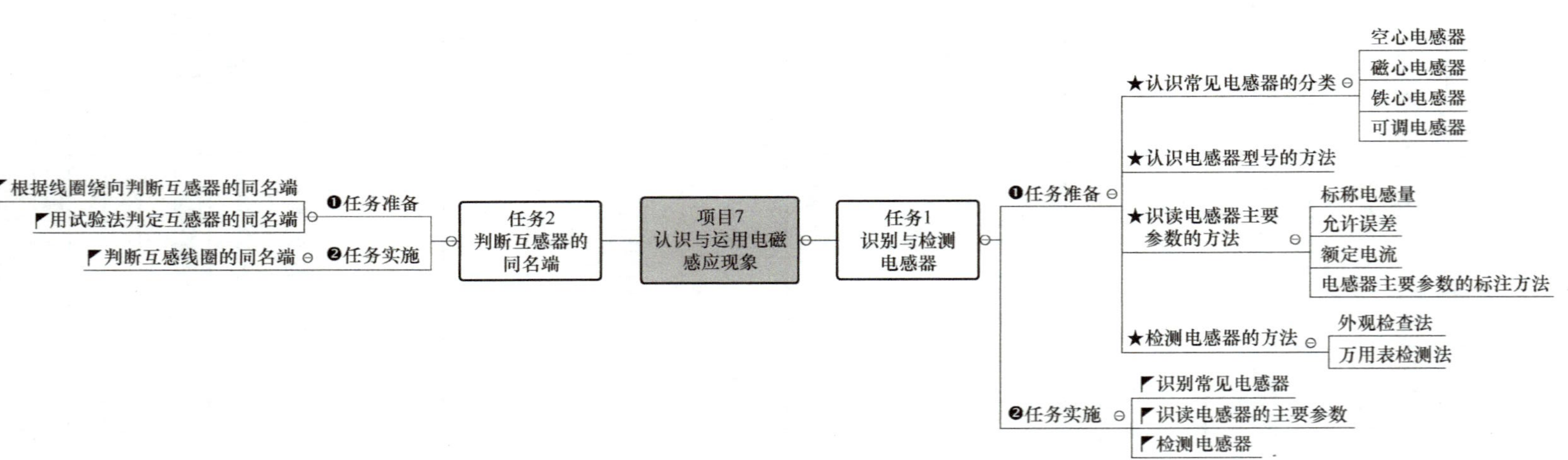
项目7
认识与运用电磁感应现象
任务1
识别与检测电感器
❶任务准备
★认识常见电感器的分类
空心电感器
磁心电感器
铁心电感器
可调电感器
★认识电感器型号的方法
★识读电感器主要参数的方法
标称电感量
允许误差
额定电流
电感器主要参数的标注方法
★检测电感器的方法
外观检查法
万用表检测法
❷任务实施
识别常见电感器
识读电感器的主要参数
检测电感器
任务2
判断互感器的同名端
❶任务准备
根据线圈绕向判断互感器的同名端
用试验法判定互感器的同名端
❷任务实施
判断互感线圈的同名端

项目评价

项目综合评价标准见表 7-8。

表 7-8　项目综合评价表

序号	评价项目	评价标准	配分/分	自评	组评
1	职业素养	穿戴符合要求	25		
		遵守安全操作规程，不发生安全事故			
		现场整洁干净，符合 7S 管理规范			
		遵守实训室规章制度			
		收集、整理技术资料并归档			
2	团队合作能力	有较强的集体意识和团队协作能力	15		
		积极参与小组活动，协作完成任务			
		共同交流和探讨，能正确评价自己和他人			
3	创新能力	有良好的创新思维，能做出合理的创新	5		
4	管理能力	有较强的自我管理意识与能力	5		
5	任务完成情况	识别与检测电感器	50		
		判断互感器的同名端			
合计			100		

教师总评：

思考与提升

1. 常见的电感器有哪些？你认识它们吗？你知道它们的用途吗？
2. 如何用试验法判断互感器的同名端？

项目 8 认识正弦交流电

项目导入

在现代工农业生产和日常生活中，广泛使用交流电。交流电是看不见摸不着的，我们应当如何用万用表、示波器、钳形电流表等仪器仪表来观察和测量交流电呢？

项目任务

本项目包括测量交流电压与电流、观测交流电的参数两个任务。

任务 1 测量交流电压与电流

一、任务目标

1）熟悉实训装置交流电源的配置情况。

2）能识别正弦交流电的表示方法。

3）会用万用表等仪表测量交流电压与电流。

4）了解钳形电流表等仪器仪表的使用方法。

5）养成遵守纪律、安全操作的意识，培养爱岗敬业、精益求精的工匠精神。

二、任务描述

交流电的应用非常广泛，那么交流电的电压与电流应当用什么仪器仪表来测量？应如何进行测量呢？

本任务是在认识交流电表示方法及了解电工实训室交流电源的基础上，正确选择仪器仪表来测量交流电压与电流等参数。

三、任务准备

（一）测量交流电压的方法

测量交流电压一般用交流电压表。在工程技术中，通常用万用表的交流电压挡来测量。测量之前应先选择合适的挡位与量程，对于单相、三相正弦工频交流电，一般可先将挡位与量程选择开关置于 500V 交流电压挡，然后根据被测值的大小逐渐减小量程，直到合适为止。图 8-1 所示为用万用表测量单相交流电插座电压示意图。

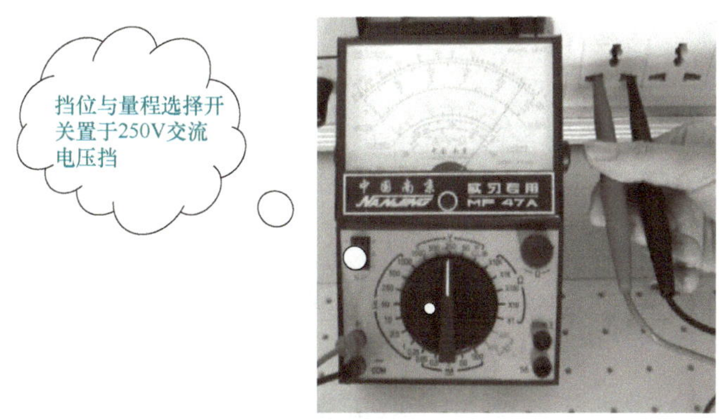

图 8-1　用万用表测量单相交流电插座电压示意图

【指点迷津】

在使用万用表测量交流电压时，不需要考虑万用表红、黑表笔的极性。测量过程中，若需要转换挡位与量程，必须将万用表表笔从测量电路中断开后才能转换。

（二）测量交流电流的方法

测量交流电流一般用交流电流表。在工程技术中，对于较小的电流，通常用万用表的交流电流挡进行测量；对于较大的电流，通常用钳形电流表进行测量。下面介绍如何用万用表测量交流电流。

先将万用表的挡位与量程选择开关置于“交流 A”挡，再将万用表两表笔串入被测电路中，读数即可。图 8-2 所示为测量照明电路中“40W”白炽灯的工作电流示意图。

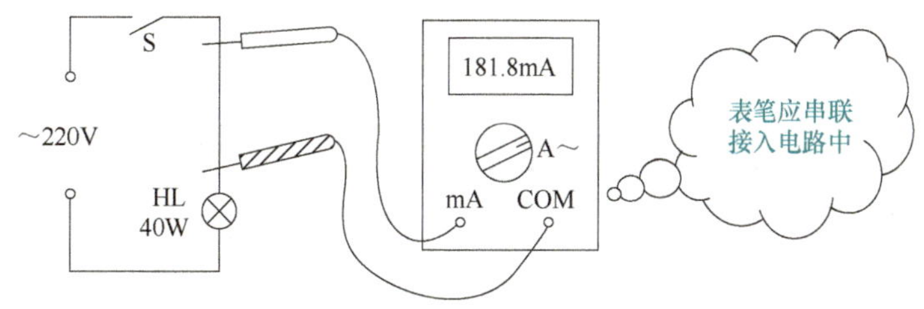

图 8-2　用万用表测量照明电路中白炽灯的工作电流示意图

【指点迷津】

在使用万用表测量交流电流时，不需要考虑万用表红、黑表笔的极性。但应特别注意安全用电。如图 8-2 所示的用万用表电流挡测量照明电路中白炽灯工作电流时，应先将万用表两表笔牢固地串联接入电路中，再接通电源，闭合开关 S。切不可在接通电源，闭合开关 S 的状态下，再接入万用表的表笔，以免发生触电危险。

四、任务实施

任务实施器材准备：低压验电器、万用表、钳形电流表，白炽灯照明电路板、电动机及控制装置。

（一）识别正弦交流电

1）在指导教师的指导下，通过观察实训装置，指出正弦交流电的表示方法、正弦交流电压的大小，填入表 8-1 中。

表 8-1　识别正弦交流电

正弦交流电的表示方法	字母表示		符号表示	
正弦交流电的大小	AC220V 含义		AC 3~24 V 含义	

2）在指导教师的指导下，通过观察实训装置，指出实训装置上的三相交流电源、单相交流电源及可调交流电源的配置情况，填入表 8-2 中。

表 8-2　实训装置交流电源的配置情况

序　号	交流电源的配置情况（单相、三相或可调）	输出电压/V	备　注
1			
2			
3			
4			

（二）测量交流电压

在指导教师的指导和监护下，用万用表测量三相交流电源中的线电压（两根相线之间的电压，一般为 380V 左右），测量单相交流电源的电压（即相线与中性线之间的电压，一般为 220V 左右），测量可调交流电源的电压值，将测量结果填入表 8-3 中。

表 8-3　用万用表测量交流电压记录表

序　号	交 流 电 压	电压测量结果/V
1	三相交流电源线电压：380V	
2	单相交流电源电压：220V	
3	可调交流电源电压：3V、6V、9V、12V、15V、18V、24V	

（三）测量交流电流

在指导教师的指导和监护下，用万用表测量交流电流。其方法是：先估算照明电路中“40W”白炽灯的工作电流，再选择万用表的挡位与量程。然后将万用表两表笔串联接入电路中，再接通电源，闭合开关 S，读出白炽灯的工作电流值。测量完毕，先断开开关 S 和电源，最后将万用表表笔从电路中断开。

（四）用验电器测试交流电

在指导教师的指导和监护下，用低压验电器测试实训装置上三孔插座中相线、中性线、接地线插孔，并把测试过程与现象填入表 8-4 中。

表 8-4　低压验电器测试交流电的过程与现象

测试过程	
测试现象	

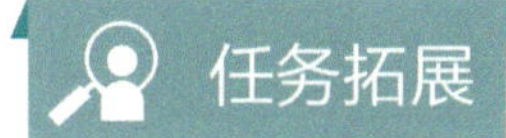

用钳形电流表测量交流电流

一、用钳形电流表测量交流电流的方法

在用万用表测量电路中的交流电流时，必须要断开电路，串联接入万用表才能测量，非常不方便，而且容易发生触电危险。在工程技术中，通常使用钳形电流表来测量电路中的交流电流。

钳形电流表是一种测量交流电流的仪表，其最大的特点是可以在不断开电路的情况下直接测量电路中的电流。图 8-3 所示为钳形电流表实物。

用钳形电流表测量交流电流的方法与步骤如下。

1）测量前，应先估算被测电流的大小，选择合适的量程。若无法估算，为防止损坏钳形电流表，应从最大量程开始测量，逐步变换挡位，直至量程合适。改变量程时，应将钳形电流表的钳口断开。

2）为减小误差，测量时，被测导线应尽量位于钳口的中央，如图 8-4 所示。

a) 指针式

b) 数字式

图 8-3　钳形电流表实物

图 8-4　用钳形电流表测量电流

3）测量时，钳形电流表的钳口应紧密接合，若指针抖晃，可重新开闭一次钳口，如果抖晃仍然存在，应仔细检查，注意清除钳口杂物、污垢，然后重新进行测量。

4）测量小电流时，为使读数更准确，在条件允许时，可将被测载流导线绕数圈后放入钳口进行测量。此时被测导线实际电流值应等于仪表读数值除以放入钳口的导线圈数。

5）测量结束，应将量程开关置于最高挡位，以防下次使用时疏忽，即未选准量程进行测量而损坏仪表。

二、用钳形电流表测量电动机的工作电流

在指导教师的指导和监护下，测量三相交流异步电动机的工作电流。其方法是：先根据电动机铭牌中的额定电流值选择钳形电流表的量程，再闭合电源开关，起动电动机，待电动机空载稳定运行后，用钳形电流表测量电动机某一相的电流。

五、任务评价

任务评价标准见表8-5。

表8-5 任务评价标准

任务名称	评价标准					配分/分	扣分
识别正弦交流电	1. 识别正弦交流电的符号、含义有误，扣3~5分 2. 识别实训装置交流电源配置情况有误，每项扣3~5分					20	
测量交流电压	1. 万用表挡位与量程选择开关选择有误，每次扣3~5分 2. 测量方法、测量结果不正确，每次扣3~5分					20	
测量交流电流	1. 万用表挡位与量程选择开关选择有误，扣3~5分 2. 测量方法、测量结果不正确，扣3~5分					20	
用验电器测试交流电	1. 验电器使用前不检查，扣5分 2. 验电器测试交流电结果有误，扣3~5分					20	
用钳形电流表测量交流电流	1. 钳形电流挡位与量程选择开关选择有误，扣3~5分 2. 测量方法、测量结果不正确，扣3~5分					20	
职业素养要求	详见表1-4						
开始时间		结束时间		实际时间		成绩	
学生自评： 学生签名：　　年　月　日							
教师评语： 教师签名：　　年　月　日							

六、收获总结

将本任务实施过程中的收获与问题总结填写在表8-6中。

表 8-6　收获与问题总结反馈表

序　号	我会做的	我学会的	我的疑问	解决办法
1				
2				
3				
4				
5				
存在的问题：				

任务 2　观测交流电的参数

一、任务目标

1）熟悉函数信号发生器、示波器、毫伏表的结构、功能及使用方法。

2）会识读函数信号发生器、示波器、毫伏表使用说明书。

3）能正确使用函数信号发生器。

4）能用示波器观测正弦交流电电压的幅值、周期、频率、相位，并能正确读数。

5）能正确使用毫伏表测量交流电的有效值。

6）养成遵守纪律、安全操作的意识，培养爱岗敬业、精益求精的工匠精神。

二、任务描述

在实训实验中，我们经常会用到正弦波信号、方波信号、三角波信号；有时还需要观察电路中关键点的波形，以便读取信号的幅值、周期、频率、相位等参数。这些信号可以由函数信号发生器来提供，而观测交流电参数的仪器可用示波器、毫伏表等。

本任务是在熟悉函数信号发生器、示波器、毫伏表的结构、功能与使用方法的基础上，正确使用函数信号发生器输出规定参数的信号，用示波器观测正弦交流电的参数，用毫伏表测量交流信号的有效值。

三、任务准备

（一）函数信号发生器的功能、结构及使用方法

函数信号发生器是一种信号源，可按需要输出正弦波、方波、三角波等多种信号波形，输出电压最大可达 $20V_{P\text{-}P}$。函数信号发生器的输出信号频率可通过频段选择开关进行调节，输出电压可通过信号幅值调节旋钮进行调节。

1. 函数信号发生器的功能与结构

图 8-5 所示为胜利 VC2002 型函数信号发生器，它主要由频段选择按钮、波形选择按钮、信号幅值调节旋钮、频率调节旋钮、频率显示窗口与幅值显示窗口等组成。它可以连

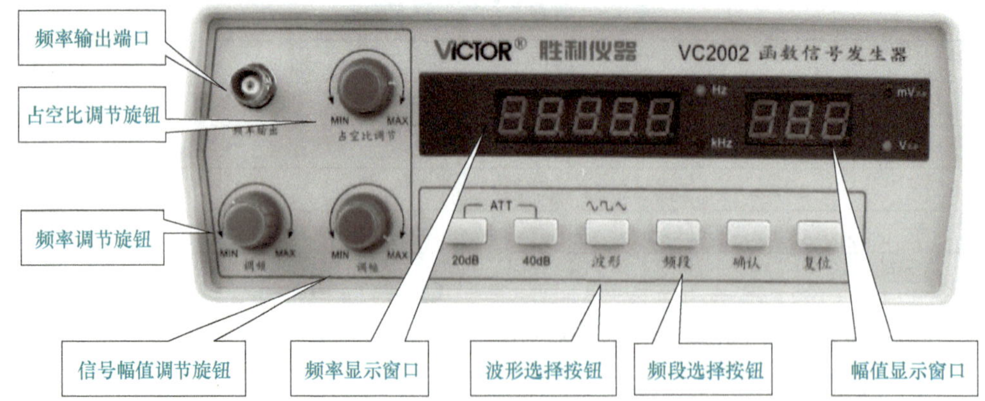

图 8-5 胜利 VC2002 型函数信号发生器

续输出正弦波、方波、锯齿波和三角波 4 种函数信号。4 种函数信号的频率和幅值均可连续调节。

1）频率输出端口：是函数信号的输出端口，输出信号的最大幅值为 $20V_{P\text{-}P}$（1MΩ 负载）。

2）占空比调节旋钮：函数波形占空比调节旋钮，调节范围为 20%～80%。

3）频率显示窗口：数值由前 5 位 LED 数码管显示，单位为“Hz”或“kHz”，分别由两个发光二极管显示。

4）幅值显示窗口：数值由后 3 位 LED 数码管显示，单位为“$V_{P\text{-}P}$”或“$mV_{P\text{-}P}$”，分别由两个发光二极管显示。

5）频率调节旋钮：是调节输出信号频率的旋钮，可对每挡频段内的频率进行微调。

6）信号幅值调节旋钮：是调节输出信号幅值的旋钮，调节范围为 0～20dB。

7）20dB 衰减按钮：按下此按钮，信号被衰减 20dB 之后再输出。

8）40dB 衰减按钮：按下此按钮，信号被衰减 40dB 之后再输出。

9）波形选择按钮：按下此按钮，可由 5 位 LED 的最高位数码 1～3 循环显示，即“1”为正弦波，“2”为方波，“3”为三角波。

10）频段选择按钮：由 5 位 LED 的最后一位数码管 1～7 循环显示“1”“2”“3”“4”“5”“6”“7”7 个频段。

11）确认按钮：当其他按钮已置位后可按此按钮，仪器即可开始运行，并显示函数信号的频率和幅值。

12）复位按钮：当仪器出现显示错误或死机等现象时，按此按钮，仪器复位并重新开始工作。

2. 函数信号发生器的使用方法

使用前应先检查电源电压，确认后再将电源转换开关旋转到相对应位置（110V 或 220V），方可将电源线插头插入函数信号发生器后面板电源插座内。

1）开机：插入 110V/220V 交流电源线后，按下船形开关，整机开始工作。

2）按频段选择按钮，选择合适的频段挡位。在按此按钮时，频率显示窗口 5 位 LED 数码管的后 1 位循环显示 1~7 个挡位号。

3）按波形选择按钮，5 位 LED 窗口第 1 位从 1~3 循环显示："1" 表示正弦波、"2" 表示方波、"3" 表示三角波。

4）按确认按钮，仪器按设置状态工作，并同时在频率和幅度显示 窗口上显示输出函数信号的频率及幅值。

5）根据需要调节频率调节按钮和信号幅度调节旋钮，使输出的函数信号频率和幅值均满足需要，并用附带测试电缆接于该仪器输出端输出信号。

（二）示波器的功能、结构及使用方法

示波器是一种用途很广的电子测量仪器，它既能直接显示电信号的波形，又能对电信号进行各种参数的测量。

1. 示波器的功能与结构

图 8-6 所示为 GOS-620 双踪示波器实物，它主要由左边的显示屏和右边的操作面板两部分组成。在显示屏的下方主要有电源开关、电源指示灯、亮度调节旋钮、聚焦调节旋钮、校正信号输出转换开关等。

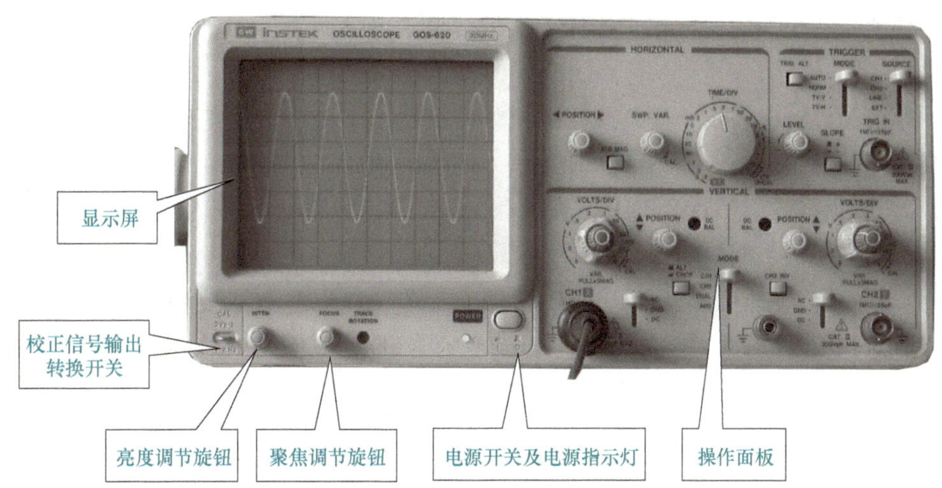

图 8-6　GOS-620 双踪示波器实物

操作面板主要控制件位置如图 8-7 所示。

1）稳定度调节（LEVEL）旋钮：用于调节信号波形的稳定度。

2）水平位移（POSITION）旋钮、垂直位移（POSITION）旋钮：用来调整被测波形在显示屏的左右和上下位置。

3）通道选择（MODE）开关：当选择通道 CH1 时，屏幕上仅显示 CH1 通道信号波形；当选择通道 CH2 时，屏幕上仅显示 CH2 通道信号波形；当选择双踪（DVAL）时，同时按下 CH1 和 CH2 按钮，屏幕上会显示双踪并自动以断续或交替方式同时显示 CH1 和 CH2 信号波形；当选择叠加（ADD）时，显示 CH1 和 CH2 输入电压的代数和。

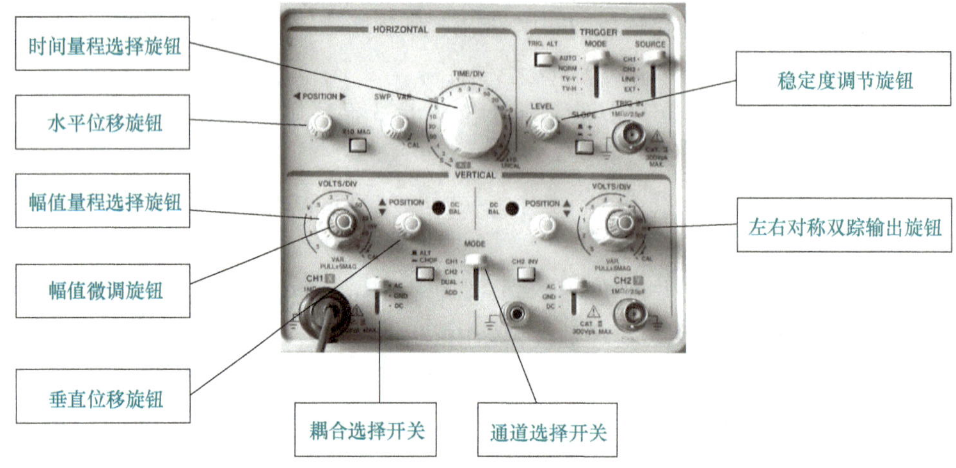

图 8-7　GOS-620 双踪示波器操作面板

4）耦合选择（AC-GND-DC）开关：选择垂直放大器的耦合方式。选择交流（AC）是指垂直输入端由电容器耦合；选择接地（GND）是指放大器的输入端接地；选择直流（DC）是指垂直放大器输入端与信号直接耦合。

5）幅值量程选择旋钮：用于选择垂直偏转灵敏度的调节。调节旋钮可改变显示屏中纵向每格所占的值。

6）幅值微调旋钮：用于连续改变电压偏转灵敏度。此旋钮在正常情况下应位于顺时针方向旋转到底的位置。

7）时间量程选择（TIME/DIV）旋钮：在 0.1~0.2 μs/div 范围内选择扫描速率。

2. 示波器的使用方法

（1）单一通道基本操作法　以 CH1 为例介绍单一通道的基本操作法。CH2 通道的操作方法是相同的，仅需注意要改为设定 CH2 栏的旋钮及按钮组。

插上电源插头之前，按表 8-7 所示的顺序设定各旋钮及按钮。

表 8-7　旋钮与按钮的设定

项　目	设　定	项　目	设　定
POWER	OFF 状态	AC-GND-DC	GND
INTEN	中央位置	SOURCE	CH1
FOCUS	中央位置	SLOPE	凸起（+斜率）
VERT MODE	CH1	TRIG. ALT	凸起
ALT/CHOP	凸起（ALT）	TRIGGER MODE	AUTO
CH2 INV	凸起	TIME/DIV	0.5ms/DIV
POSITION ⬍	中央位置	SWP. VAR	顺时针到底 CAL 位置
VOLTS/DIV	0.5V/DIV	◀ POSITION ▶	中央位置
VARIABLE	顺时针转到底 CAL 位置	×10 MAG	凸起

设置完成后，插上电源插头，按以下步骤进行操作：

1）按下电源开关，并确认电源指示灯是否亮起。约 20s 后 CRT 显示屏上应会出现一条轨迹，若在 60s 之后仍未有轨迹出现，请检查相关旋钮与按钮设定是否正确。

2）转动 INTEN 旋钮及 FOCUS 旋钮，以调整出适当的轨迹亮度及聚焦。

3）调整 CH1 POSITION 旋钮及 TRACE ROTATION，使轨迹与中央水平刻度线平行。

4）将探棒连接至 CH1 输入端，并将探棒接上 $2V_{P\text{-}P}$ 校准信号端子。

5）将 AC-GND-DC 开关置于 AC 位置，CRT 上会显示如图 8-8 所示的波形。

6）调整 FOCUS 按钮，使轨迹更清晰。

7）欲观察细微部分，可调整 VOLTS/DIV 旋钮及 TIME/DIV 旋钮，以显示更清晰的波形。

8）调整 ⬍ POSITION 旋钮及 ◀ POSITION ▶ 旋钮，以使波形与刻度线齐平，并使电压值（$V_{P\text{-}P}$）及周期（T）易于读取。

（2）双通道操作法　双通道操作法与单通道操作法步骤大致相同，仅需按照下列说明略做修改：

1）将 VERT MODE 开关置于 DUAL 位置。此时，显示屏上应有两条扫描线，CH1 的轨迹为校准信号的方波；CH2 则因尚未连接信号，轨迹呈一条直线。

2）将探棒连接至 CH2 输入端，并将探棒接上 $2V_{P\text{-}P}$ 校准信号端子。

3）将 AC-GND-DC 开关置于 AC 位置，调整 ⬍ POSITION 旋钮，显示两条波形如图 8-9 所示。

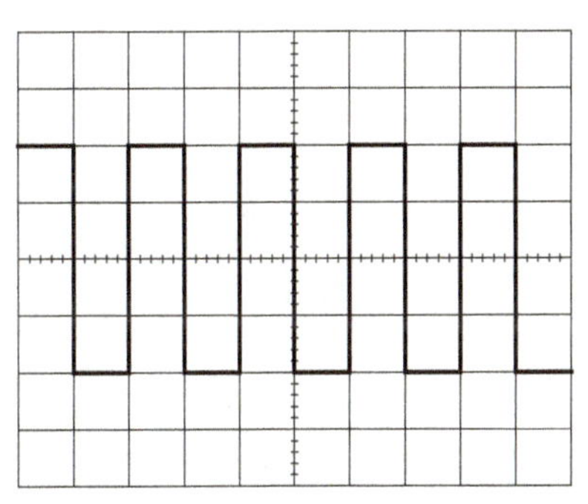

图 8-8　CRT 显示的单通道波形

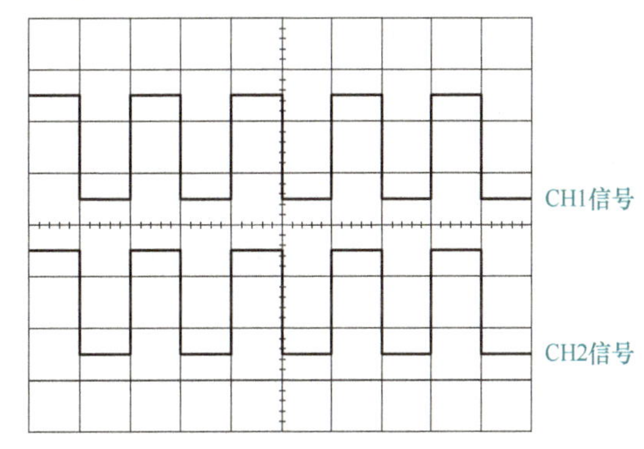

图 8-9　CRT 显示的双通道波形

当 ALT/CHOP 按钮凸起时（ALT 模式），CH1 与 CH2 的输入信号将以交替扫描方式轮流显示，一般使用于较快速之水平扫描文件位；当 ALT/CHOP 按钮按下时（CHOP 模式），CH1 与 CH2 的输入信号将以大约 250kHz 斩切方式显示在屏幕上，一般使用于较慢速之水平扫描文件位。

在双通道（DUAL 或 ADD）模式中操作时，SOURCE 选择器必须拨向 CH1 或 CH2 位置，选择其一作为触发源。若 CH1 及 CH2 的信号同步，二者的波形皆是稳定的；若不同步，则仅由选择器所设定触发源的波形会稳定，此时，若按下 TRIG. ALT 按钮，两种波形皆会同步稳定显示。

注意：请勿在 CHOP 模式时按下 TRIG. ALT 按钮，因为 TRIG. ALT 功能仅适用于 ALT 模式。

（3）探棒校正　探棒可进行极大范围的衰减，因此，若没有适当的相位补偿，所显示的波形可能会失真而造成测量错误。在使用探棒之前，可参考图 8-10，并依照下列步骤做好补偿：

1）将探棒的 BNC 连接至示波器上 CH1 或 CH2 的输入端。（探棒上的开关置于×10 位置）

2）将 VOLTS/DIV 旋钮旋转至 50mV 位置。

3）将探棒连接至校正电压输出端 CAL。

4）调整探棒上的补偿螺钉，直到 CRT 出现最佳、最平坦的方波为止。

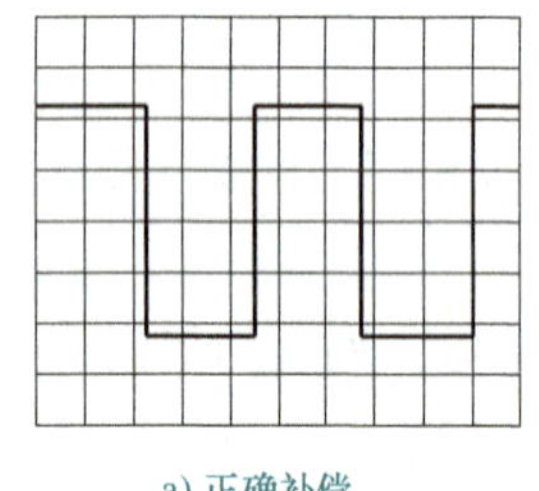

a) 正确补偿

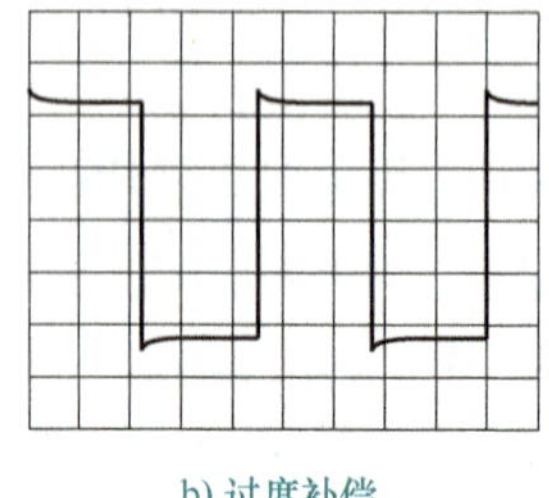

b) 过度补偿

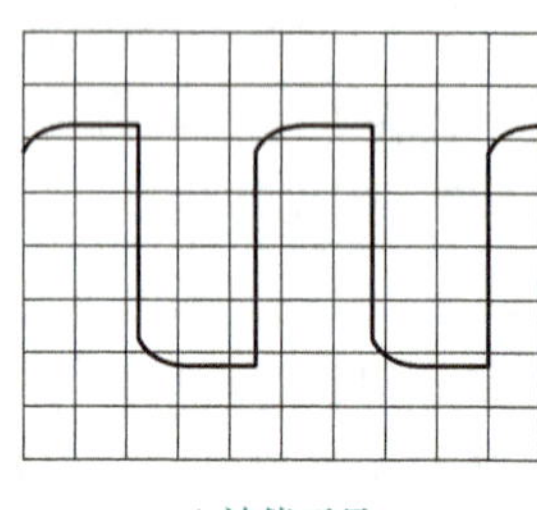

c) 补偿不足

图 8-10　探棒的校正

（三）交流毫伏表的使用方法

交流毫伏表用来在其工作频率范围之内测量正弦交流电压的有效值。一般使用交流毫伏表来测量纹波电压，因为交流毫伏表只对交流电压响应，并且灵敏度较高，可测量很小的交流电压。

图 8-11 所示为 DF1931A 型交流毫伏表实物，该数字式交流毫伏表的特点是测量范围宽，可测量电压在 500V 以下，最大分辨率为 0. 01mV，且可以实现量程的自动转换，操作简单，使用方便。

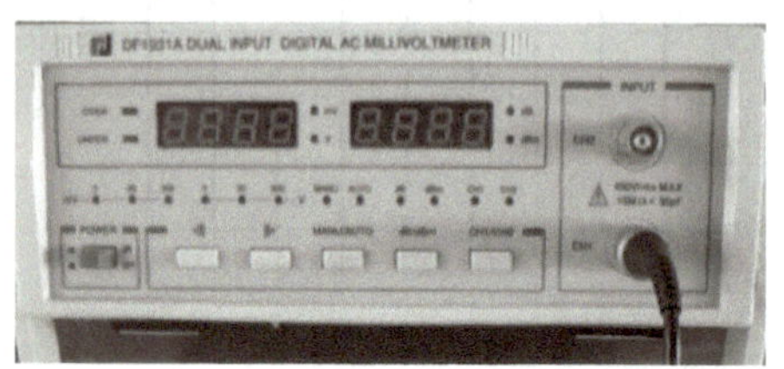

图 8-11　DF1931A 型交流毫伏表实物

四、任务实施

任务实施准备：示波器、函数信号发生器、交流毫伏表。

（一）认识和使用函数信号发生器

1. 学习函数信号发生器的使用方法

根据指导教师提供的函数信号发生器使用说明书，认识函数信号发生器各按钮、旋钮等功能。根据使用说明书，模拟练习某频率、幅值的某种波形输出（由指导教师指定）操作方法。

2. 输出规定参数的信号

根据指导教师的要求，接通函数信号发生器的电源，选择波形输出，调节输出信号的频率和幅值。例如，要求输出正弦波，正弦波信号的频率和幅值达到 1kHz、3V。

（二）认识和使用示波器

1. 学习示波器的使用方法

根据指导教师提供的示波器使用说明书，认识示波器各按钮、旋钮等功能。根据使用说明书，模拟练习单通道、双通道观测信号波形的操作方法。

2. 观测正弦交流电压的波形、幅值、周期等参数

以观测“1kHz、3V”正弦波交流电压为例，其操作方法与步骤如下：

1）选择信号源。选择函数信号发生器，输出一个“1kHz、3V”正弦波交流电压信号。

2）示波器预热。接通示波器电源，调整示波器扫描光迹。将耦合选择开关置于“GND”位置，调整扫描光迹使其显示屏中心处出现一条稳定的亮线。

3）示波器校正。利用示波器自带的校正信号“$2V_{P\text{-}P}$ 1kHz”的方波信号通过“CH1”通道输入，并进行校正。

4）输入被测信号。将函数信号发生器输出的正弦信号通过“CH1”通道输入，通过调整幅值量程选择旋钮与时间量程选择旋钮等使被测信号波形在显示屏上显示1~2个周期的稳定波形。

5）正确读数。观测所测正弦交流电的峰-峰值、最大值、有效值、周期和频率，并填入表8-8中。

表8-8 观测并记录正弦交流电主要参数

测量项目	V/div	峰-峰值（格数）	峰-峰值（$V_{p\text{-}p}$）	最大值/V	有效值/V	T/div	波形1个周期格数	周期T/s	频率f/Hz
频率为1kHz，最大值为3V正弦交流信号									
频率50Hz，最大值为8V方波信号									

6）通过调整函数信号发生器，输出频率为50Hz、最大值为8V的方波信号，重复上述4）、5）步骤，并把观测和计算结果填入表8-8中。

（三）认识和使用毫伏表

1. 学习毫伏表的使用方法

根据指导教师提供的毫伏表使用说明书，认识毫伏表器各按钮、旋钮等功能。根据使用说明书模拟练习毫伏表测量交流信号有效值的操作方法。

2. 测量交流信号的有效值

以测量“1MHz、6V”正弦交流信号的有效值为例，其操作方法与步骤如下：

1）调整函数信号发生器输出的正弦交流信号频率和幅值。

2）接通毫伏表电源，使其处于测试状态。

3）将函数信号发生器输出的交流信号输入到毫伏表的输入端。

4）正确读数，并将测得值填入表8-9中。

5）将函数信号发生器输出的正弦波频率和幅值调节为 1kHz、5V，1.5kHz、4V，重复上述测试过程，并将测得值填入表 8-9 中。

表 8-9 用毫伏表测量交流信号有效值记录

函数信号发生器输出信号	毫伏表读数	有 效 值
1MHz、6V（最大值）		
1kHz、5V（最大值）		
1.5kHz、4V（最大值）		

五、任务评价

任务评价标准见表 8-10。

表 8-10 任务评价标准

任务名称	评价标准					配分/分	扣 分
认识和使用函数信号发生器	1. 各按钮、旋钮功能使用说明有误，每个扣 3 分 2. 函数信号发生器使用不熟练，扣 5~8 分 3. 输出规定参数的信号有误，扣 5~8 分					30	
认识和使用示波器	1. 各按钮、旋钮功能使用说明有误，每个扣 3 分 2. 示波器使用不熟练，扣 5~8 分 3. 观测正弦交流电压的波形、幅值、周期等参数有误，每项扣 3~5 分					50	
认识和使用毫伏表	1. 各按钮、旋钮功能使用说明有误，每个扣 3 分 2. 毫伏表使用不熟练，扣 5~8 分 3. 测量交流信号有效值有误，每次扣 3~5 分					20	
职业素养要求	详见表 1-4						
开始时间		结束时间		实际时间		成绩	
学生自评： 学生签名：　　年　月　日							
教师评语： 教师签名：　　年　月　日							

六、收获总结

将本任务实施过程中的收获与问题总结填写在表 8-11 中。

表 8-11 收获与问题总结反馈表

序 号	我会做的	我学会的	我的疑问	解决办法
1				
2				
3				
4				
5				
存在的问题：				

项目总结

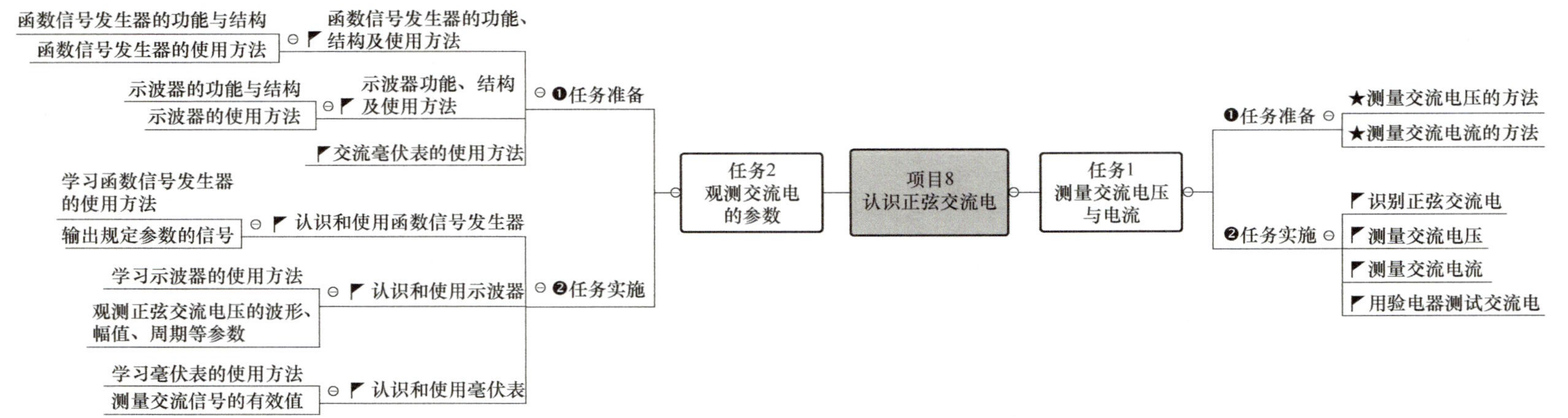
项目8
认识正弦交流电
任务1
测量交流电压
与电流
❶任务准备
★测量交流电压的方法
★测量交流电流的方法
❷任务实施
识别正弦交流电
测量交流电压
测量交流电流
用验电器测试交流电
任务2
观测交流电
的参数
❶任务准备
函数信号发生器的功能、
结构及使用方法
函数信号发生器的功能与结构
函数信号发生器的使用方法
示波器功能、结构
及使用方法
示波器的功能与结构
示波器的使用方法
交流毫伏表的使用方法
❷任务实施
认识和使用函数信号发生器
学习函数信号发生器
的使用方法
输出规定参数的信号
认识和使用示波器
学习示波器的使用方法
观测正弦交流电压的波形、
幅值、周期等参数
认识和使用毫伏表
学习毫伏表的使用方法
测量交流信号的有效值

项目评价

项目综合评价标准见表 8-12。

表 8-12 项目综合评价表

序 号	评价项目	评价标准	配分/分	自 评	组 评
1	职业素养	穿戴符合要求	25		
		遵守安全操作规程，不发生安全事故			
		现场整洁干净，符合 7S 管理规范			
		遵守实训室规章制度			
		收集、整理技术资料并归档			
2	团队合作能力	有较强的集体意识和团队协作能力	15		
		积极参与小组活动，协作完成任务			
		共同交流和探讨，能正确评价自己和他人			
3	创新能力	有良好的创新思维，能做出合理的创新	5		
4	管理能力	有较强的自我管理意识与能力	5		
5	任务完成情况	测量交流电压与电流	50		
		观测交流电的参数			
合 计			100		

教师总评：

思考与提升

1. 在使用万用表测量交流电压、电流时，有哪些注意事项？
2. 使用函数信号发生器、示波器、毫伏表时，有哪些注意事项？
3. 如何用示波器观测“220V 50Hz”的工频交流电？

项目 9 安装与测试正弦交流电路

项目导入

在日常生活和生产中，用得最多的是交流电。能够正确安装与测试荧光灯电路、照明配电板等，是电气技术人员的基本技能。我们应当如何规范、正确地安装荧光灯电路、照明配电板呢？

项目任务

本项目包括安装与测试纯电阻交流电路、安装与测试纯电感交流电路、安装与测试纯电容交流电路、安装与测试荧光灯电路、安装照明配电板 5 个任务。

任务 1　安装与测试纯电阻交流电路

一、任务目标

1）会正确安装纯电阻交流电路。

2）会用万用表、示波器等仪器仪表观测纯电阻交流电路中的电压、电流值及波形。

3）会分析纯电阻交流电路电压与电流的关系。

4）养成遵守纪律、安全操作的意识，培养爱岗敬业、精益求精的工匠精神。

二、任务描述

本任务要求根据给定的电阻器、交流电源、开关、导线等器材，按电路图安装纯电阻交流电路，用万用表、示波器等仪器仪表观测电路中的电压、电流值及波形，并分析纯电阻交流电路电压与电流的关系。

三、任务准备

1. 纯电阻交流电路

图 9-1 所示为纯电阻交流电路原理图和实物接线图，单相交流电源经断路器 QF 输入变压器 T，输出 12V 单相交流电压给电阻 R 供电，在电阻 R 两端并联交流电压表，在电路中串联交流电流表，两表分别用于测量电阻 R 两端的电压 U 和流过电阻 R 的电流 I。

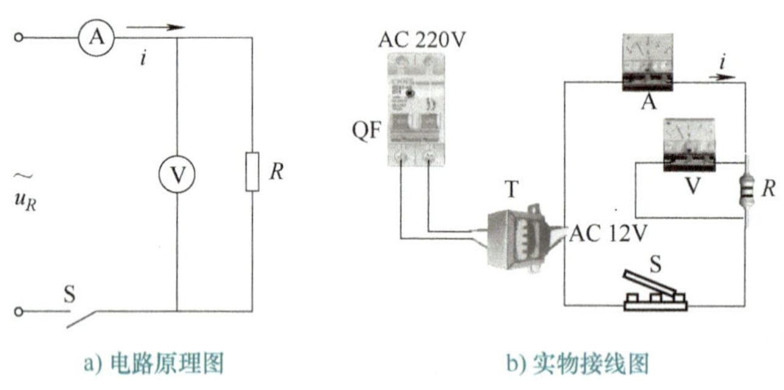

a) 电路原理图　　b) 实物接线图

图 9-1　纯电阻交流电路

2. 纯电阻交流电路的电压与电流

纯电阻交流电路的电流与电压有效值、最大值、瞬时值符合欧姆定律。

四、任务实施

任务实施准备：断路器、变压器、交流电压表、交流电流表、电阻、开关和导线。

1. 安装纯电阻交流电路

用万用表检测电阻 R 的阻值，将测量结果填入表 9-1 中。根据图 9-1 所示的电路原理图和实物接线图安装纯电阻交流电路，在安装过程中要注意电压表、电流表和电路连接的正确性。安装完成后，需对所安装的电路进行自检并由指导教师检查。

2. 测量纯电阻交流电路的电压与电流值

所安装的纯电阻交流电路经检查合格后，闭合电源开关 S，用交流电压表和交流电流表分别测量电阻 R 两端的电压和流过电阻 R 的电流，将测量结果填入表 9-1 中。

表 9-1　纯电阻交流电路测量记录表 1

测 量 电 量	电阻 R/Ω	电压 U_R/V	电流 I/A
数据			

3. 观测纯电阻交流电路中电压与电流的波形

利用示波器观察纯电阻交流电路中电阻 R 两端的电压与流过电阻 R 的电流波形，读取电压与电流的有效值、最大值和某一时刻的瞬时值，将测量结果填入表 9-2 中。

4. 分析纯电阻交流电路中电压与电流的关系

分析纯电阻交流电路中电压与电流的有效值、最大值和瞬时值是否符合欧姆定律，电压与电流的相位关系，将分析结果填入表 9-2 中。

表 9-2　纯电阻交流电路测量记录表 2

测量及结果分析	最 大 值	有 效 值	瞬 时 值
电压			
电流			
电压与电流有效值关系			
电压与电流最大值关系			
电压与电流瞬时值关系			
电压与电流相位关系			

任务拓展

安装两只单联开关分别控制两盏灯电路

图 9-2 所示为两只单联开关分别控制两盏灯的电路原理图。

两只单联开关分别控制两盏灯的电路安装步骤和方法如下：

1）将电源中性线（N）分别与两只灯座中与螺口相连接的接线柱连接，如图 9-3 所示。

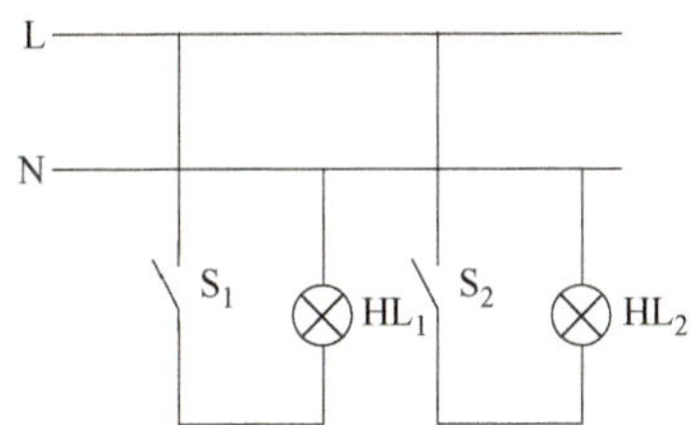

图 9-2　两只单联开关分别控制两盏灯的电路原理图

图 9-3　连接电源中性线（N）与灯座螺口相连接的接线柱示意图

2）将两只灯座中与中间接触片相连接的接线柱分别与开关 S_1、S_2 连接，如图 9-4 所示。

3）将开关 S_1、S_2 的另一端共同与电源相线（L）出线端相连接，如图 9-5 所示。

图 9-4　与灯座中间接触片相连接的接线柱与开关 S_1、S_2 连接示意图

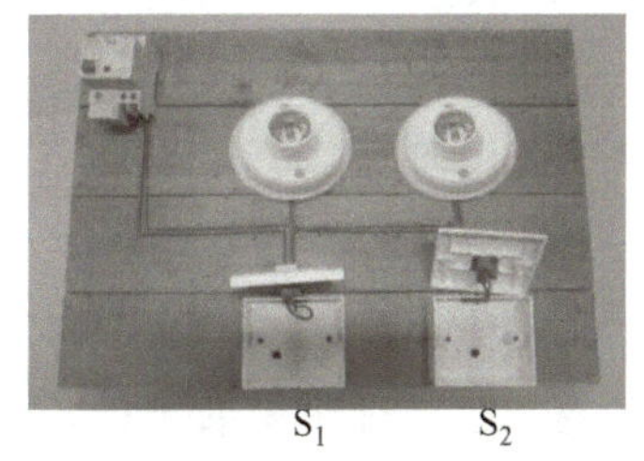

图 9-5　开关 S_1、S_2 的另一端共同与电源相线连接示意图

4）装上灯，闭合开关 S_1 或 S_2，用万用表检测断路器 QF 的 L、N 出线端间电阻值，若测得值为灯 HL_1、HL_2 的电阻值，说明安装正确。

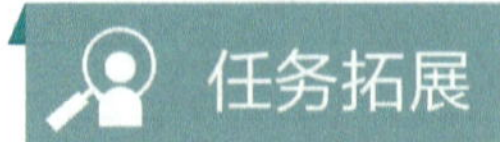

任务拓展

安装双联开关控制一盏灯电路

图 9-6 所示为双联开关控制一盏灯电路原理图与实物接线图。

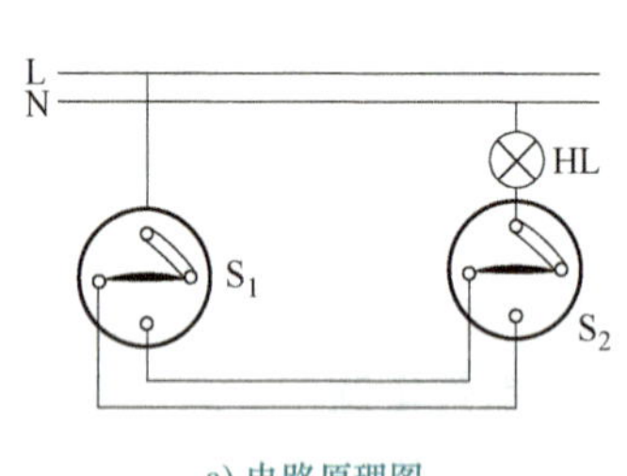

a) 电路原理图

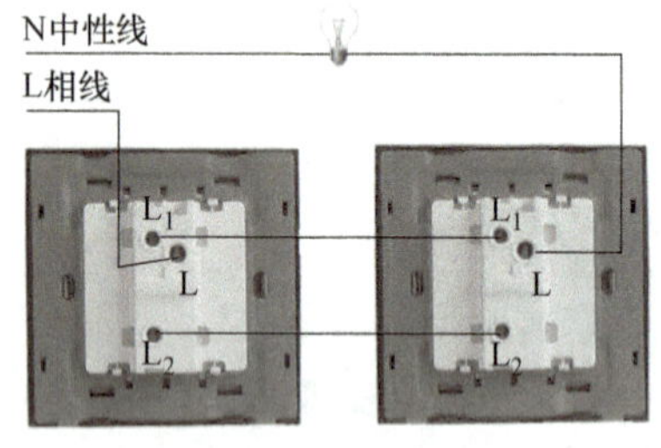

b) 实物接线图

图 9-6 双联开关控制一盏灯电路原理图及实物接线图

双联开关控制一盏灯电路的安装步骤和方法如下：

1）将电源中性线（N）接到灯座中与螺口相连的接线柱上，如图 9-7 所示。

2）将灯座中与中间接触片相连的接线柱与一只开关的 L 端接线柱连接，如图 9-8 所示。

图 9-7 连接电源中性线（N）与灯座螺口相连接的接线柱示意图

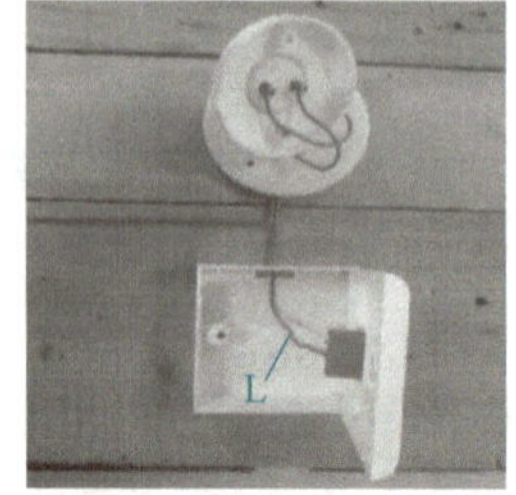

图 9-8 与灯座中间接触片相连接的接线柱与一只开关的 L 端接线柱连接示意图

3）将两只开关之间的 L_1、L_2 接线柱分别相连接，如图 9-9 所示。

4）将另一只开关的 L 接线柱与电源相线（L）相连接，如图 9-10 所示。

5）装上灯，闭合开关 S_1 或 S_2，用万用表检测断路器 QF 的 L、N 出线端间电阻值，若测得灯 HL 的电阻值，说明安装正确。

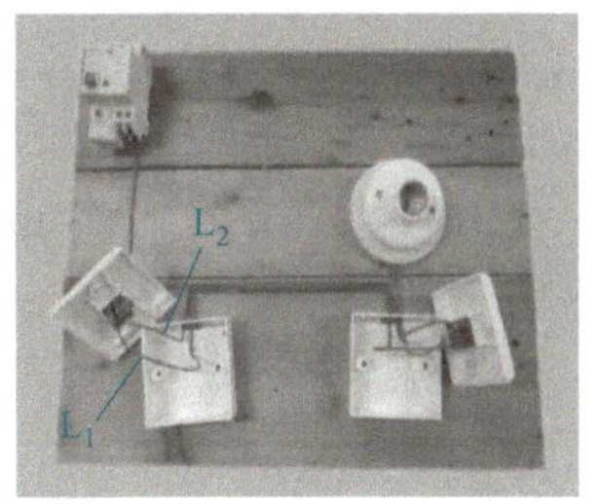

图 9-9　两只开关之间的接线柱相连接示意图

图 9-10　另一只开关接线柱与电源相线（L）相连接示意图

【指点迷津】

螺口灯座的接线方式

安装螺口灯座时要注意接线方式，相线必须接在与灯座中间接触片连接的接线柱上；中性线必须接在与螺口连接的接线柱上，如图 9-11 所示。若螺口灯座接线错误，则灯座螺口上就有可能带电，人体触及就会发生触电危险。同时，接线时要注意分清相线与中性线，开关一定要控制相线，以防换灯时引起触电事故。

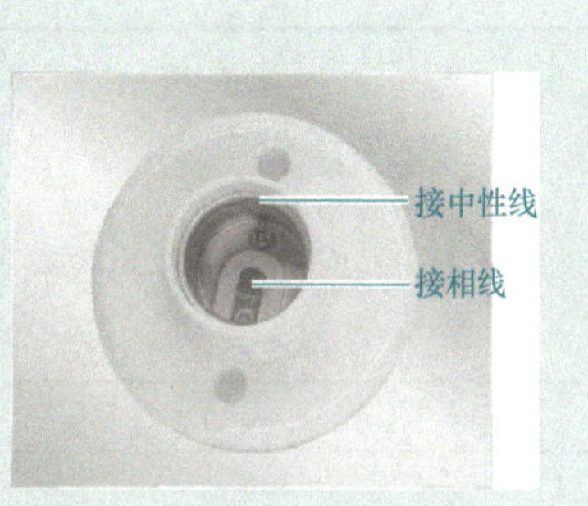

图 9-11　螺口灯座的接线方式

五、任务评价

任务评价标准见表 9-3。

表 9-3　任务评价标准

任务名称	评价标准	配分/分	扣　分
安装纯电阻交流电路	1. 安装电路元器件选择有误，每个扣 2 分 2. 电路安装有误，扣 3~5 分 3. 没有检查电路，扣 5 分	15	
测量纯电阻交流电路的电压与电流值	电压表和电流表读数有误，扣 2~3 分	5	
观测纯电阻交流电路中电压与电流的波形	1. 示波器使用不熟练，扣 2~3 分 2. 观测电压与电流的波形有误，扣 1~3 分 3. 观测电压与电流的幅值、有效值、周期、频率等参数有误，每个参数扣 2~3 分	30	

（续）

任务名称	评价标准					配分/分	扣分
分析纯电阻交流电路中电压与电流的关系	分析电压与电流的关系有误，每个扣3分					10	
安装两只单联开关分别控制两盏灯电路	1. 电路安装不规范，扣5~15分 2. 电路安装不正确，扣5~20分					20	
安装双联开关控制一盏灯电路	1. 电路安装不规范，扣5~15分 2. 电路安装不正确，扣5~20分					20	
职业素养要求	详见表1-4						
开始时间		结束时间		实际时间		成绩	
学生自评： 学生签名：　　年　月　日							
教师评语： 教师签名：　　年　月　日							

六、收获总结

将本任务实施过程中的收获与问题总结填写在表9-4中。

表9-4　收获与问题总结反馈表

序号	我会做的	我学会的	我的疑问	解决办法
1				
2				
3				
4				
5				
存在的问题：				

任务2　安装与测试纯电感交流电路

一、任务目标

1）会正确安装纯电感交流电路。

2）会用万用表、示波器等仪器仪表观测纯电感交流电路中的电压、电流值及波形。

3）会分析纯电感交流电路电压与电流的关系。

4）养成遵守纪律、安全操作的意识，培养爱岗敬业、精益求精的工匠精神。

二、任务描述

本任务要求根据给定的电感器、交流电源、开关、导线等器材，按电路图安装纯电感交流电路，用万用表、示波器等仪器仪表观测电路中的电压、电流值及波形，并分析纯电感交流电路电压与电流的关系。

三、任务准备

1. 纯电感交流电路

图 9-12 所示为纯电感交流电路原理图和实物接线图，单相交流电源经断路器 QF 输入变压器，输出 12V 单相交流电给电感器 L 供电，在电感器 L 两端并联交流电压表，在电路中串联交流电流表，两表分别用于测量电感器 L 两端的电压 U 和流过电感器 L 的电流 I。

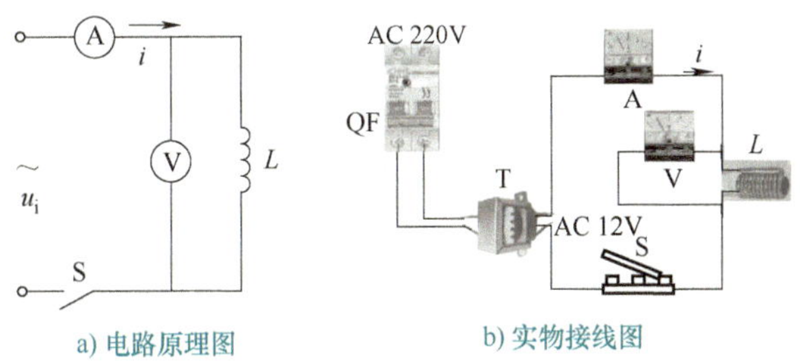

图 9-12　纯电感交流电路原理图及实物接线图

2. 纯电感交流电路的电压与电流

纯电感交流电路的电流与电压有效值、最大值符合欧姆定律，但瞬时值不符合欧姆定律。纯电感交流电路的电流与电压的相位关系是电压超前电流 90°。

四、任务实施

任务实施准备：断路器、变压器、交流电压表、交流电流表、电感器、开关和导线。

1. 安装纯电感交流电路

根据图 9-12 所示的电路原理图和实物接线图安装纯电感交流电路，在安装过程中要注意电压表、电流表和电路连接的正确性。安装完成后，需对所安装的电路进行自检并由指导教师检查。

2. 测量纯电感交流电路的电压与电流值

所安装的纯电感交流电路合格后，闭合电源开关 S，用交流电压表和交流电流表分别测量电感器 L 两端的电压和流过电感器 L 的电流，将测量结果填入表 9-5 中。

表 9-5　纯电感交流电路测量记录表 1

测 量 电 量	电压 U_L/V	电流 I/A
数据		

3. 观测纯电感交流电路中电压与电流的波形

利用示波器观察纯电感交流电路中电感器 L 两端的电压与流过电感器 L 的电流波形，读取电压与电流的有效值、最大值和某一时刻的瞬时值，将测量结果填入表 9-6 中。

表 9-6 纯电感交流电路测量记录表 2

测量与结果分析	最大值	有效值	瞬时值
电压			
电流			
电压与电流有效值关系			
电压与电流最大值关系			
电压与电流瞬时值关系			
电压与电流相位关系			

4. 分析纯电感交流电路中电压与电流的关系

分析纯电感交流电路中电压与电流的有效值、最大值和瞬时值是否符合欧姆定律，电压与电流的相位关系，将分析结果填入表 9-6 中。

五、任务评价

任务评价标准见表 9-7。

表 9-7 任务评价标准

任务名称	评价标准					配分/分	扣分
安装纯电感交流电路	1. 安装元器件选择有误，每个扣 3 分 2. 电路安装有误，扣 5~8 分 3. 没有检查电路，扣 10 分					40	
测量纯电感交流电路的电压和电流值	电压表和电流表读数有误，扣 5~8 分					10	
观测纯电感交流电路中电压与电流的波形	1. 示波器使用不熟练，扣 5~10 分 2. 观测电压与电流的波形有误，扣 5~10 分 3. 观测电压与电流的幅值、有效值、周期、频率等参数有误，每个扣 2~3 分					40	
分析纯电感交流电路中电压与电流的关系	分析有误，扣 2~10 分					10	
职业素养要求	详见表 1-4						
开始时间		结束时间		实际时间		成绩	
学生自评： 学生签名： 年 月 日							
教师评语： 教师签名： 年 月 日							

六、收获总结

将本任务实施过程中的收获与问题总结填写在表 9-8 中。

表 9-8 收获与问题总结反馈表

序 号	我会做的	我学会的	我的疑问	解决办法
1				
2				
3				
4				
5				
存在的问题：				

任务3 安装与测试纯电容交流电路

一、任务目标

1）会正确安装纯电容交流电路。

2）会用万用表、示波器等仪器仪表观测纯电容交流电路中的电压、电流值及波形。

3）会分析纯电容交流电路电压与电流的关系。

4）养成遵守纪律、安全操作的意识，培养爱岗敬业、精益求精的工匠精神。

二、任务描述

本任务要求根据给定的电容器、交流电源、开关、导线等器材，按电路图安装纯电容交流电路，用万用表、示波器等仪器仪表观测电路中的电压、电流值及波形，并分析纯电容交流电路电压与电流的关系。

三、任务准备

1. 纯电容交流电路

图 9-13 所示为纯电容交流电路原理图和实物接线图，单相交流电源经断路器 QF 输入变压器，输出 12V 单相交流电给电容器 C 供电，在电容器 C 两端并联交流电压表，电路中串联交流电流表，两表分别用于测量电容器 C 两端的电压 U 和流过电容器 C 的电流 I。

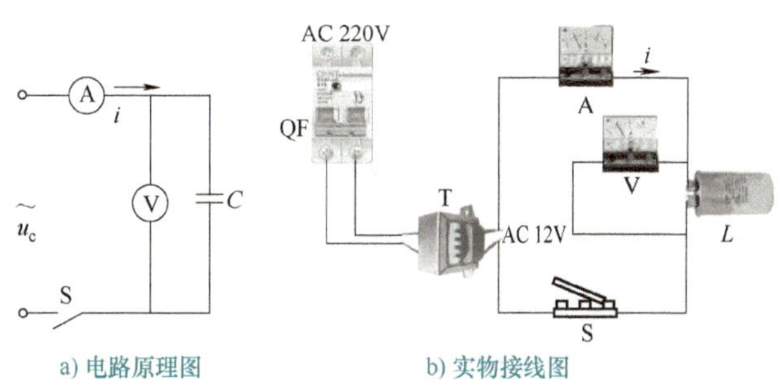

图 9-13 纯电容交流电路原理图及实物接线图

2. 纯电容交流电路的电压与电流

纯电容交流电路的电流与电压有效值、最大值符合欧姆定律，但瞬时值不符合欧姆定律。纯电容交流电路的电流与电压的相位关系是电压滞后电流 π/2。

四、任务实施

任务实施准备：断路器、变压器、交流电压表、交流电流表、电容器、开关和导线。

1. 安装纯电容交流电路

根据图 9-13 所示的电路原理图和实物接线图安装纯电容交流电路，在安装过程中要注意电压表、电流表和电路连接的正确性。安装完成后，需对所安装的电路进行自检并由指导教师检查。

2. 测量纯电容交流电路的电压与电流值

所安装的纯电容交流电路合格后，闭合电源开关 S，用交流电压表和交流电流表分别测量电容器 C 两端的电压和流过电容器 C 的电流，将测量结果填入表 9-9 中。

表 9-9 纯电容交流电路测量记录表 1

测 量 电 量	电压 U_C/V	电流 I/A
数据		

3. 观测纯电容交流电路中电压与电流的波形

利用示波器观察纯电容交流电路中电容器 C 两端的电压与流过电容器 C 的电流波形，读取电压与电流的有效值、最大值和某一时刻的瞬时值，将测量结果填入表 9-10中。

表 9-10 纯电容交流电路测量记录表 2

测量与结果分析	最 大 值	有 效 值	瞬 时 值
电压			
电流			
电压与电流有效值关系			
电压与电流最大值关系			
电压与电流瞬时值关系			
电压与电流相位关系			

4. 分析纯电容交流电路中电压与电流的关系

分析纯电容交流电路中电压与电流的有效值、最大值和瞬时值是否符合欧姆定律，电压与电流的相位关系，将分析结果填入表 9-10 中。

五、任务评价

任务评价标准见表 9-11。

表 9-11　任务评价标准

任务名称	评价标准					配分/分	扣分
安装纯电容交流电路	1. 安装元器件选择有误，每个扣 3 分 2. 电路安装有误，扣 5~8 分 3. 没有检查电路，扣 10 分					40	
测量纯电容交流电路的电压与电流值	电压表和电流表读数有误，扣 5~8 分					10	
观测纯电容交流电路中电压与电流的波形	1. 示波器使用不熟练，扣 5~10 分 2. 观测电压与电流的波形有误，扣 5~10 分 3. 观测电压与电流的幅值、有效值、周期、频率等参数有误每个扣 2~3 分					40	
分析纯电容交流电路中电压与电流的关系	分析有误，扣 2~10 分					10	
职业素养要求	详见表 1-4						
开始时间		结束时间		实际时间		成绩	
学生自评： 学生签名：　　年　月　日							
教师评语： 教师签名：　　年　月　日							

六、收获总结

将本任务实施过程中的收获与问题总结填写在表 9-12 中。

表 9-12　收获与问题总结反馈表

序号	我会做的	我学会的	我的疑问	解决办法
1				
2				
3				
4				
5				
存在的问题：				

任务4 安装与测试荧光灯电路

一、任务目标

1）了解荧光灯电路的组成和工作原理。

2）会安装荧光灯电路。

3）会测量荧光灯电路的电压与电流。

4）会分析荧光灯电路中电压的关系。

5）会排除荧光灯电路的简单故障。

6）养成遵守纪律、安全操作的意识，培养爱岗敬业、精益求精的工匠精神。

二、任务描述

荧光灯是最常用的家庭、办公场所等照明灯具，它是 *RL* 串联电路。

本任务根据给定的荧光灯组件、导线等器材，按电路图安装荧光灯电路，用万用表测量电路中的电压、电流，并分析电路中电压与电流的关系。在此基础上，了解荧光灯的常见故障和排除荧光灯电路简单故障的方法。

三、任务准备

1. 荧光灯的组成

图9-14所示为室内照明用荧光灯的结构示意图，它由镇流器（电感线圈）和灯管（电阻）、辉光启动器、灯座、开关等器件组成。

（1）灯管　荧光灯的灯管如图9-15所示，它的直径为15~40.5mm，由玻璃管、灯头和灯丝引出脚等组成。灯管两端各有一条灯丝，灯管内充有微量的氩和稀薄的汞蒸气，内壁涂有荧光粉。两条灯丝之间的气体导电时发出紫外线，使涂在管壁上的荧光粉发出柔和的、近似日光的可见光。

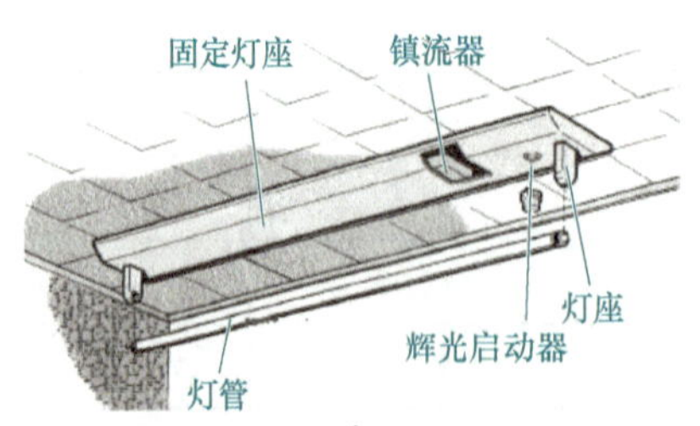

图9-14　荧光灯的结构示意图

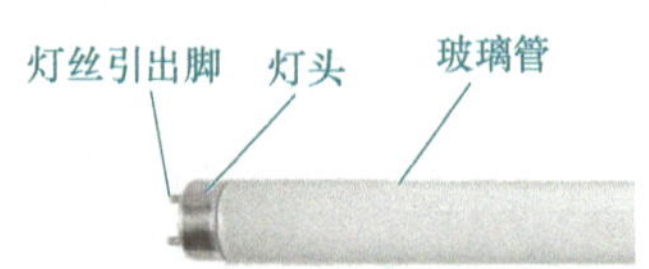

图9-15　荧光灯灯管

（2）镇流器　荧光灯的镇流器如图9-16所示，它是一个带铁心的电感线圈。其作用是在荧光灯起动时与辉光启动器配合，产生瞬时高电压点亮灯管；在工作时利用串联于电路的高电抗限制灯管电流，延长灯管的使用寿命。

（3）辉光启动器　荧光灯的辉光启动器如图 9-17 所示，它是一个充有氖气的小玻璃泡，里面装有两个电极，一个是固定不动的静触片，另一个是用双金属片制成的 U 形动触片。动触片与静触片平时分开。与氖泡并联的纸介电容，容量为 5000pF 左右，它的作用：一是与镇流器线圈组成 *LC* 振荡回路，能延长灯丝预热时间和维持脉冲放电；二是能吸收干扰电视机等电子设备的杂波信号。

图 9-16　荧光灯镇流器

a) 实物

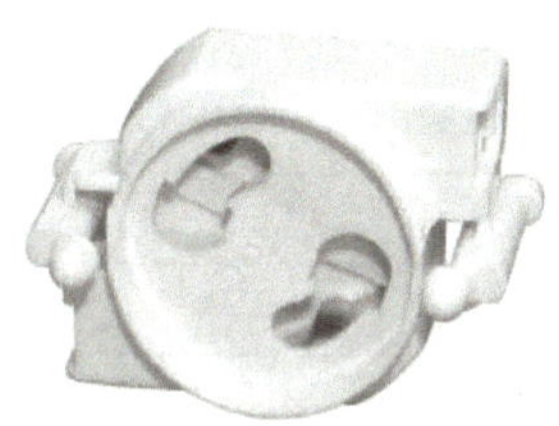

b) 辉光启动器座

c) 内部结构

图 9-17　荧光灯辉光启动器

（4）灯座　荧光灯的灯座有开启式和弹簧式（也称插入式）两种。常见的弹簧式灯座如图 9-18 所示。灯座的规格有大型和小型两种，大型的适用于 15W 以上的灯管，小型的适用于 6W、8W、12W 灯管。

2. 荧光灯的工作原理

荧光灯电路原理图如图 9-19 所示。当荧光灯开关闭合后，电源电压加在辉光启动器的两极之间，使氖气放电而发出辉光。辉光产生的热量使动触片膨胀伸长，跟静触片接触而把电路接通，于是镇流器的线圈和灯管的灯丝中就有电流通过。

电路接通后，辉光启动器中的氖气停止放电，U 形动触片冷却收缩，两个触片分离，电路自动断开。在电路突然中断的瞬间，由于镇流器中的电流急剧减小，会产生很高的自感电动势，方向与原来电压的方向相同，这个自感电动势与电源电压迭加在一起，形成一个瞬时高电压，加在灯管两端，使灯管中的气体开始放电，于是荧光灯管成为电流的通路开始发光。

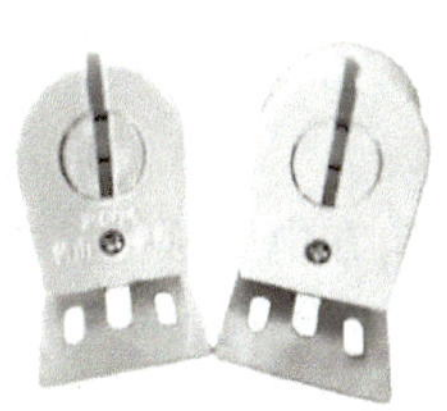

图 9-18　荧光灯灯座

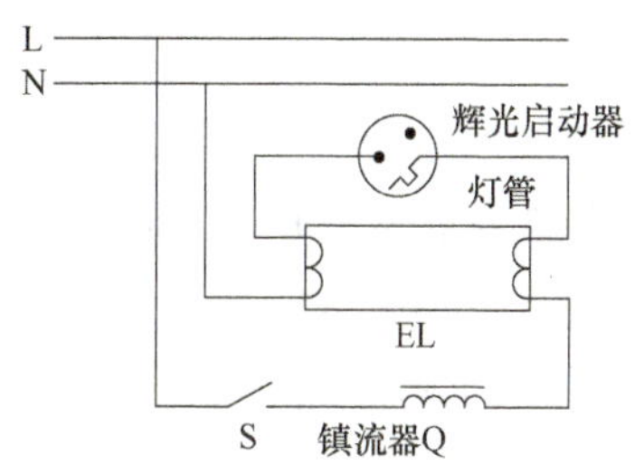

图 9-19　荧光灯电路原理图

四、任务实施

任务实施准备：万用表、断路器、荧光灯组件、开关和导线。

1. 补画荧光灯电路原理图

将图 9-20 所示的荧光灯电路原理图补画完整。

图 9-20　补画荧光灯电路原理图

2. 开具安装荧光灯电路器材清单

根据安装荧光灯电路的要求，将安装所需器材及导线等的规格和数量填入表 9-13 中。

表 9-13　安装荧光灯电路器材清单

序　号	名　称	代　号	规　格	数　量	备　注
1	荧光灯管	EL			
2	荧光灯座	—			与荧光灯管配套
3	镇流器	Q			与荧光灯管配套
4	辉光启动器	—			与荧光灯管配套
5	开关	S			
6	断路器	QF			
7	导线	—			

3. 认识荧光灯器材

根据指导教师提供的荧光灯器材，说出各器材的名称与作用，并完成表 9-14。

表 9-14　荧光灯器材

序　号	名　称	作　用
1		
2		
3		
4		
5		
6		

4. 安装荧光灯电路

安装荧光灯电路的步骤与方法如下。

（1）固定元器件　将安装荧光灯电路所需的元器件固定在电路板上，如图 9-21 所示。

（2）连接辉光启动器座与灯座　将辉光启动器座两端与灯座两端用导线连接，如图 9-22所示。

（3）连接镇流器　将镇流器的一端与灯座连接，另一端与开关连接，如图 9-23 所示。

（4）连接灯座与断路器 N 线　将灯座的一端与断路器 N 线的出线端连接，如图 9-24 所示。

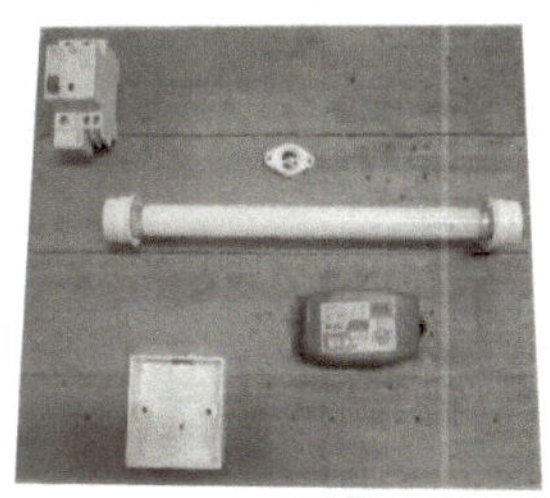

图 9-21　固定元器件示意图

图 9-22　辉光启动器座与灯座连接示意图

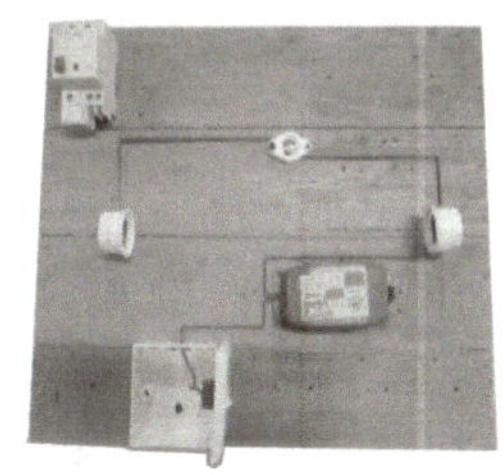

图 9-23　镇流器与灯座、开关连接示意图

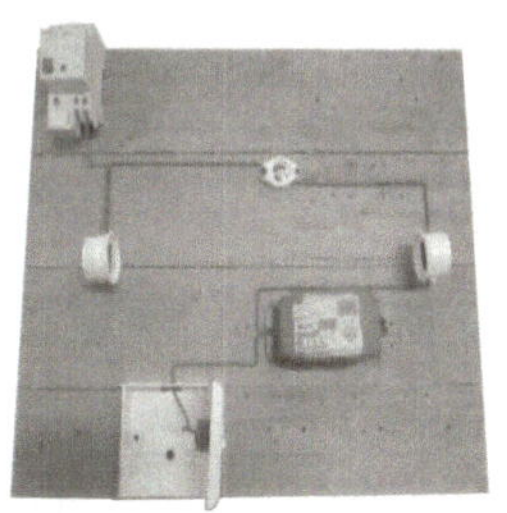

图 9-24　灯座与断路器 N 线连接示意图

（5）连接开关与断路器 L 线　将开关的一端与断路器 L 线的出线端连接，如图 9-25 所示。

（6）安装辉光启动器、荧光灯管。将辉光启动器装入辉光启动器座中，将荧光灯管装入灯座中，如图 9-26 所示。

图 9-25　开关与断路器 L 线连接示意图

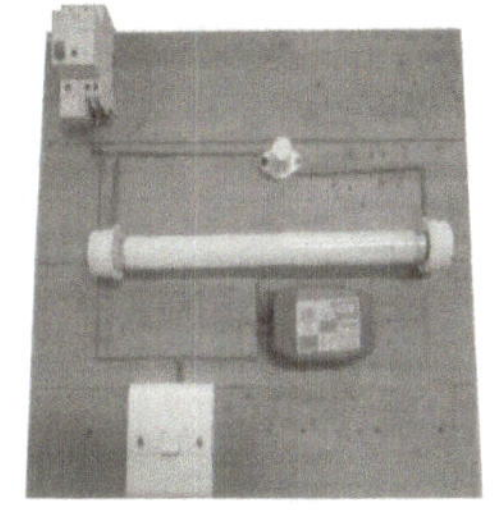

图 9-26　安装辉光启动器、荧光灯管示意图

5. 测量荧光灯电路电压

荧光灯电路经检查合格后，闭合断路器和开关。用万用表交流电压挡分别测量灯管、镇流器两端的电压和电源电压，将测量结果填入表 9-15 中。

6. 分析荧光灯电路电压关系

根据测量结果分析荧光灯电路的总电压（电源电压）与各分电压的关系，记录在表 9-15中。

表 9-15 测量结果记录表

测量电量	电源电压 U/V	灯管两端电压 U_R/V	镇流器两端电压 U_Q/V
数据			
电压之间的关系			

任务拓展

荧光灯电路常见故障的原因与处理方法

荧光灯电路常见故障的原因与处理方法见表 9-16。

表 9-16 荧光灯电路常见故障的原因与处理方法

序号	故障现象	故障原因	处理方法
1	灯管不发光	(1) 电源电路开路或接触不良 (2) 元器件开路或接触不良 (3) 电压太低	(1) 排除故障或修理 (2) 修理或更换 (3) 调整到合适电压
2	灯管两头发红但不启辉	(1) 辉光启动器内电容或氖管短路 (2) 电压太低 (3) 气温太低 (4) 灯管老化	(1) 修理或更换 (2) 调整到合适电压 (3) 升温 (4) 更换灯管
3	灯管启辉困难，两端不断闪烁，中间不启辉	(1) 电压太低 (2) 气温太低 (3) 灯管老化	(1) 调整到合适电压 (2) 升温 (3) 更换灯管
4	灯管两头发黑或有黑斑	(1) 灯管老化 (2) 电压太高	(1) 更换灯管 (2) 调整到合适电压
5	灯光闪烁	(1) 辉光启动器损坏 (2) 线路接触不良	(1) 更换辉光启动器 (2) 修理
6	有“嗡嗡”声	(1) 镇流器质量差 (2) 元器件或螺钉松动	(1) 更换镇流器 (2) 紧固、修理或更换元器件
7	镇流器过热	镇流器质量差	更换镇流器

五、任务评价

任务评价标准见表 9-17。

表 9-17 任务评价标准

任务	评价标准	配分/分	扣分
补画荧光灯电路原理图	荧光灯电路原理图绘制有误，扣 3~5 分	5	
开具安装荧光灯电路器材清单	开具安装荧光灯电路器材清单有误，扣 2~5 分	5	

（续）

任　务	评价标准					配分/分	扣　分
认识荧光灯器材	认识荧光灯器材有误，每个器材扣 1 分，扣完为止					5	
安装荧光灯电路	1. 安装步骤不正确，扣 3~5 分 2. 元器件安装不牢固，每件扣 2 分 3. 荧光灯电路安装工艺不规范，扣 5~15 分 4. 安装荧光灯电路功能不正常，扣 10~15 分					65	
测量荧光灯电路电压	测量荧光灯电路电压有误，扣 3~10 分					10	
分析荧光灯电路电压关系	分析荧光灯电路电压关系有误，扣 3~10 分					10	
职业素养要求	详见表 1-4						
开始时间		结束时间		实际时间		成绩	

学生自评：

学生签名：　　　　年　　月　　日

教师评语：

教师签名：　　　　年　　月　　日

六、收获总结

将本任务实施过程中的收获与问题总结填写在表 9-18 中。

表 9-18　收获与问题总结反馈表

序　号	我会做的	我学会的	我的疑问	解决办法
1				
2				
3				
4				
5				
存在的问题：				

任务 5　安装照明配电板

一、任务目标

1）熟悉照明配电板的组成。

2）熟悉照明配电板主要电气元件的名称、结构和使用方法。

3）会正确安装照明配电板，能分析与排除照明配电板的简单故障。

4）养成遵守纪律、安全操作的意识，培养爱岗敬业、精益求精的工匠精神。

二、任务描述

照明配电板主要应用于建筑物的照明配电，作为民用或类似家用产品，使用和操作此设备的人员可以是非专业人员，因此在安全规程上有较严格的防止直接触电和间接触电危险的保护措施（如保护接地）。其定义：一种带有开关或保护器件（如熔断器和小型断路器），并带有由一条或多条进出线电路，以及用来连接中性导体和保护电路导体端子的成套设备。它也可以带有信号和其他控制器件。作为配电工程设备的末端开关设备，常称为“配电板”。

照明配电板主要有断路器、单相电能表、分路开关、中性线接线排、地线接线排和导线组成。

任务情景

某家用住房为二室一厅一厨一卫结构，要求在卫生间墙面内设置一低压配电箱，内装照明配电板。

1. 低压配电箱总体要求

1）低压配电箱内设置总电源开关 1 只，要求带漏电保护功能。

2）低压配电箱内设置单相电能表 1 块。

3）低压配电箱内设置多路供电线路，分别用单极断路器控制。

4）低压配电箱内设置中性线接线排和接地线接线排各 1 排。

2. 配电线路要求

低压配电箱的配电线路要求如下。

（1）空调线路　两个卧室各装一台 1.5P 分体挂壁式空调，客厅装一台 2P 柜式空调。要求每台空调单独设置供电线路。

（2）照明线路　卧室、客厅、卫生间、厨房、阳台各装照明灯若干盏。要求卧室、阳台、客厅为一条供电线路，卫生间、厨房为一条供电线路。

（3）插座线路　卧室、客厅、卫生间、厨房、阳台各装若干个插座。要求卧室、阳台、客厅为一条供电线路，卫生间、厨房单独设置供电线路。

（4）备用线路　要求设置两条备用线路。

3. 安装方式

本任务要求在模拟配电板上进行安装，配电板尺寸为 300mm×400mm，材质为木质。

本任务是在认识照明配电板组成，熟悉照明配电板主要电气元件的名称、结构、使用方法的基础上，正确安装照明配电板，并分析与排除照明配电板的简单故障。

三、任务准备

（一）照明配电板的电路图

图 9-27 所示为某家庭照明配电板的配线图，图 9-28 所示为某家庭照明配电板的电路原理图，图 9-29 所示为模拟安装的某家庭照明配电板实物。

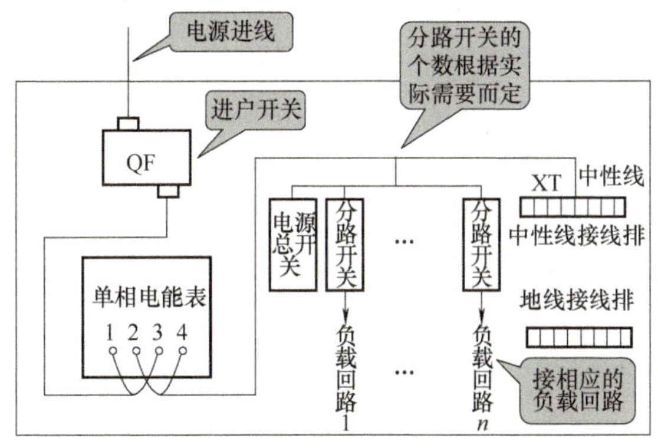

图 9-27　照明配电板的配线图

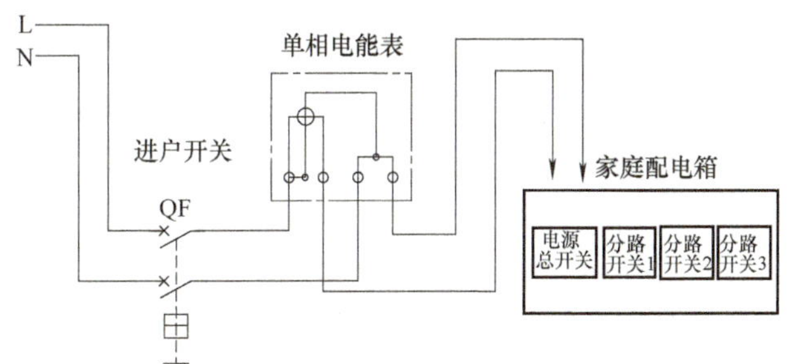

图 9-28　照明配电板电路原理图

该照明配电线路主要由断路器作为电源总开关、单相电能表作为电能计量装置、分路断路器作为家庭中不同负载的控制开关。而电源中性线统一连接到接线排上。其中作为电源总开关的断路器具有漏电保护功能，即带漏电保护的断路器。

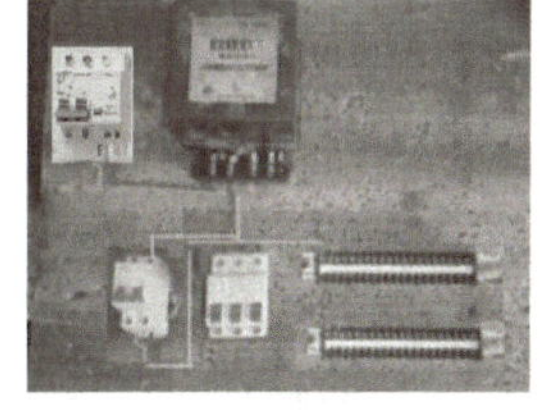

图 9-29　照明配电板实物

（二）照明配电板的主要器材

1. 断路器

断路器又称为自动空气开关或自动空气断路器，是低压配电网络和电力控制系统中一种重要的控制和保护电器，可手动或自动地分合电路。它集控制和多种保护功能于一体，对电路或用电设备进行过载、短路等保护，也可用于不频繁地接通或断开电路及起动与停止电动机。断路器具有操作安全、使用方便、工作可靠、安装简单等优点。

断路器在家庭供电系统中主要作总电源保护开关或分支线保护开关用。当家庭供电线路或家用电器发生短路或过载时，它能自动跳闸，切断电源，从而有效地保护这些设备免受损坏或防止事故扩大。

断路器有单极（1P）、两极（2P）、三极（3P）、四极（4P）共四种。它主要由塑料外壳、操作机构、触点灭弧系统、脱扣机构等组成。断路器的动触点只能停留在闭合或断开位置；多极断路器的动触点应机械联合，各极能基本同时闭合或断开；垂直安装时，要求断路器的操作手柄向上运动时，动触点向闭合方向运动。

家庭照明配电箱中常用小型断路器，一般用两极（2P）断路器作总电源保护开关，用单极（1P）断路器作分支线路保护开关。常用的 DZ47 系列断路器是一种建筑电气终端配电装置中使用十分广泛的终端保护电器，主要适用于交流 50Hz/60Hz、额定工作电压为 240V/415V 及以下、额定电流至 125A 的单相、三相电路中的短路、过载、过电压等保护。

（1）断路器的型号　断路器的型号含义如图 9-30 所示。

第一部分：类别代号，D 表示断路器。

第二部分：形式代号，Z 表示装置式，W 表示万能式。

第三部分：设计序号，用阿拉伯数字表示，如 47 等。

第四部分：壳架等级额定电流。

D □□ - □

断路器

断路器形式

设计序号

壳架等级额定电流/A

图 9-30　断路器的型号含义

图 9-31 所示为常见的 DZ47 系列断路器。图 9-32 所示为 DZ47LE 系列带漏电保护的断路器，该系列断路器除具有过载、短路保护功能外，还具有漏电保护功能。

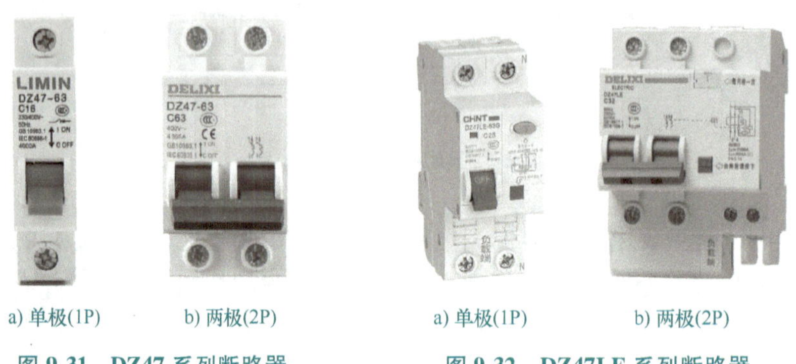

a) 单极(1P)　b) 两极(2P)

图 9-31　DZ47 系列断路器

a) 单极(1P)　b) 两极(2P)

图 9-32　DZ47LE 系列断路器

（2）断路器的主要技术参数　断路器的主要技术参数有额定电压、壳架等级额定电流和断路器额定电流等。

断路器的额定电压是低压断路器长期正常工作所能承受的最大电压。一般单极（1P）为交流 230V，两极（2P）为交流 230V/400V，三极（3P）和四极（4P）均为交流 400V。

断路器的壳架等级额定电流是每一塑壳或框架中所装脱扣器的最大额定电流。图 9-31 所示断路器的壳架等级额定电流均为 63A。

断路器的额定电流是脱扣器允许长期通过的最大电流。一般小型断路器额定电流的规格为 6A、10A、16A、20A、25A、32A、40A、50A、63A、80A、100A 等。断路器的脱扣类型有 B、C、D 三种，B、C 型常用于家庭照明线路中，D 型常用于电动机的动力线路中。在图 9-31a 所示的 DZ47-63 C16 型断路器中，“C”表示瞬时脱扣电流型，“16”表示额定电流为 16A。

（3）断路器的工作原理　当操作手柄扳向指示 ON 位置时，通过机械机构带动动触点靠向静触点并可靠接触，使电路接通；当被保护线路发生过载故障时，故障电流使热双金属元件弯曲变形，推动杠杆使机械锁定机构复位，动触点移离静触点，从而实现分断线路的目的；当被保护线路发生短路故障时，故障电流使瞬时脱扣机构动作，铁心组件中的顶杆迅速顶动杠杆锁定机构复位，实现分断线路的功能。

（4）断路器的安装与维护方法　断路器一般采用 TH35-7.5 安装导轨安装，其接线方法是用螺钉压紧接线，其安装面与垂直面的斜度不超过±5°，其安装方向为手柄朝向 ON 位置时，断路器闭合，即接通电源。

在安装断路器前，应检查断路器是否完好无损，并进行几次人工操作以检查动作是否灵活；检查断路器标志是否与使用的正常工作条件相符合；检查断路额定电流大小与实际使用线路是否相匹配；特别应注意的是，严禁在断路器出线端进行短路测试。

断路器的接线可以看其上标注，电源引线接在上接线柱上，负载引线接在下接线柱上，如图 9-33 所示。

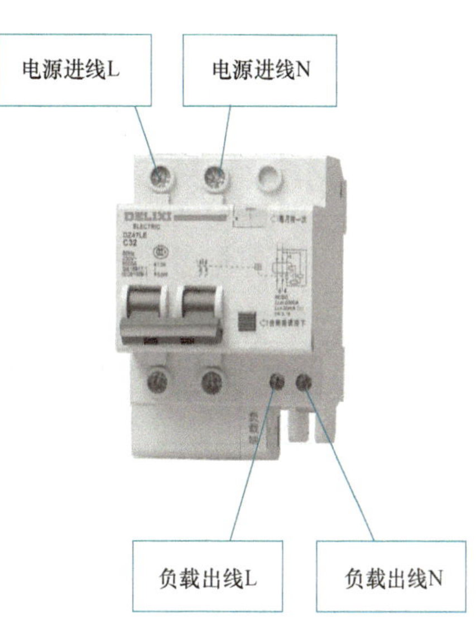

图 9-33　断路器的接线方法

2. 导线

导线是用来传输电能的电工材料。常用的导线有绝缘导线、电力电缆线等。

（1）绝缘导线　绝缘导线是指导体外表有绝缘层的导线，主要由导线线芯和绝缘包层等构成，分别为导电部分、绝缘部分。常用绝缘导线的型号、名称及主要用途见表 9-19。

表 9-19　常用绝缘导线的型号、名称及主要用途

型号		名　称	主要用途
铜芯线	铝芯线		
BX	BLX	棉线编织橡胶绝缘导线	适用于交流 500V 及以下，直流 1000V 及以下的电气设备及装置的固定敷设，可以明线敷设，也可暗线敷设
BXF	BLXF	氯丁橡胶绝缘导线	
BXHF	BLXHF	橡胶绝缘氯丁橡胶护套导线	固定敷设，适用于干燥或潮湿场所
BV	BLV	聚氯乙烯绝缘导线	适用于交流 450V/750V、300V/500V 及以下动力装置的固定敷设
BVV	BLVV	聚氯乙烯绝缘聚氯乙烯护套导线	

（续）

型号		名称	主要用途
铜芯线	铝芯线		
BVR	—	聚氯乙烯绝缘软导线	同 BV 型导线，安装要求较柔软时用
RV	—	聚氯乙烯绝缘软导线	适用于交流 450V/750V、300V/500V 及以下的家用电器、小型电动工具、仪器仪表及动力照明等装置的连接，交流额定电压 250V 以下日用电器、照明灯头的接线等
RVB	—	聚氯乙烯绝缘平型软导线	
RVS	—	聚氯乙烯绝缘绞型软导线	

（2）电力电缆线　电力电缆线的作用是输送和分配大功率电能，主要由缆芯、绝缘层和保护层构成，其优点是可以埋设于地下，经久耐用，不受气候条件的影响。电力电缆的种类很多，常见的有聚乙烯绝缘系列电缆线、橡胶绝缘系列电缆线等。常用低压电缆线的型号、名称及主要用途见表 9-20。

表 9-20　常用低压电缆线的型号、名称及主要用途

型号	名称	主要用途
BV	铜芯聚氯乙烯绝缘聚氯乙烯护套电力电缆线	可敷设在室内外、隧道或沟内，也可直接埋在 1m 左右的地层内。其线芯有单芯、二芯、三芯等
BLV	铝芯聚氯乙烯绝缘聚氯乙烯护套电力电缆线	
YHQ	轻型铜芯橡胶绝缘护套电力电缆线	可用于 500V 以下移动电器设备。其线芯有单芯、二芯、三芯、四芯等，其中四芯常用于接地
YHZ	中型铜芯橡胶绝缘护套电力电缆线	
YHC	重型铜芯橡胶绝缘护套电力电缆线	

3. 接线排

一般配电柜、配电箱中都有专用的接中性线用的中性线接线排及接保护接地线用的地线接线排，如图 9-34 所示。中性线接线排是中性线汇集的铜排或铝排，其作用是将多路供电线路中的中性线经过中性线接线排接在一起来，达到安装方便、一路供电线路发生故障不影响其他供电线路和检查、检修的目的；地线接线排是接地线汇集的铜排或铝排，是用一根接地线与多根需要接地的设备的接地线连接并固定的一种连接装置，其作用是将直接与设备外壳连接作为电气设备保护接地的接地线连接在一起。

安装时，中性线接线排必须通过绝缘子与配电柜、配电箱金属底板相连接。地线接线排必须与接地体相连接，若配电柜、配电箱底金属底板已良好接地，则地线接线排可以直接与金属底板相连接。

图 9-34　接线排

（三）照明配电板电气元件的选择方法

1. 断路器的选择方法

（1）总电源开关的选择　家庭照明配电箱中的总电源开

关应选择带漏电保护的断路器，选用时主要考虑其额定电压和额定电流两个技术参数。断路器的额定电压应高于或等于线路的额定电压，额定电流应大于或等于线路的计算负荷，并应留有足够的裕量，以便家庭以后添置家用电器。而漏电保护主要考虑额定漏电动作电流和额定漏电动作时间，额定漏电动作电流要求不大于30mA，额定漏电动作时间不大于0.1s。

【指点迷津】

家庭总电源开关额定电流的选择方法

家庭电源总开关额定电流的选择应根据家庭所有用电器全部工作时的最大工作电流来选择，要求断路器的额定电流大于等于所有用电器工作时的最大工作电流。

例如，某家庭有两台空调（总功率为4000W），一台电热水器（功率为2000W），一台电磁炉（功率为1600W），一台电冰箱（功率为200W），一台计算机（功率为200W），两台电视机（总功率为300W）及若干电风扇、照明灯等用电设备（总功率为400W）。

家庭用电总功率：$P=(4000+2000+1600+200+200+300+400)\ \text{W}=8700\text{W}$

设家庭用电的总功率因数为0.8，则家庭供电线路的总工作电流：

$$I=\frac{P}{U\cos\varphi}=\frac{8700}{220\times0.8}\text{A}\approx49.4\text{A}$$

因此，可选择断路器的额定电流为63A，大于该家庭总工作电流，符合选择要求。

断路器的额定电流如果选择得偏小，则断路器易频繁跳闸，引起不必要的停电；如果断路器的额定电流选择得过大，则达不到预期的保护效果，所以需要正确选择断路器。

（2）分支开关的选择方法　家庭照明配电箱中的分支开关一般选用单极（1P）断路器，选用时应考虑其额定电压和额定电流两个技术参数。断路器的额定电压应高于或等于线路的额定电压；低断路器的额定电流应大于或等于该分支线路的计算负荷，并应留有足够的裕量，以便家庭以后添置家用电器。

2. 单相电能表的选择方法

单相电能表的额定电流标示方式一般规格有：1.5（6）A、2.5（10）A、5（20）A、10（40）A、10（60）A、15（60）A、20（80）A等。括号前的数值是标定电流（额定电流、基本电流），括号内为最大负载电流。单相电能表在使用时，一般负荷电流的上限不得超过电能表的额定电流，下限不应小于电能表允许误差范围以内规定的负荷电流，即应使用电负荷在电能表额定电流的20%～120%之内；电能表的额定电压、额定电流应等于或大于负荷的电压和电流。负荷的最大电流超过电能表的最大负载电流，会造成电能表损坏，严重时会造成电能表烧毁及安全事故。

根据规程规定，家用单相电能表一般采用直接接入式，其额定容量应根据用户负荷来选择，即根据用户额定最大电流和过载倍数来选择。额定最大电流应按经核准的用户报装负荷容量来确定。过载倍数，对正常运行中的电能表实际负荷电流达到最大额定电流的30%以上的，宜取2倍表；实际负荷电流低于30%的，应取4倍表。家庭用户选择电能表一般都放宽1倍，以满足家庭在一定时期内用电自然增长的需要。例如，家庭用户报装负荷容量为10A，则宜配最大负载电流为20A的电能表，考虑家庭用户用电负荷随季节性变化比较大，为了计量准确性，可以选用4倍表，即5（20）A的电能表。

【指点迷津】

常见住宅的计算负荷及进户开关、进户线和电能表的选择

常见住宅的计算负荷及进户开关、进户线和电能表的选择见表9-21。

表9-21　常见住宅的计算负荷及进户开关、进户线和电能表的选择

住宅类型	计算负荷/kW	计算电流/A	进户开关额定电流/A	电能表容量/A	进户线规格
复式楼	8	43	90	20（80）	BV-3×25mm²
高级住宅	6.7	36	70	15（60）	BV-3×16mm²
120mm² 以上住宅	5.7	31	50	15（60）	BV-3×16mm²
80~120mm² 住宅	3	16	32	10（40）	BV-3×10mm²

注：当住宅实际用电容量大于8kW时，应考虑使用三相五线制配电。

四、任务实施

任务实施器材准备： 电气元件、导线等由学生根据安装要求列出清单，交指导教师审核后申领元器件及导线；工具、仪器仪表由学生根据任务要求自行选择。

（一）设计照明配电板电路图

1. 设计照明配电板电路原理图

根据任务情景中的要求，照明配电板电源经进户开关后进入单相电能表，经过总电源开关后分成空调线路、照明线路、插座线路、备用线路等。设计照明配电板电路并将原理图绘制在空白处，设计完成后交指导教师审核。

2. 设计照明配电板元器件布置图

照明配电板上的元器件布置图可参考图 9-35。设计完成后交指导教师审核。

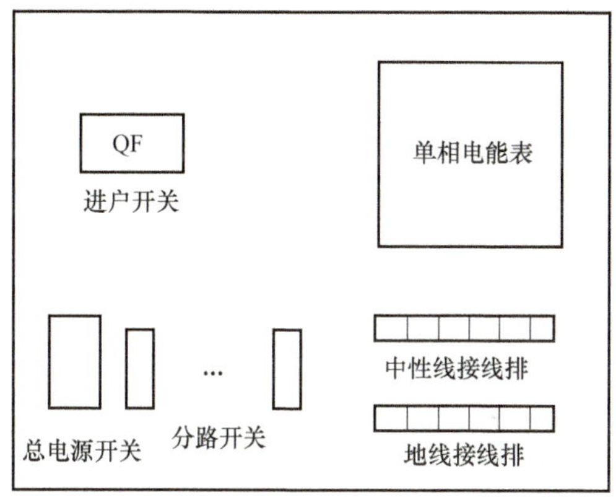

图 9-35　设计照明配电板元器件布置图

3. 设计照明配电板配线图

照明配电板的配线图可参考图 9-36。设计完成后交指导教师审核。

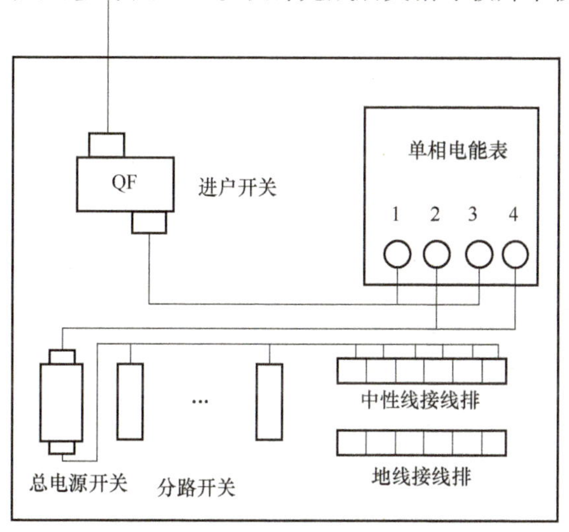

图 9-36　设计照明配电板配线图

（二）识别照明配电板器材

根据指导教师提供的照明配电板器材实物，指出各器材的名称、主要参数、作用，并填入表 9-22 中。

（三）开具安装照明配电板器材清单

将安装照明配电板所需的元器件及导线的规格型号和数量填入表 9-23 中。完成后交指导教师审核。

表 9-22　识别器材记录表

序　号	器材实物	名　称	主要参数	作　用
1				
2				
3				
4				
5				
6				

表 9-23　安装照明配电板器材清单

序　号	名　称	规格型号	数　量	备　注
1	断路器			进户总开关
2	断路器			总电源开关
3	断路器			分路开关
4	单相电能表			
5	配电板			
6	导线			三种颜色
7	导轨			
8	接线排			

(四) 安装照明配电板

安装照明配电板的主要步骤与操作方法要点如下。

1. 申领、清点、检查元器件及工具

根据指导教师审核后的器材清单，向实训室器材保管员（或指导教师）申领、清点、检查元器件及安装工具，要求元器件、工具的数量和质量符合安装要求。

2. 固定元器件

按所设计的照明配电板元器件布置图将安装照明配电板所需的元器件固定在配电板上。要求元器件安装牢固、不倾斜、不倒装。

3. 配线

按所设计的照明配电板配线图正确、规范配线。

1）将断路器的两个出线端分别与单相电能表①、③进线端相连接，如图 9-37 所示。

2）将单相电能表 2、4 出线端与总电源开关的进线端相连接，如图 9-38 所示。

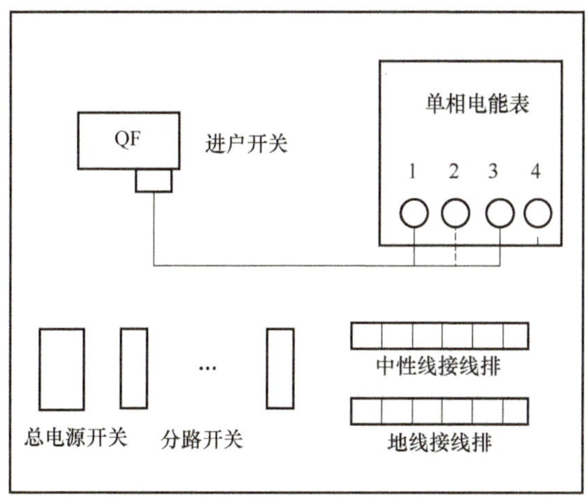

图 9-37 照明配电板配线示意图 1

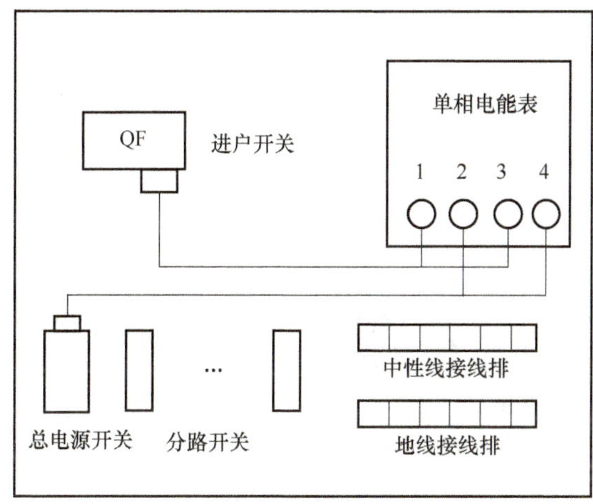

图 9-38 照明配电板配线示意图 2

3）将总电源开关出线端的 L 线与分路开关相连接，将 N 线与中性线接线排相连接，如图 9-39 所示。

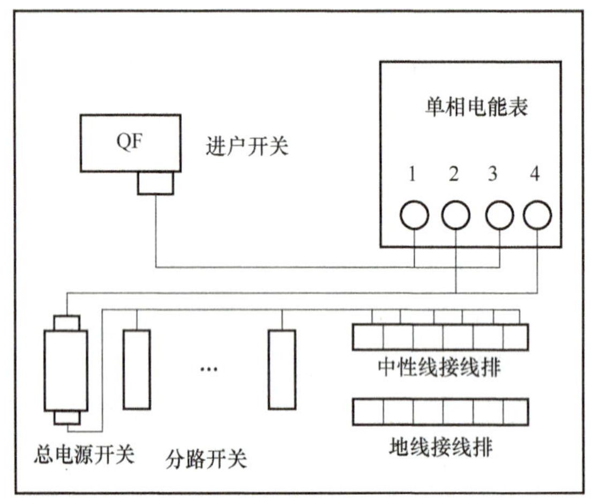

图 9-39 照明配电板配线示意图 3

4）检查配线。照明配电板安装完成后，根据照明配电板电路原理图，从进户开关出线端开始，逐根核对配线有无漏接、错接之处，检查导线接点是否符合要求，压接是否牢固，以免带负载运行时产生闪弧现象。

5）照明配电板检查完成后，再将进户开关电源进线端与进户电源相连接。

（五）检测照明配电板

（1）用绝缘电阻表检查绝缘电阻　断开进户开关，用绝缘电阻表检查相线与中性线之间的绝缘电阻及相线、中性线与地之间的绝缘电阻，要求绝缘电阻不小于 0.5MΩ。

（2）用万用表电阻挡检测电路接线情况　先断开进户开关，用万用表适当倍率的电阻挡检测。

1）导线连接检测：将万用表两表笔分别搭接在同一根导线的两接线端，若测得的电阻值非常接近 0Ω，说明接线正常；若测的电阻值为∞，说明接线有断路处。

2）断路器检测：将万用表两表笔搭接在断路器上、下接线柱上。当低压断路断开时，所测得的电阻值应为∞，闭合断路器时，所测得的电阻值应为 0。

（3）用验电器检测相线是否有电　闭合进户开关、总电源开关和各分路开关，用验电器检查进户开关、总电源开关、各分路开关的相线（L）。正常时，验电器有电指示灯应亮。

（4）用万用表电压挡检测电压　闭合进户开关、总电源开关和各分路开关，用万用表电压挡检测进户开关、总电源开关、各分路开关的相线（L）与中性线（N）之间的电压，正常时万用表的读数应为 220V 左右。

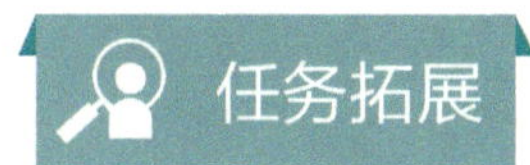

任务拓展

家用配电箱的安装

家用配电箱是家庭用电的末端保护装置，其进线端连接到电能表的出线侧，出线端连接（控制）整个家庭用电设备。家用配电箱分为金属外壳和塑料外壳两种，有明装式和暗装式两类。暗装式家用配电箱将配电箱和所有线路都隐藏在墙壁中。图9-40a所示为常用家用配电箱实物，图9-40b所示为家用配电箱内部接线。

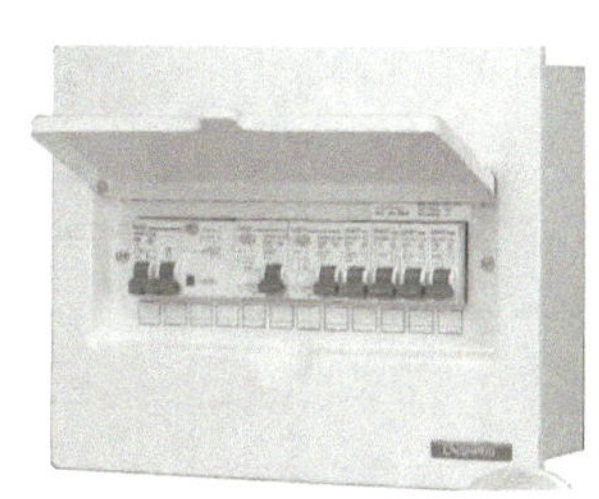

a) 家用配电箱实物

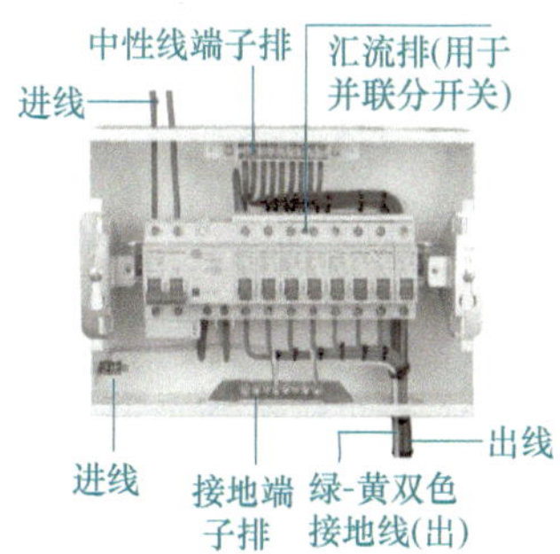

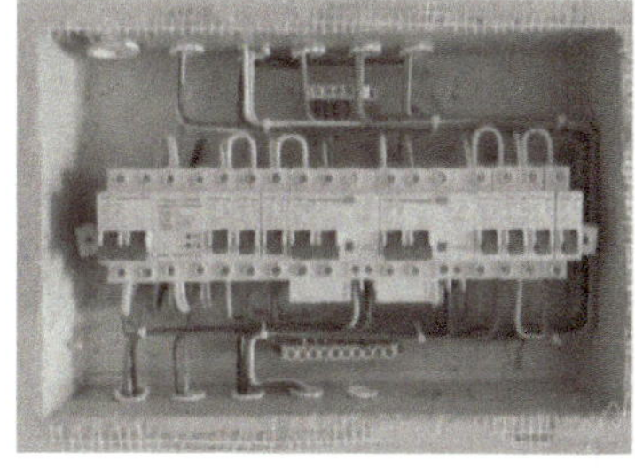

b) 家用配电箱内部接线

图9-40　家用配电箱

家用配电箱主要由带漏电保护的断路器（2P）、分支断路器（1P）、中性线接线排、地线接线排、导轨和导线等组成，在电路发生短路、过载、漏电等故障时，具有自动切断故障电路的功能。家用配电箱的安装要点如下：

1）配电箱应安装在干燥、通风良好、无妨碍物、方便使用的位置；安装位置不宜过高，一般标高为1.8m，以便操作；配电箱埋入墙体应垂直、水平，边缘留5~6mm的缝隙。

2）进入和引出配电箱的导线管必须用锁紧螺母固定。

3）安装配电箱内断路器时应注意箱盖上安装孔的位置，保证断路器在箱盖预留位置；断路器要从左向右排列，预留的断路器位置一般放在配电箱右侧，且应为一个整位；总电源断路器与分路断路器之间应预留一个整位，用于分路断路器配线。

4）相线配线时，U相线为黄色、V相线为绿色、W相线为红色；中性线配线应采用蓝色塑料绝缘导线；接地线应采用绿-黄双色导线。

5）照明及插座回路一般采用2.5mm^{2}导线，每根导线所并接的断路器数量不得多于3个；空调器回路一般采用2.5mm^{2}或4.0mm^{2}导线，且一条空调回路只接一台空调器。

6）配电箱内总电源断路器与各分支断路器之间配线一般走左侧，配电箱出线一般走右侧；配线要顺直，不得有交叉现象，导线要用塑料扎带绑扎，且扎带大小要合适，各绑扎处间距要均匀，一般为100mm；配线弯曲应一致，不得有死弯，以防损坏导线绝缘层及内部芯线。

7）安装完成后，应标明各回路使用名称，并清理配电箱内残留物。

任务拓展

插座的安装方法

插座是供移动电器设备（如台灯、电风扇、电视机、洗衣机等）连接电源用的。插座可以分为固定式和移动式两类。常见的固定式插座按形状可分为二孔扁圆插座、三孔扁插座、三孔方插座和五孔插座等，按负荷大小可分为10A二孔圆扁插座、16A三孔插座、13A带开关方孔插座、16A带开关三孔插座等，如图9-41所示。常见的移动式插座如图9-42所示。

图 9-41　常见的固定式插座

固定式插座安装的一般规定：

1）明装插座离地面的高度应不低于1.3m，一般为1.5~1.8m；暗装插座允许低装，但距地面高度不得低于0.3m。

图 9-42　常见的移动式插座

2）儿童活动场所的插座应采用安全插座，采用普通插座时，安全高度不应低于1.8m。

3）在潮湿场所应采用密封型并带保护接地线的保护型插座，安装高度不低于1.5m；在特别潮湿和有易燃易爆气体及粉尘的场所不应安装插座。

4）暗装插座应有专用盒，盖板应端正严密并与墙面平齐；同一室内安装的插座高低差不应大于5mm；成排安装的插座高低差不应大于2mm。

5）当接插有触电危险家用电器的电源时，应采用能断开电源的带开关插座，开关断开相线。

固定式插座安装的接线要求：

1）单相两孔插座有横装和竖装两种。竖装时，面对插座的右孔接相线，左孔接中性线；横装时，面对插座的上孔接相线，下孔接中性线。

2）单相三孔插座的上孔接保护接地线（PE），左孔接中性线（N），右孔接相线（L）。

3）三相四孔插座的上孔接保护接地线（PE），左孔接相线（L_1），右孔接相线（L_3），下孔接相线（L_2）。

五、任务评价

任务评价标准见表9-24。

表 9-24　任务评价标准

<table>
<tr><th>任务名称</th><th colspan="5">评价标准</th><th>配分/分</th><th>扣　分</th></tr>
<tr><td>设计照明配电板电路图</td><td colspan="5">1. 设计照明配电板电路原理图有误，扣 3~5 分
2. 设计照明配电板元器件布置图有误，扣 3~5 分
3. 设计照明配电板配线图有误，扣 3~5 分</td><td>15</td><td></td></tr>
<tr><td>识别照明配电板器材</td><td colspan="5">识别照明配电板元器件有误，每个扣 2 分</td><td>10</td><td></td></tr>
<tr><td>开具安装照明配电板器材清单</td><td colspan="5">器材清单开具有误，每个元器件扣 2~3 分</td><td>10</td><td></td></tr>
<tr><td>安装照明配电板</td><td colspan="5">1. 申领、清点、检查元器件及工具有误，扣 3~5 分
2. 固定元器件有误，扣 3~5 分
3. 配线不正确、不规范，扣 5~30 分
4. 安装完成后不检查，扣 5 分</td><td>55</td><td></td></tr>
<tr><td>检测照明配电板</td><td colspan="5">检测照明配电板方法不正确、不规范，扣 5~10 分</td><td>10</td><td></td></tr>
<tr><td>职业素养要求</td><td colspan="5">详见表 1-4</td><td></td><td></td></tr>
<tr><td>开始时间</td><td></td><td>结束时间</td><td></td><td>实际时间</td><td></td><td>成绩</td><td></td></tr>
<tr><td colspan="8">学生自评：

学生签名：　　　　年　　月　　日</td></tr>
<tr><td colspan="8">教师评语：

教师签名：　　　　年　　月　　日</td></tr>
</table>

六、收获总结

将本任务实施过程中的收获与问题总结填写在表 9-25 中。

表 9-25　收获与问题总结反馈表

<table>
<tr><th>序　号</th><th>我会做的</th><th>我学会的</th><th>我的疑问</th><th>解决办法</th></tr>
<tr><td>1</td><td></td><td></td><td></td><td></td></tr>
<tr><td>2</td><td></td><td></td><td></td><td></td></tr>
<tr><td>3</td><td></td><td></td><td></td><td></td></tr>
<tr><td>4</td><td></td><td></td><td></td><td></td></tr>
<tr><td>5</td><td></td><td></td><td></td><td></td></tr>
<tr><td colspan="5">存在的问题：</td></tr>
</table>

项目总结

- 项目9 安装与测试正弦交流电路
  - 任务1 安装与测试纯电阻交流电路
    - ❶ 任务准备
      - ★ 纯电阻交流电路
      - ★ 纯电阻交流电路的电压与电流
    - ❷ 任务实施
      - 安装纯电阻交流电路
      - 测量纯电阻交流电路的电压与电流值
      - 观测纯电阻交流电路中电压与电流中的波形
      - 分析纯电阻交流电路中电压与电流的关系
  - 任务2 安装与测试纯电感交流电路
    - ❶ 任务准备
      - ★ 纯电感交流电路
      - ★ 纯电感交流电路的电压与电流
    - ❷ 任务实施
      - 安装纯电感交流电路
      - 测量纯电感交流电路的电压与电流值
      - 观测纯电感交流电路中电压与电流的波形
      - 分析纯电感交流电路中电压与电流的关系
  - 任务3 安装与测试纯电容交流电路
    - ❶ 任务准备
      - ★ 纯电容交流电路
      - ★ 纯电容交流电路的电压与电流
    - ❷ 任务实施
      - 安装纯电容交流电路
      - 测量纯电容交流电路的电压与电流值
      - 观测纯电容交流电路中电压与电流的波形
      - 分析纯电容交流电路中电压与电流的关系
  - 任务4 安装与测试荧光灯电路
    - ❶ 任务准备
      - ★ 荧光灯的组成
      - ★ 荧光灯的工作原理
    - ❷ 任务实施
      - 补画荧光灯电路原理图
      - 开具安装荧光灯电路器材清单
      - 认识荧光灯器材
      - 安装荧光灯电路
      - 测量荧光灯电路电压
      - 分析荧光灯电路电压关系
  - 任务5 安装照明配电板
    - ❶ 任务准备
      - 照明配电板的电路图
      - ★ 照明配电板的主要器材
        - 断路器
        - 导线
        - 接线排
      - ★ 照明配电板电气元件的选择方法
        - 断路器的选择方法
        - 单相电能表的选择方法
    - ❷ 任务实施
      - 设计照明配电板电路图
        - 设计照明配电板电路原理图
        - 设计照明配电板元器件布置图
        - 设计照明配电板配线图
      - 识别照明配电板器材
      - 开具安装照明配电板器材清单
      - 安装照明配电板
        - 申领、清点、检查元器件及工具
        - 固定元器件
        - 配线
        - 检测照明配电板

项目评价

项目综合评价标准见表9-26。

表9-26 项目综合评价表

序号	评价项目	评价标准	配分/分	自评	组评
1	职业素养	穿戴符合要求	25		
		遵守安全操作规程，不发生安全事故			
		现场整洁干净，符合7S管理规范			
		遵守实训室规章制度			
		收集、整理技术资料并归档			
2	团队合作能力	有较强的集体意识和团队协作能力	15		
		积极参与小组活动，协作完成任务			
		共同交流和探讨，能正确评价自己和他人			
3	创新能力	有良好的创新思维，能做出合理的创新	5		
4	管理能力	有较强的自我管理意识与能力	5		
5	任务完成情况	安装与测试纯电阻交流电路	50		
		安装与测试纯电感交流电路			
		安装与测试纯电容交流电路			
		安装与测试荧光灯电路			
		安装照明配电板			
合计			100		

教师总评：

思考与提升

1. 说明安装荧光灯的操作要点和注意事项。

2. 说明安装照明配电板的操作要点和注意事项。

3. 为家庭或亲朋好友安装一盏荧光灯，要求从元器件的采购到荧光灯的安装必须独立完成。

4. 观察家庭的配电箱，说明配电箱的基本组成和各个断路器的作用，并画出电路原理图。

项目 10 分析与运用三相正弦交流电路

项目导入

在电力系统中，广泛应用的是三相交流电。那么，如何测试三相交流电源的相电压和线电压？三相负载如何连接成星形或三角形？负载的不同联结方式中，相电压与线电压、相电流与线电流之间有何关系？在建筑物、企业中的三相电源配电板应当如何安装？

通过本项目的学习，我们就会分析和解决上述问题了。

项目任务

本项目包括测试三相交流电源、安装与测试三相负载星形联结电路、安装与测试三相负载三角形联结电路、安装三相电源配电板 4 个任务。

任务 1 测试三相交流电源

一、任务目标

1）了解实训室三相交流电源的供电情况和实训装置三相交流电源的配置情况。

2）会测试三相交流电源的线电压和相电压。

3）会判断三相四线制交流电源的相线和中性线。

4）养成遵守纪律、安全操作的意识，培养爱岗敬业、精益求精的工匠精神。

二、任务描述

根据指导教师的讲解，熟悉实训室和实训装置三相交流电源的配置情况。能用万用表测试三相交流电源的线电压和相电压。能用万用表判断三相四线制交流电源的相线、中性线。

三、任务准备

（一）实训室三相交流电源配电箱

实训室一般都采用三相五线制供电方式，它从实训楼配电房通过电缆将电源引入实训室配电箱，再将电源分配给实训装置、空调、照明等电气设备。

1. 配电箱的电气元器件配置情况

图 10-1 所示为某实训室三相交流电源配电箱。实训室三相交流电源配电箱进线电源处安装有总电源开关、浪涌保护器开关和浪涌保护器等电气元器件。分支电路中安装了照明电源开关、电风扇电源开关、插座电源开关 1、插座电源开关 2、空调电源开关 1、空调电源开关 2、备用电源开关 1、备用电源开关 2 等电气元器件。配电箱中各电气元件的型号与功能见表 10-1。

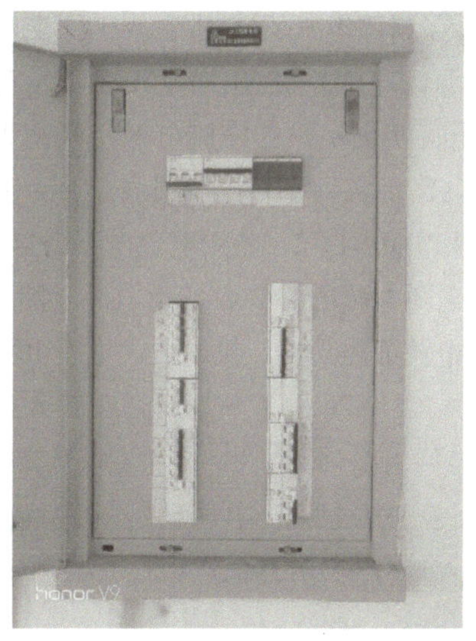

a) 配电箱实物图

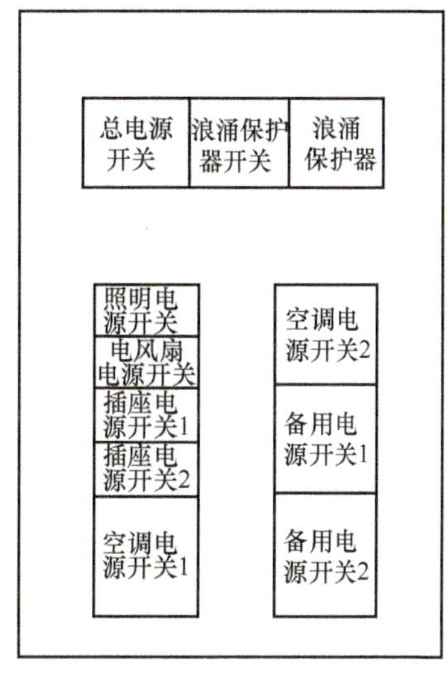

b) 配电箱元器件布置图

图 10-1　实训室三相交流电源配电箱

表 10-1　电气元件的型号与功能

序　号	名　称	型　号	功　能	说　明
1	总电源开关	iC65N C32/3P	作总电源开关	额定电流为 32A、三极断路器
2	浪涌保护器开关	iC65N C32/4P	接入、断开浪涌保护器	额定电流为 32A、四极断路器
3	浪涌保护器	JM-D440	对间接雷电和直接雷电影响或其他瞬时过电压的浪涌进行保护作用	当电气线路突然产生尖峰电流或过电压时，浪涌保护器能在极短的时间内导通分流，从而避免浪涌对线路其他设备的损害
4	照明电源开关	iC65N C16/1P	控制照明电源	额定电流为 16A、单极断路器
5	电风扇电源开关	iC65N C16/1P	控制电风扇电源	

（续）

序　号	名　称	型　号	功　能	说　明
6	插座电源开关 1	iC65N C16/2P+vigi	控制电源插座 1 电源	额定电流为 16A、两极带漏电保护断路器
7	插座电源开关 2	iC65N C16/2P+vigi	控制电源插座 2 电源	
8	空调电源开关 1	iC65N C20/4P+vigi	控制空调电源	额定电流为 20A、四极带漏电保护断路器
9	空调电源开关 2	iC65N C20/4P+vigi	控制空调电源	
10	备用电源开关 1	iC65N C20/4P+vigi	控制备用电源 1	额定电流为 20A、四极带漏电保护断路器
11	备用电源开关 2	iC65N C16/2P+vigi	控制备用电源 2	额定电流为 16A、两极带漏电保护断路器

2. 配电箱的供电线路配置情况

实训室内照明、插座、实训装置（平台）、空调等电气设备都是从三相交流电源配电箱中引出的。图 10-2 所示为实训室三相交流电源配电箱电路图。图 10-3 所示为实训室三相交流电源配电箱实物接线图。从中可以分析出，实训室三相交流电源是从实训楼配电房 1AL3 处引入电源到配电箱，再分 8 路分支电源电路供实训室各电气设备使用。其中照明电源电路、电风扇电源电路、插座电源电路 1、插座电源电路 2、备用电源电路 2 共 5 路分支电源电路为单相交流电源电路；空调电源电路 1、空调电源电路 2 和备用电源电路 1 共 3 路分支电源电路为三相四线制交流电源电路。各分支电源电路功能、供电方式见表 10-2。

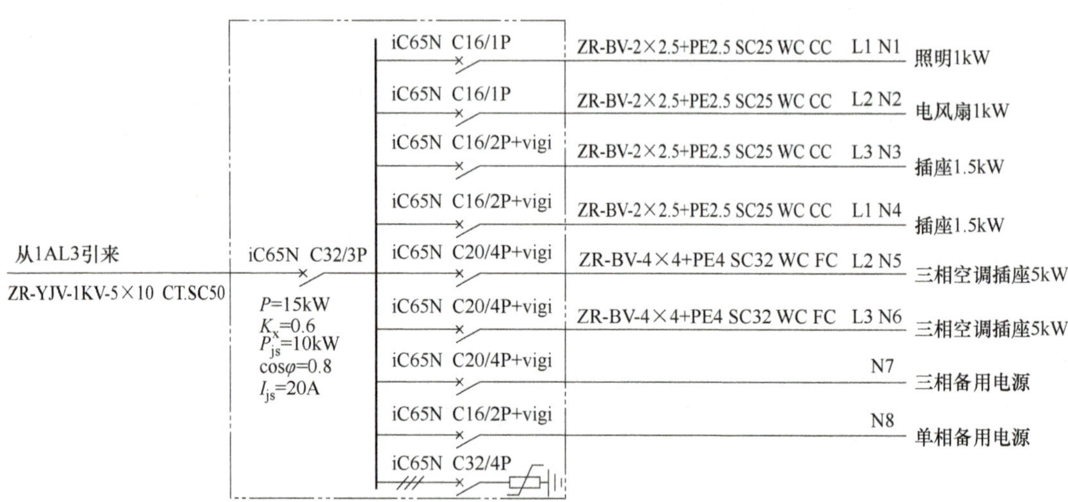

图 10-2　实训室三相交流电源配电箱电路图

表 10-2　分支电源电路功能及供电方式

序　号	名　称	功　能	供电方式
1	总电源电路	电源引入	采用三相五线制供电
2	照明电源电路	提供照明灯电源	采用单相供电

（续）

序　号	名　称	功　能	供电方式
3	电风扇电源电路	提供电风扇电源	采用单相供电
4	插座电源电路 1	提供插座电源	采用单相供电
5	插座电源电路 2	提供插座电源	采用单相供电
6	空调电源电路 1	提供空调电源	采用三相四线制供电
7	空调电源电路 2	提供空调电源	采用三相四线制供电
8	备用电源电路 1	提供三相备用电源	采用三相四线制供电
9	备用电源电路 2	提供单相备用电源	采用单相供电

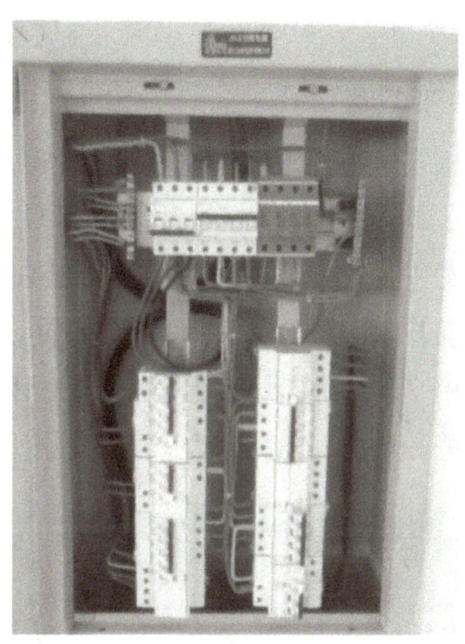

图 10-3　实训室三相交流电源配电箱实物接线图

3. 配电箱的电源线型号与规格

实训室配电箱中电源线型号与规格见表 10-3。

表 10-3　电源线型号与规格

序　号	名　称	型号规格	敷设方式	说　明
1	总电源电路	ZR-YJV-1KV-5×10	CT SC50	采用一根额定电压为 1kV 的阻燃交联聚乙烯绝缘聚氯乙烯护套铜芯电力电缆，该电力电缆中共有 5 根截面积为 10mm^2 的铜芯线；采用沿桥架敷设引入实训室、经直径为 50mm 钢管敷设引入配电箱
2	照明电源电路	ZR-BV-2×2. 5+PE2. 5	SC25 WC CC	采用两根截面积为 2. 5mm^2 的阻燃聚氯乙烯铜芯线和一根截面积为 2. 5mm^2 的阻燃聚氯乙烯铜芯接地线；采用直径为 25mm 的钢管敷设和沿墙体暗敷、吊顶内敷设
3	电风扇电源电路			
4	插座电源电路 1			
5	插座电源电路 2			

（续）

序　号	名　称	型号规格	敷设方式	说　明
6	空调电源电路 1	ZR-BV-4×4+PE4	S32 WC FC	采用 4 根截面积为 4mm² 的阻燃聚氯乙烯铜芯线和一根截面积为 4mm² 的阻燃聚氯乙烯铜芯接地线；采用直径为 32mm 的钢管敷设和沿墙体暗敷、沿地面暗敷
7	空调电源电路 2			
8	备用电源电路 1	备用电源不敷设		
9	备用电源电路 2			

注：ZR—阻燃；YJV—聚乙烯绝缘聚氯乙烯护套；BV—聚氯乙烯铜芯线；1KV—额定电压为 1kV；5×10—5 根截面积为 10mm² 的导线；CT—沿桥架敷设；SC50—敷设钢管直径为 50mm；WC—沿墙体暗敷；FC—沿地面暗敷；CC—吊顶内敷设。

（二）实训装置三相交流电源配置

实训装置三相交流电源是从实训室三相交流电源配电箱引出，分 N 路引到每台实训装置。图 10-4 所示为某实训装置总电源开关，它采用 DZ47LE-32/C16 型断路器，具有短路、漏电保护等功能。当实训装置发生短路或漏电故障时，能够自动切断实训装置的电源，起到保护人身和设备安全的作用。图 10-5 所示为某实训装置三相交流电源插座、电源换相开关及电压表等配置情况。三相交流电源插座可以引出三相四线制交流电源，供实训时使用；转动三相交流电源换相开关，电压表上会指示相应电压。

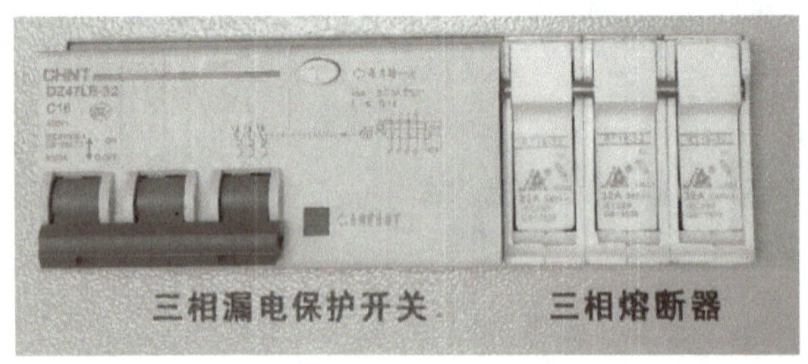

图 10-4　某实训装置三相交流总电源开关

图 10-5　某实训装置三相交流电源配置情况

四、任务实施

（一）认识实训室三相交流电源配置情况

1. 观察实训室三相交流电源配电箱

通过指导教师的讲解，认识实训室三相交流电源配电箱中电源配置情况，熟悉各电气元器件的型号、极数、供电方式和安装位置，并记录在表 10-4 中。

2. 识读三相交流电源配电箱电气原理图

根据指导教师提供的实训室三相交流电源配电箱电气原理图，如图 10-6 所示，指出各电气元器件的名称、作用；分析各分支线路所采用的导线型号、规格等，记录在表 10-5中。

表 10-4　认识实训室三相交流电源配电箱电气元器件

名　　称	型　　号	极　　数	供电方式	安装位置	功　　能
总电源开关					
浪涌保护器开关					
浪涌保护器					
照明电源开关					
电风扇电源开关					
插座电源开关 1					
插座电源开关 2					
空调电源开关 1					
空调电源开关 2					
备用电源开关 1					
备用电源开关 2					

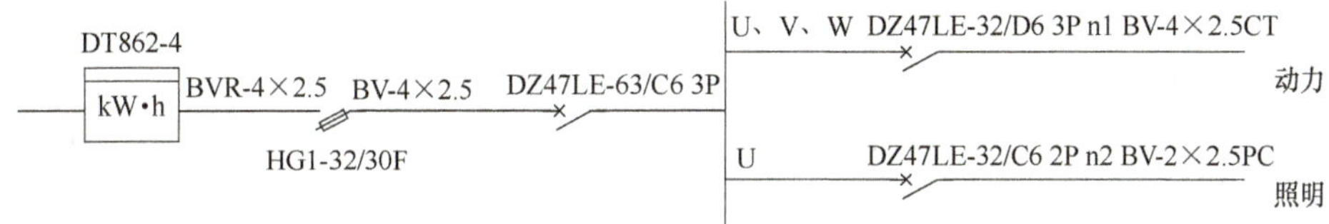

图 10-6　某实训室三相交流电源配电箱电气原理图

表 10-5　识读三相交流电源配电箱电气原理图记录

名　　称	型　　号	数　　量	极　　数	作　　用	导线型号规格	敷设方式
电能表						
总电路隔离开关						
总电路断路器						
分支线路断路器（动力）						
分支线路断路器（照明）						

（二）观察实训装置三相交流电源配置情况

通过指导教师的讲解，认识实训装置三相交流电源配置情况，熟悉各电气元器件的位置、型号、功能，并记录在表 10-6 中。

表 10-6　实训装置三相交流电源配置情况

名　称	位　　置	型　　号	功　　能
总电源开关			
三相电源插座			
电源换相开关			
电压表			

（三）测试三相交流电源的相电压与线电压

1. 选择万用表挡位与量程

将万用表挡位与量程选择开关转换到合适的交流电压挡。

2. 测试三相交流电源的线电压

用万用表测试三相电源插座中 U-V、V-W、W-U 之间的线电压，并记录在表 10-7 中。

表 10-7　三相交流电源线电压、相电压测试记录

测试线电压	万用表挡位	U-V 之间线电压 U_{UV}/V	V-W 之间线电压 U_{VW}/V	W-U 之间线电压 U_{WU}/V
测试相电压	万用表挡位	U 相电压 U_U/V	V 相电压 U_V/V	W 相电压 U_W/V

3. 测试三相交流电源的相电压

用万用表测试三相电源插座中 U、V、W 各相的相电压，并记录在表 10-7 中。

（四）判断三相交流电源的相线与中性线

使用低压验电器测试三相交流电源插座中的相线与中性线，并记录在图 10-7 中。

图 10-7　三相交流电源插座相线与中性线

五、任务评价

任务评价标准见表 10-8。

表 10-8　任务评价标准

任务名称	评价标准					配分/分	扣分
认识实训室三相交流电源配置情况	1. 认识实训室三相交流电源配电箱电气元器件有误，每个扣 2~3 分 2. 识读三相交流电源配电箱电气原理图有误，扣 5~20 分					50	
观察实训装置三相交流电源配置情况	1. 认识实训装置三相交流电源配置情况有误，扣 3~5 分 2. 说明各元器件的位置、型号、功能有误，每个扣 3~5 分					20	
测试三相交流电源的相电压与线电压	1. 万用表挡位与量程选择有误，每次扣 2 分 2. 测量方法、读数有误，扣 5~10 分					20	
判断三相交流电源的相线与中性线	相线、中性线判断有误，扣 5~10 分					10	
职业素养要求	详见表 1-4						
开始时间		结束时间		实际时间		成绩	

（续）

任务名称	评价标准	配分/分	扣　分
学生自评： 学生签名：　　　　年　月　日			
教师评语： 教师签名：　　　　年　月　日			

六、收获总结

将本任务实施过程中的收获与问题总结填写在表 10-9 中。

表 10-9　收获与问题总结反馈表

序　号	我会做的	我学会的	我的疑问	解决办法
1				
2				
3				
4				
5				
存在的问题：				

任务 2　安装与测试三相负载星形联结电路

一、任务目标

1）会安装三相负载星形联结电路。

2）会测试三相负载星形联结电路的线电压和相电压。

3）会测试三相负载星形联结电路中的线电流和相电流。

4）能验证三相交流电源中性线的作用。

5）养成遵守纪律、安全操作的意识，培养爱岗敬业、精益求精的工匠精神。

二、任务描述

根据所提供的三相负载（白炽灯）、开关、导线等器材和交流电压表、电流表、万用表等仪器仪表，按图将负载（白炽灯）连接成星形联结，测试三相交流电路中的电压和电流，观察白炽灯亮度，分析中性线的作用。

三、任务准备

三相负载是指用三相电源供电的用电设备，如三相交流异步电动机、三相电炉等。对于星形联结的三相对称负载，可以采用三相三线制供电，而对于星形联结的三相不对称负载，如三相照明电路，必须用三相四线制供电。

图 10-8a 所示为采用三相四线制电源供电的三相负载（白炽灯）星形联结电路原理图。三相交流电路的电压为 380V，每盏白炽灯的额定电压为 220V，额定功率为 20W。在 U、V 相与中性线之间各接 1 盏白炽灯 EL_1、EL_2，在 W 相与中性线之间接两盏白炽灯 EL_3、EL_4，实物接线图如图 10-8b 所示。

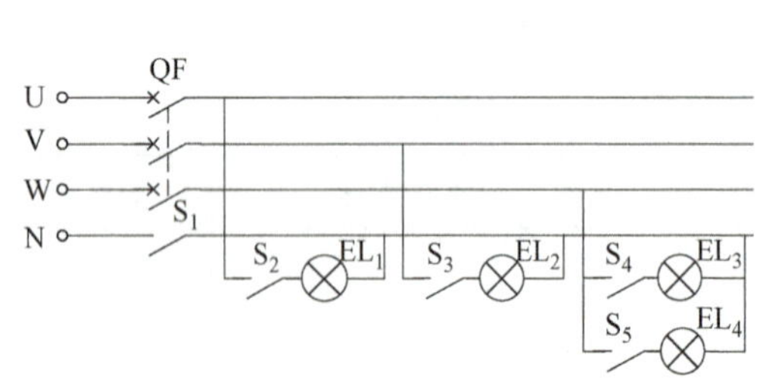

a) 电路原理图

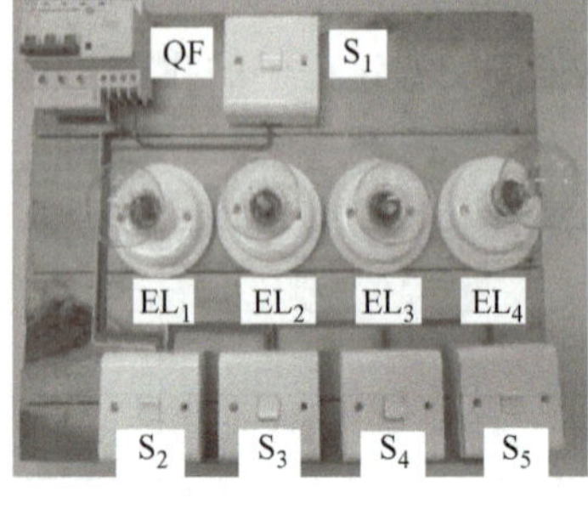

b) 实物接线图

图 10-8　三相负载星形联结电路原理图与实物接线图

说明：为了便于说明问题和进行模拟测试，在中性线上装有开关 S_1。实际三相照明电路中，中性线上不允许安装开关！

（一）三相星形联结的对称负载

在图 10-8 所示的三相照明电路中，若将开关 S_2、S_3、S_4 或 S_5 闭合时，每相电源接入 1 盏相同的负载（白炽灯），称为星形联结的三相对称负载。

当闭合电源开关 QF 和中性线开关 S_1 时，三相对称负载由三相四线制电源供电，3 盏白炽灯能够正常工作，而且亮度相同。

当将中性线开关 S_1 断开时，三相对称负载由三相三线制电源供电，3 盏白炽灯也能正常工作，而且亮度相同。

（二）三相星形联结的不对称负载

在图 10-8 所示的三相照明电路中，若将开关 S_2、S_3、S_4、S_5 闭合时，U、V 相电源各接入 1 盏相同的负载（白炽灯），W 相接入两盏相同的负载（白炽灯），称为星形联结的三相不对称负载。

当闭合电源开关 QF 和中性线开关 S_1 时，三相不对称负载由三相四线制电源供电，4 盏白炽灯能够正常工作，而且亮度相同。

当将中性线开关 S_1 断开时，三相对称负载由三相三线制电源供电，4 盏白炽灯不能正常工作，而且亮度不同。

四、任务实施

任务实施准备：三相负载（额定电压为 220V、额定功率为 20W 的白炽灯）4 盏、三相三线制电源开关 1 个、单线开关 5 个、交流电压表、交流电流表、万用表。

（一）安装三相负载星形联结电路

1. 安装元器件

根据图 10-8 所示的三相照明电路实物接线图，将电源开关 QF 及 5 个单线开关底座、4 盏白炽灯底座固定在电路板上。

2. 连接电路

根据图 10-8 所示的三相照明电路原理图和实物接线图连接电路。

3. 检查电路

使用万用表电阻挡检测所安装的电路，要求当闭合相应的单线开关时，所测得的电阻值应为白炽灯电阻值。

（二）测试三相负载星形联结电路

1. 测试三相对称负载星形联结电路

先闭合电源开关 QF，将白炽灯 EL_1、EL_2、EL_3 点亮，分别测量开关 S_1 闭合和断开时三相负载的相电压与线电压、相电流与线电流、中性线电流，将测量结果记录在表 10-10 中。观察各相白炽灯的亮度，分析中性线的作用。

表 10-10　三相对称负载星形联结电路测量记录

中性线状况	电源相线间电压/V（线电压）			负载两端电压/V（相电压）			电源相线电流/A（线电流）			负载电流/A（相电流）			中性线电流 I_N/A
	U_{UV}	U_{VW}	U_{WU}	U_U	U_V	U_W	$I_{U线}$	$I_{V线}$	$I_{W线}$	$I_{U相}$	$I_{V相}$	$I_{W相}$	
有中性线													
灯 EL_1、EL_2、EL_3 亮度													
无中性线													
灯 EL_1、EL_2、EL_3 亮度													
中性线作用													

2. 测试三相不对称负载星形联结电路

先闭合电源开关 QF，将白炽灯 EL_1、EL_2、EL_3、EL_4 点亮，分别测量开关 S_1 闭合和断开时三相负载的相电压与线电压、相电流与线电流、中性线电流，将测量结果记录在表 10-11中。观察各相白炽灯的亮度，分析中性线的作用。

表 10-11　三相不对称负载星形联结电路测量记录

中性线状况	电源相线间电压/V（线电压）			负载两端电压/V（相电压）			电源相线电流/A（线电流）			负载电流/A（相电流）			中性线电流 I_N/A
	U_{UV}	U_{VW}	U_{WU}	U_U	U_V	U_W	$I_{U线}$	$I_{V线}$	$I_{W线}$	$I_{U相}$	$I_{V相}$	$I_{W相}$	
有中性线													
灯 EL_1、EL_2、EL_3、EL_4 亮度													
无中性线													
灯 EL_1、EL_2、EL_3、EL_4 亮度													
中性线作用													

（三）分析三相负载星形联结电路的特点

1. 分析三相对称负载星形联结电路的特点

分析电路中白炽灯连接方式、线电压与相电压之间关系、线电流与相电流之间关系及中性线的作用，填入表 10-12 中。

表 10-12　三相对称负载星形联结电路的特点

开关闭合情况	连 接 方 式	灯 EL_1、EL_2、EL_3、EL_4 亮度情况	线电压与相电压关系	线电流与相电流关系	中性线作用
S_1、S_2、S_3、S_4 闭合					
S_1、S_2、S_3、S_5 闭合					
S_2、S_3、S_4 闭合					—
S_2、S_3、S_5 闭合					—
结论					

2. 分析三相不对称负载星形联结电路的特点

分析电路中白炽灯连接方式、线电压与相电压之间关系、线电流与相电流之间关系及中性线的作用，填入表 10-13 中。

表 10-13 三相不对称负载星形联结电路的特点

开关闭合情况	连接方式	灯 EL_1、EL_2、EL_3、EL_4 亮度情况	线电压与相电压关系	线电流与相电流关系	中性线作用
S_1、S_2、S_3、S_4、S_5 闭合					
S_2、S_3、S_4、S_5 闭合					
结论					

五、任务评价

任务评价标准见表 10-14。

表 10-14 任务评价标准

任务名称	评价标准					配分/分	扣分
安装三相负载星形联结电路	1. 元器件固定不牢固、不规范，每个扣 2~3 分 2. 连接电路不规范或有错误，扣 5~20 分 3. 安装完成后不检查电路，扣 5 分					50	
测试三相负载星形联结电路	1. 测试三相对称负载星形联结电路有误，扣 5~15 分 2. 测试三相不对称负载星形联结电路有误，扣 5~15 分					30	
分析三相负载星形联结电路的特点	分析三相负载星形联结电路的特点有误，扣 5~20 分					20	
职业素养要求	详见表 1-4						
开始时间		结束时间		实际时间		成绩	

学生自评：

学生签名： 年 月 日

教师评语：

教师签名： 年 月 日

六、收获总结

将本任务实施过程中的收获与问题总结填写在表 10-15 中。

表 10-15 收获与问题总结反馈表

序号	我会做的	我学会的	我的疑问	解决办法
1				
2				
3				
4				
5				

存在的问题：

任务3　安装与测试三相负载三角形联结电路

一、任务目标

1）会安装三相负载三角形联结电路。

2）会测试三相负载三角形联结电路的线电压和相电压。

3）会测试三相负载三角形联结电路中的线电流和相电流。

4）养成遵守纪律、安全操作的意识，培养爱岗敬业、精益求精的工匠精神。

二、任务描述

根据所提供的三相负载（白炽灯）、开关、导线等器材和交流电压表、电流表、万用表等仪器仪表，按电路图将负载（白炽灯）连接成三角形联结，测试三相交流电路中的电压和电流，观察白炽灯亮度。

三、任务准备

图 10-9 所示为采用三相三线制电源供电的三相负载（白炽灯）三角形联结电路图。三相交流电路的电压为 220V，每盏白炽灯的额定电压为 220V，额定功率为 20W。在图 10-9a 中，将 3 盏白炽灯 EL_1、EL_2、EL_3 分别接到两根相线之间；在图 10-9b 中，先将白炽灯 EL_3、EL_4 串联后，再与白炽灯 EL_1、EL_2 分别接到两根相线之间。

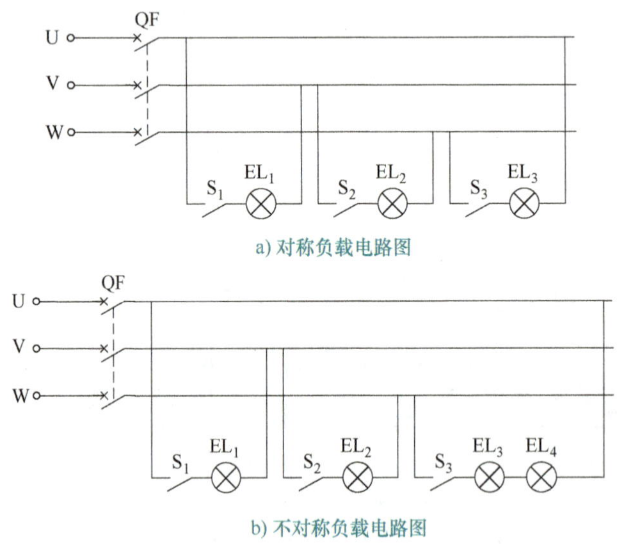

图 10-9　三相负载三角形联结电路原理图

（一）三相三角形联结的对称负载

在图 10-9a 所示的三相三角形联结对称负载电路中，若将开关 S_1、S_2、S_3 闭合，每盏相同的负载（白炽灯）分别接在两根相线之间，称为三角形联结的三相对称负载。

当闭合电源开关 QF 时，三相对称负载由三相三线制电源供电，3 盏白炽灯能够正常工作，而且亮度相同。

（二）三相三角形联结的不对称负载

在图 10-9b 所示的三相三角形联结不对称负载电路中，若将开关 S_1、S_2、S_3 闭合，每组负载（白炽灯）分别接在两根相线之间，称为三角形联结的三相不对称负载。

当闭合电源开关 QF 时，三相不对称负载由三相三线制电源供电，其中 EL_1、EL_2 能够正常工作，且亮度相同，而 EL_3、EL_4 不能正常工作，且比 EL_1、EL_2 暗，但 EL_3、EL_4 的亮度相同。

四、任务实施

任务实施准备：三相负载（额定电压 220V，额定功率 20W 的白炽灯）4 盏、三相三线制电源开关 1 个、单线开关 3 个、交流电压表、交流电流表、万用表。

（一）安装三相负载三角形联结电路

1. 安装元器件

根据图 10-9 所示的三相负载三角形联结电路原理图，按图 10-10 所示安装位置图将电源开关 QF 及 3 个单线开关底座、4 个白炽灯底座固定在电路板上。

2. 连接电路

根据图 10-9a 所示的三相负载三角形联结电路图连接电路。

3. 检查电路

使用万用表电阻挡检测所安装的电路，要求当闭合相应的单线开关时，所测得每两相间的电阻值为白炽灯电阻值。

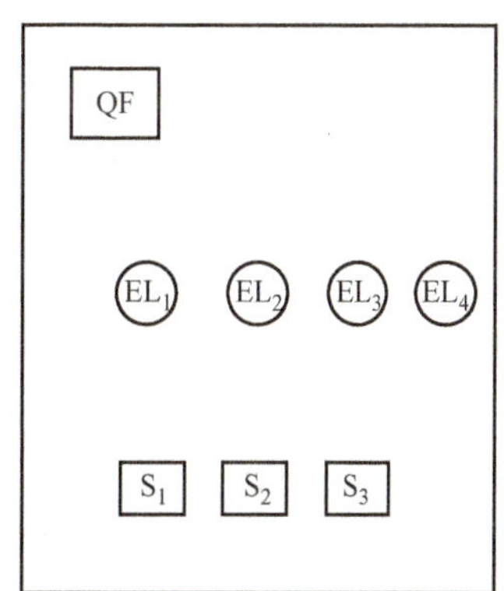

图 10-10　三相负载三角形联结安装位置图

（二）测试三相负载三角形联结电路

1. 测试三相对称负载三角形联结电路

先调节电源电压，使其输出的线电压为 220V。再闭合电源开关 QF，将白炽灯 EL_1、EL_2、EL_3 点亮，测量三相负载的相电压与线电压、相电流与线电流，将测量结果记录在表 10-16 中。观察各白炽灯的亮度。

2. 测试三相不对称负载三角形联结电路

先改装电路，将白炽灯 EL_3、EL_4 串联后接入 U、W 两相电源线之间。调节电源电压，使其输出的线电压为 220V。再闭合电源开关 QF，将白炽灯 EL_1、EL_2、EL_3、EL_4 全部点亮，分别测量相电压与线电压、相电流与线电流，将测量结果记录在表 10-17 中。观察各白炽灯的亮度。

表 10-16　三相对称负载三角形联结电路测量记录

测量电量	电源相线间电压/V（线电压）			负载两端电压/V（相电压）			电源相线电流/A（线电流）			负载电流/A（相电流）		
	U_{UV}	U_{VW}	U_{WU}	U_{EL1}	U_{EL2}	U_{EL3}	$I_{U线}$	$I_{V线}$	$I_{W线}$	I_{EL1}	I_{EL2}	I_{EL3}
测量数据												
灯 $EL_1 \sim EL_3$ 亮度情况												

表 10-17　三相不对称负载三角形联结电路测量记录

测量电量	电源相线间电压/V（线电压）			负载两端电压/V（相电压）			电源相线电流/A（线电流）			负载电流/A（相电流）		
	U_{UV}	U_{VW}	U_{WU}	U_{EL1}	U_{EL2}	$U_{EL3、EL4}$	$I_{U线}$	$I_{V线}$	$I_{W线}$	I_{EL1}	I_{EL2}	$I_{EL3、EL4}$
测量数据												
灯 $EL_1 \sim EL_4$ 亮度情况												

（三）分析三相负载三角形联结电路的特点

1. 分析三相对称负载三角形联结电路的特点

分析三相对称负载三角形联结电路中白炽灯连接方式、线电压与相电压、线电流与相电流之间关系，填入表 10-18 中。

表 10-18　三相对称负载三角形联结电路的特点

开关闭合情况	连接方式	灯 EL_1、EL_2、EL_3 亮度情况	线电压与相电压关系	线电流与相电流关系
S_1、S_2、S_3 闭合				
结论				

2. 分析三相不对称负载三角形联结电路的特点

分析三相不对称负载三角形联结电路中白炽灯连接方式、线电压与相电压、线电流与相电流之间关系，填入表 10-19 中。

表 10-19　三相对称负载三角形联结电路的特

开关闭合情况	连接方式	灯 EL_1、EL_2、EL_3、EL_4 亮度情况	线电压与相电压关系	线电流与相电流关系
S_1、S_2、S_3 闭合				
结论				

五、任务评价

任务评价标准见表 10-20。

表 10-20　任务评价标准

任务名称	评价标准				配分/分	扣　分
安装三相负载三角形联结电路	1. 固定元器件不牢固、不规范，每个扣 2~3 分 2. 连接电路不规范或有错误，扣 5~20 分 3. 安装完成后不检查电路，扣 5 分				50	
测试三相负载三角形联结电路	1. 测试三相对称负载三角形联结电路有误，扣 5~15 分 2. 测试三相不对称负载三角形联结电路有误，扣 5~15 分				30	
分析三相负载三角形联结电路的特点	分析三相负载三角形联结电路的特点有误，扣 5~20 分				20	
职业素养要求	详见表 1-4					
开始时间		结束时间		实际时间	成绩	

学生自评：

学生签名：　　　　年　　月　　日

教师评语：

教师签名：　　　　年　　月　　日

六、收获总结

将本任务实施过程中的收获与问题总结填写在表 10-21 中。

表 10-21　收获与问题总结反馈表

序　号	我会做的	我学会的	我的疑问	解决办法
1				
2				
3				
4				
5				
存在的问题：				

任务 4　安装三相电源配电板

一、任务目标

1）熟悉三相电源配电板中常用电气元器件的型号、功能。

2）熟悉三相电源配电板安装的步骤与方法。

3）会正确安装与检测三相电源配电板。

4）养成遵守纪律、安全操作的意识，培养爱岗敬业、精益求精的工匠精神。

二、任务描述

三相电源配电板是常见的配电设备，可以方便、灵活地接入三相交流电源、单相交流电源。

本任务根据所提供的三相四线制电能表、隔离开关、断路器、导线等器材，按电路图安装与测试三相电源配电板。

三、任务准备

（一）常用低压电气元器件

1. 三相有功电能表

三相有功电能表是计量三相有功电能的仪表。常见的三相电能表有三相三线制有功电能表和三相四线制有功电能表。常见的三相三线制电能表的型号有 DS862、DS15 等；常见的三相四线制电能表型号有 DT82、DT864 等。

图 10-11 所示为 DT864 型三相四线制有功电能表。它的结构和工作原理与单相电能表相似，其连接方式有直接接入式和间接接入式。在电流较小的低压电路中，电能表可采用直接接入式，直接接入式三相四线制有功电能表的接线图如图 10-12 所示。

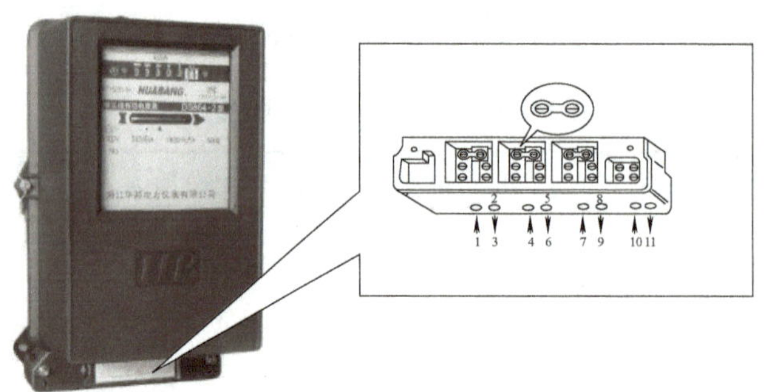

图 10-11　DT864 型三相四线制有功电能表

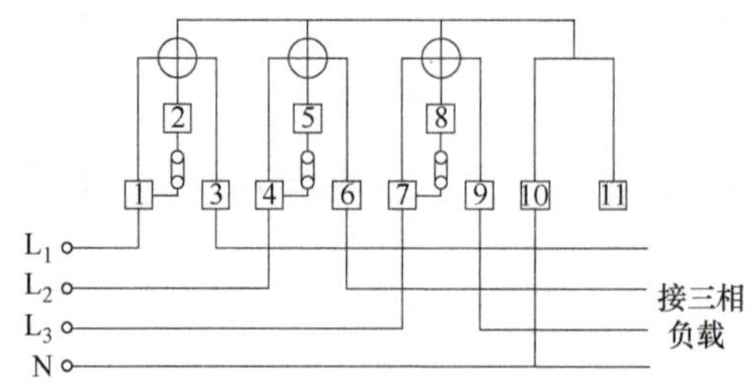

图 10-12　直接接入式三相四线制有功电能表的接线图

2. 低压隔离开关

在维修电气设备时，需要切断电源并使维修部分与带电部分隔离，为保持有效的隔离距离，要求在分断口间具有能承受过电压的耐压水平。起隔离电源作用的刀开关也称为隔离开关。低压隔离开关是一种没有灭弧装置的开关设备，主要用于断开无负荷电流的电路、隔离电源，在分闸状态时有明显的断开点，以保证其他电气设备的安全检修。常见的低压隔离开关有 HD、HG 系列隔离开关和 HG、HR 系列熔断器式隔离开关，如图 10-13 所示。

a) HD系列

b) HG系列熔断器式

图 10-13　低压隔离开关

【指点迷津】

低压隔离开关安装注意事项

1）为防止低压隔离开关在断开状态时，动触刀由于重力作用误接触静触头，应垂直安装于开关板上，且静触头座在上方，静触刀座在下方。

2）低压隔离开关及所接导线应与周围导电体保持一定的安全距离。

3）母线与低压隔离开关相连接时，不应有较大的扭应力，以防止损伤触头和发生事故。对连接点应经常检查，如有松动，应立即紧固，防止接触不良而影响使用寿命。

4）安装有中央杠杆操作机构的低压隔离开关，应经过仔细调整，保证分、合闸到位，操作灵活；对于三极低压隔离开关，应保证三相动作的同期性。

5）当低压隔离开关与不相同金属（如铝线）连接时，应采用铜铝过渡接线端子，并在导线连接部位涂少许导电膏，防止接触处发生电化锈蚀。

6）按照低压隔离开关的使用条件来分、合开关。不带灭弧罩的低压隔离开关不应分断负载电流；带灭弧罩的低压隔离开关应保持灭弧罩的完好，且灭弧罩的安放位置应正确。

7）低压隔离开关与其他可带负载的电气设备配套使用时，应先闭合低压隔离开关，后闭合带负载的其他元器件；分闸时，操作顺序相反。

8）对触头、触刀表面产生的氧化层，应及时清除，以免造成接触电阻增大，但对接触部分的镀银层则不能去除。为防止接触面氧化和便于操作，可在触刀的接触部分涂上一层很薄的中性凡士林。

3. 三相断路器

三相断路器按极数可分为三相三极、三相四极断路器，按是否带漏电保护可分为三相三极带漏电保护和三相四极带漏电保护断路器等。常见三相断路器如图 10-14 所示。

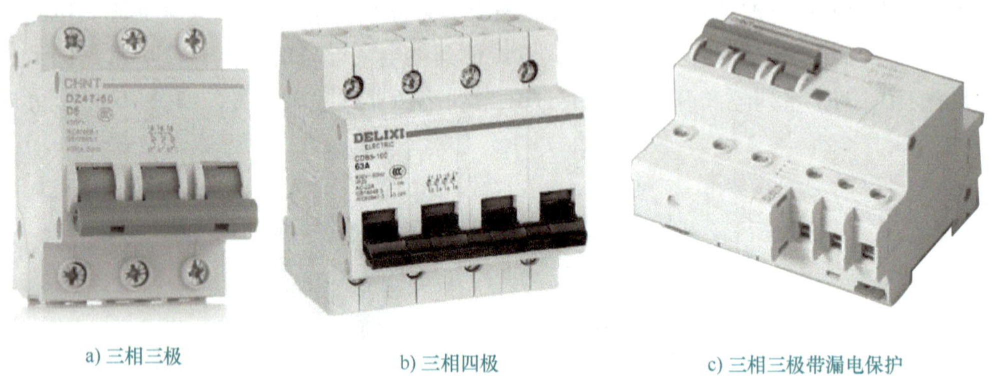

a) 三相三极　　b) 三相四极　　c) 三相三极带漏电保护

图 10-14　常见三相断路器

(二) 三相电源配电板电气原理图

三相电源配电板电气原理图如图 10-15 所示。

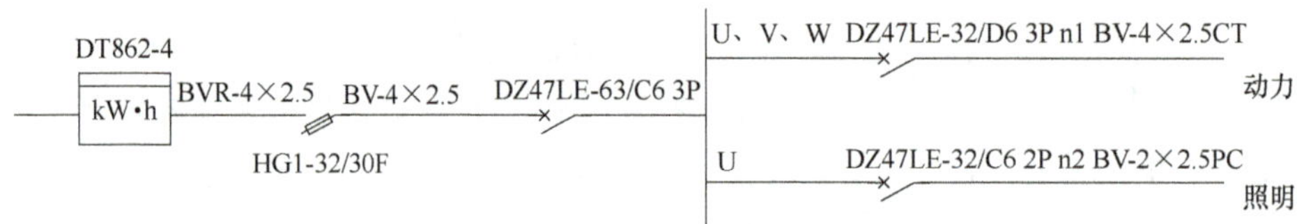

图 10-15　三相电源配电板电气原理图

从三相电源配电板电气原理图可知，三相四线制交流电源经电能表、低压隔离开关、断路器引到母线排，从母线排分成动力电路和照明电路供电。从图中还可知各段电气电路所用导线型号规格、安装方式等。

四、任务实施

任务实施准备：由学生自行列出安装三相电源配电板的元器件清单、选配和检测元器件，安装工具、仪表等由学生自行准备。

(一) 识读三相电源配电板电气原理图

在指导教师的指导下，识读三相电源配电板电气原理图，识读各电气元器件的名称、型号规格，分析它们的功能，识读各段电气电路所用导线的型号规格与安装方式等，记录在表 10-22 中。

(二) 列出安装三相电源配电板器材清单

根据图 10-15 列出在电路板上明线安装三相电源配电板所需的元器件、导线等器材清单，填入表 10-23 中。

表 10-22　识读三相电源配电板电气原理图

识读项目	名　　称	型号规格	电气元件功能/导线安装方式
识读电气元件	电能表		
	低压隔离开关		
	主电路断路器		
	动力电路断路器		
	照明电路断路器		
识读导线	低压隔离开关进线		
	主电路断路器进线		
	动力电路进/出线		
	照明电路进/出线		

表 10-23　器材清单

序　　号	名　　称	型号规格	数　　量	备　　注
1	三相四线制有功能电能表			
2	低压隔离开关			
3	主电路断路器			
4	动力电路断路器			
5	照明电路断路器			
6	电路板			
7	导线			
8	导轨			
9	木螺钉等其他器材			
10	母线排	用接线端子排代替		

（三）安装三相电源配电板

1. 识读电气元器件使用说明书

在指导教师的指导下，仔细识读电气元器件的使用说明书，明确各电气元器件的功能、结构、安装尺寸、安装条件等要求。

2. 检测电气元器件

先检查低压隔离开关、断路器外观有无破损，进行合闸与分闸试操作，要求无卡阻现象等。

用万用表检测低压隔离开关、断路器，要求在分闸状态时，各对触点的电阻值为无穷大；在合闸状态时，各对触点的电阻值为零。

3. 画出电气布置图

根据图 10-15 所示的三相电源配电板电气原理图、所选电气元器件的外形尺寸和安装要求，画出电气布置图，交指导教师检查。参考电气布置图、实物接线图如图 10-16 所示。

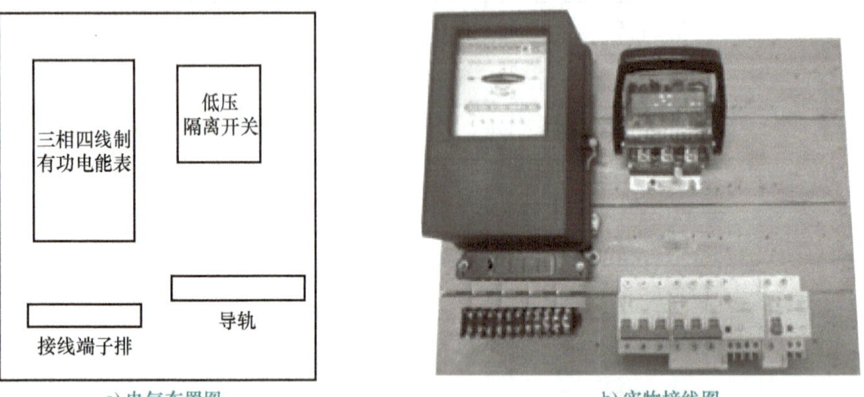

a) 电气布置图　　b) 实物接线图

图 10-16　三相电源配电板电气布置图、实物接线图

4. 安装电气元器件

根据所画的电气布置图，先在电路板上定位，再安装电能表、接线端子排、隔离开关及导轨等，然后将断路器安装在导轨上，要求安装牢固、符合工艺规范。

5. 安装电气电路

（1）安装三相四线制电能表进线　接线端子排 L_1、L_2、L_3 的接线端引出线与三相四线制电能表进线端子 1 与 2、4 与 5、7 与 8 分别连接。

（2）安装三相四线制电能表出线与隔离开关进线　将三相四线制电能表的出线端子 3、6、9 分别与低压隔离开关进线端子排相连接。将三相四线制电源中性线从接线端子排 N 接线端引出与三相四线制电能表出线端子 10 连接后引到接线端子排。

（3）安装低压隔离开关出线与主电路断路器进线　将低压隔离开关出线端引出线与主电路断路器进线端相连接。

（4）安装主电路断路器引出线与接线端子排进线　将主电路断路器出线端引出线与接线端子排相连接。

（5）安装接线端子排与动力电路断路器进线　将接线端子排 U、V、W 引出线与动力电路断路器进线端相连接。

（6）安装接线端子排与照明电路断路器进线　将接线端子排 U 引出线与照明电路断路器进线端 L 相连接；将接线端子排 N 引出线与断路器进线端 N 相连接。

6. 检测三相电源配电板

（1）观察法检查　按电气原理图从电源进线端开始，逐段核对接线有无漏接、错接，检查导线接点是否符合要求、连接是否牢固，检查导线型号规格和颜色是否符合要求。

（2）万用表检查　用万用表电阻挡逐段、逐相检查电路接线是否正确。

（3）检测绝缘电阻　断开各断路器，用 500V 绝缘电阻表逐段检查相与相、相与接地端之间的绝缘电阻，要求绝缘电阻不小于 0.5MΩ。

（4）检查相线　接通配电板电源，闭合低压隔离开关，再闭合主电路断路器和各分电路断路器，用验电器检查动力电路和照明电路各相线，正常时，验电器应能正常发光且亮度相同。检测完毕后，先断开动力电路和照明电路断路器，再断开主电路断路器，最后断开低压隔离开关和配电板电源。

7. 检测三相配电板电源电压

接通配电板电源，先闭合低压隔离开关，再闭合主电路断路器和各分电路断路器，用万用表交流电压挡分别测量三个相线之间和相线与中性线之间的电压，将测量结果填入表 10-24中。

表 10-24　测量记录

测量端点	U-V	V-W	W-U	U-N	V-N	W-N
电压值/V						

五、任务评价

任务评价标准见表 10-25。

表 10-25　任务评价标准

任　务		评 价 标 准	配分/分	扣　分
识读三相电源配电板电气原理图		1. 识读各电气元器件的名称、型号规格、分析功能有误，扣 2～5分 2. 识读各段电气电路所用导线的型号规格与安装方式等有误，扣 2～5 分	10	
列出安装三相电源配电板器材清单		所列安装三相电源配电板元器件清单有误，每个扣 1 分	5	
安装三相电源配电板	识读电气元器件使用说明书	说明电气元器件的功能、结构、安装尺寸、安装条件等有误，每个扣 2～3 分	10	
	检测电气元器件	1. 电气元器件检测方法有误，扣 3～5 分 2. 电气元器件检测结果有误，每个扣 2～3 分	10	
	画出电气布置图	电气布置图有误，扣 2～5 分	5	
	安装电气元器件	电气元器件安装不牢固、不规范，扣 2～5 分	5	
	安装电气线路	1. 电气线路安装不牢固、不规范，扣 5～20 分 2. 电气线路安装有误，扣 5～20 分	40	
	检测三相电源配电板	检测方法不正确、检测过程不规范、检测结果有误，扣 5～10分	10	

（续）

任　务	评价标准					配分/分	扣　分
检测三相配电板电源电压	检测方法不正确、检测过程不规范、检测结果有误，扣2~5分					5	
职业素养要求	详见表 1-4						
开始时间		结束时间		实际时间		成绩	

学生自评：

学生签名：　　　　年　　月　　日

教师评语：

教师签名：　　　　年　　月　　日

六、收获总结

将本任务实施过程中的收获与问题总结填写在表 10-26 中。

表 10-26　收获与问题总结反馈表

序　号	我会做的	我学会的	我的疑问	解决办法
1				
2				
3				
4				
5				
存在的问题：				

项目总结

- 项目10 分析与运用三相正弦交流电路
  - 任务1 测试三相交流电源
    - ❶任务准备
      - ★实训室三相交流电源配电箱
        - 配电箱的电气元器件配置情况
        - 配电箱的供电线路配置情况
        - 配电箱的电源线型号与规格
      - ★实训装置三相交流电源配置
    - ❷任务实施
      - 认识实训室三相交流电源配置情况
        - 观察实圳室三相交流电源配电箱
        - 识读三相交流电源配电箱电气原理图
      - 观察实训装置三相交流电源配置情况
      - 测试三相交流电源的相电压与线电压
        - 选择万用表挡位与量程
        - 测试三相交流电源的线电压
        - 测试三相交流电源的相电压
      - 判断三相交流电源的相线与中性线
  - 任务2 安装与测试三相负载星形联结电路
    - ❶任务准备
      - ★三相星形联结的对称负载
      - ★三相星形联结的不对称负载
    - ❷任务实施
      - 安装三相负载星形联结电路
        - 安装元器件
        - 连接电路
        - 检查电路
      - 测试三相负载星形联结电路
        - 测试三相对称负载星形联结电路
        - 测试三相不对称负载星形联结电路
      - 分析三相负载星形联结电路的特点
        - 分析三相对称负载星形联结电路的特点
        - 分析三相不对称负载星形联结电路的特点
  - 任务3 安装与测试三相负载三角形联结电路
    - ❶任务准备
      - ★三相三角形联结的对称负载
      - ★三相三角形联结的不对称负载
    - ❷任务实施
      - 安装三相负载三角形联结电路
        - 安装元器件
        - 连接电路
        - 检查电路
      - 测试三相负载三角形联结电路
        - 测试三相对称负载三角形联结电路
        - 测试三相不对称负载三角形联结电路
      - 分析三相负载三角形联结电路的特点
        - 分析三相对称负载三角形联结电路的特点
        - 分析三相不对称负载三角形联结电路的特点
  - 任务4 安装三相电源配电板
    - ❶任务准备
      - 常用低压电气元器件
        - 三相有功电能表
        - 低压隔离开关
        - 三相低压断路器
      - ★三相电源配电板电气原理图
    - ❷任务实施
      - 识读三相电源配电板电气原理图
      - 列出安装三相电源配电板器材清单
      - 安装三相电源配电板
        - 识读电气元器件使用说明书
        - 检测电气元器件
        - 画出电气布置图
        - 安装电气元器件
        - 安装电气电路
        - 检测三相电源配电板
        - 检测三相配电板电源电压

项目评价

项目综合评价标准见表 10-27。

表 10-27 项目综合评价表

序号	评价项目	评价标准	配分/分	自评	组评
1	职业素养	穿戴符合要求	25		
		遵守安全操作规程，不发生安全事故			
		现场整洁干净，符合 7S 管理规范			
		遵守实训室规章制度			
		收集、整理技术资料并归档			
2	团队合作能力	有较强的集体意识和团队协作能力	15		
		积极参与小组活动，协作完成任务			
		共同交流和探讨，能正确评价自己和他人			
3	创新能力	有良好的创新思维，能做出合理的创新	5		
4	管理能力	有较强的自我管理意识与能力	5		
5	任务完成情况	测试三相交流电源	50		
		安装与测试三相负载星形联结电路			
		安装与测试三相负载三角形联结电路			
		安装三相电源配电板			
合计			100		

教师总评：

思考与提升

1. 如果给你一支低压验电器，你能确定三相四线制供电线路中的相线和中性线吗？请说明操作要点。

2. 如果给你一块量程为 500V 的交流电压表，你能确定三相四线制供电线路中的相线和中性线吗？请说明操作要点。

3. 某同学在“安装与测试三相负载星形联结电路”实训中，在对称三相四线制供电线路上，每相连接一盏相同的白炽灯，三盏白炽灯都能正常发光。请回答下列问题：

1）如果中性线断开，三盏白炽灯工作状况会如何变化？

2）如果中性线断开又有一盏白炽灯断开，则没有断路的其他两相的白炽灯工作状况会如何变化？

3）如果中性线断开后又有一盏白炽灯短路，则没有短路的其他两相中的白炽灯工作状况会如何变化？

4）说明中性线的作用。

4. 有三根额定电压为220V、功率为1kW的电热丝，要接到电压为380V的三相交流电源上，应采用何种接法？为什么？

*项目 11 认识变压器

项目导入

变压器具有变换交流电压、交流电流和阻抗的作用。变压器是电气设备和电子产品中常用的元器件。如何区分不同类型的变压器，如何检测变压器并判断其好坏，如何判断变压器的同名端是在变压器实际应用中经常会遇到的问题。让我们一起来学一学、做一做。

项目任务

本项目主要有识别变压器、检测变压器两个任务。

任务 1 识别变压器

一、任务目标

1）熟悉变压器的分类，能识别常用变压器。

2）会识读变压器的铭牌参数。

3）养成遵守纪律、安全操作的意识，培养爱岗敬业、精益求精的工匠精神。

二、任务描述

变压器的种类很多，从大型的电力变压器到电子产品中使用的小型变压器，应如何区分这些变压器的类型呢？变压器上都有铭牌，在铭牌上有很多参数，这些参数有什么意义呢？

本任务通过观察变压器的外形，识别变压器的类型；通过观察变压器的铭牌，识读变压器的铭牌参数。

三、任务准备

1. 变压器的结构

变压器是由一个矩形铁心和两个绕在铁心上互相绝缘的绕组所组成的。图 11-1 所示为小型电源变压器的外形结构图，图 11-2 所示为电力变压器的外形结构图，图 11-3 所示为小型电源变压器的铁心形式。

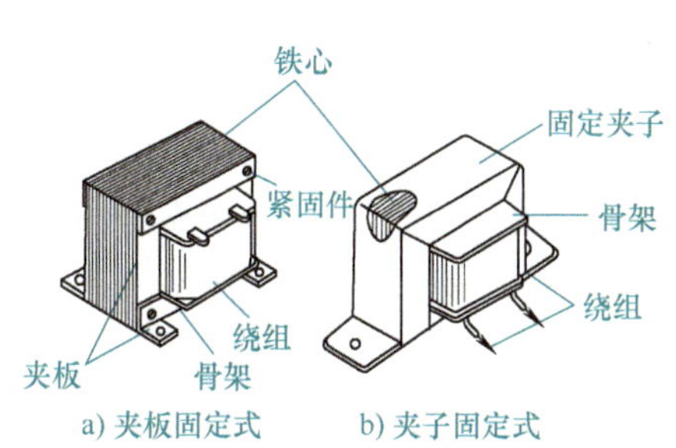

图 11-1　小型电源变压器的外形结构图

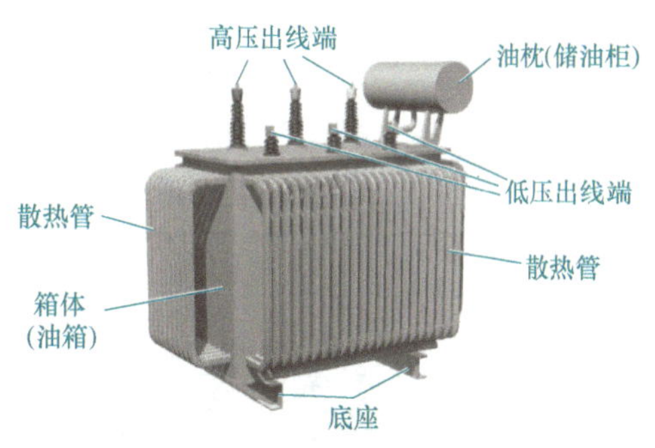

图 11-2　电力变压器的外形结构图

2. 变压器的图形符号

变压器的图形符号如图 11-4 所示。

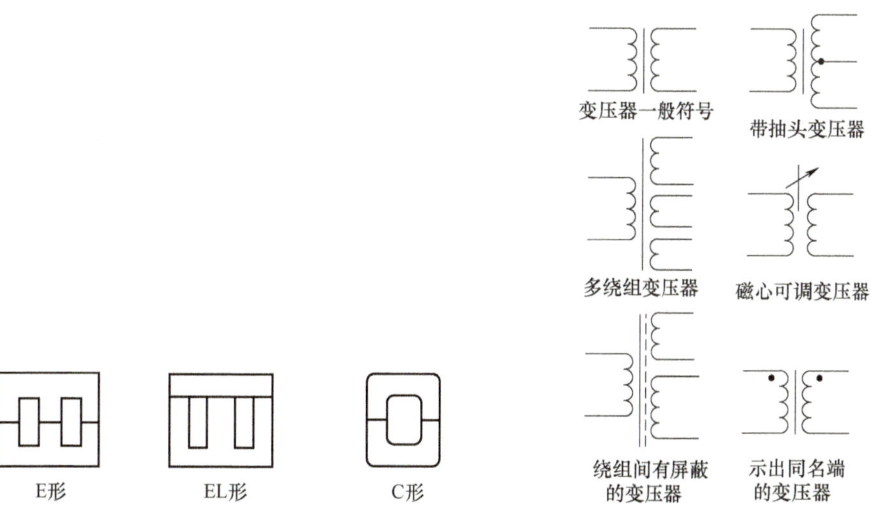

图 11-3　小型电源变压器铁心形式

图 11-4　变压器的图形符号

3. 变压器的分类

变压器按用途可分为电力变压器、试验变压器、仪表变压器和特殊变压器等；按相数可分为单相变压器、三相变压器和多相变压器；按绕组形式可分为多绕组变压器、双绕组变压器、自耦变压器等。在电子产品中使用的小型变压器按功能可分为电源变压器、音频变压器、中频变压器、高频变压器和脉冲变压器等。

四、任务实施

任务实施准备：小型电源变压器、高频变压器、环形变压器、自耦变压器、电压互感器、电流互感器等类型的变压器实物或图片。

1. 识别变压器的类型与结构

根据指导教师提供的变压器实物或图片，说明变压器的类型，指出变压器的主要结构，填入表 11-1 中。

表 11-1　变压器的类型与主要结构

序号	变压器示例图	类　型	主要结构
1			
2			
3			
4			
5			
6			

（续）

序号	变压器示例图	类 型	主要结构
7			
8			
9			
10			
11	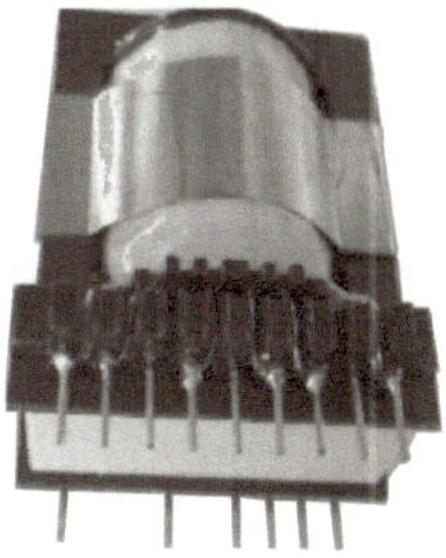		

2. 识读变压器铭牌

根据指导教师提供的变压器实物图或铭牌图片，说明变压器的主要技术参数，填入表 11-2 中。

表 11-2　识读变压器的铭牌

序号	铭牌示例图	变压器类型	主要技术参数
1			
2			
3			

五、任务评价

任务评价标准见表 11-3。

表 11-3　任务评价标准

任务名称	评价标准				配分/分	扣分
识别变压器的类型与结构	1. 说明变压器的类型有误，每个扣 3 分 2. 说明变压器的主要结构有误，每个扣 3 分				60	
识读变压器铭牌	识读变压器的铭牌有误，每个扣 3~5 分				40	
职业素养要求	详见表 1-4					
开始时间		结束时间		实际时间	成绩	

（续）

学生自评：
学生签名：　　　年　　月　　日
教师评语：
教师签名：　　　年　　月　　日

六、收获总结

将本任务实施过程中的收获与问题总结填写在表 11-4 中。

表 11-4　收获与问题总结反馈表

序号	我会做的	我学会的	我的疑问	解决办法
1				
2				
3				
4				
5				
存在的问题：				

任务 2　检测变压器

一、任务目标

1）会检测小型变压器，并能判断其好坏。

2）会判断小型变压器的同名端。

3）养成遵守纪律、安全操作的意识，培养爱岗敬业、精益求精的工匠精神。

二、任务描述

变压器在投入使用前，需要进行哪些检测？在变压器使用过程中，如何通过检测来判断变压器的好坏？变压器工作时，各绕组之间需要进行正确的连接。若接错，就有可能导致变压器严重损坏。因此，在变压器绕组连接前应当如何判别变压器的同名端呢？

本任务将学习用万用表、绝缘电阻表检测小型变压器，并判断其好坏；学习判断小型变压器的同名端。

三、任务准备

（一）小型变压器的检测方法

1. 外观检查方法

外观检查法就是通过观察变压器的外形来检查变压器是否有明显的异常现象（如绕组引线是否断裂、脱焊，绝缘材料是否有过热、烧焦痕迹，铁心紧固螺杆是否有松动，铁心硅钢片有无锈蚀，绕组是否有外露等现象）来判断变压器的好坏。

2. 绕组电阻值的检测方法

将万用表量程与挡位选择开关转换至合适的电阻挡，按小型变压器各绕组引脚的排列规律，参照图 11-5 所示的方法，逐一检测一、二次绕组的电阻值，若测得某个绕组的电阻值为无穷大，说明该绕组有断路性故障；若测得某个绕组的电阻值为零或很小，说明该绕组有短路性故障。

小型变压器中的电源变压器、输入/输出变压器、中频变压器、电流互感器等绕组的电阻值均较小，一般在几欧到几百欧之间，有的甚至在零点几欧以下，要具体测出绕组的电阻值，需要用电桥来测量。

3. 绝缘电阻值的检测方法

将绝缘电阻表的两个接线端分别接到被测变压器不同绕组的接线端，如图 11-6 所示，以 120r/min 的速度摇动绝缘电阻表手柄，这时所测出的绝缘电阻值为绕组间的绝缘电阻。若将绝缘电阻表的两个接线端分别接在绕组的接线端与变压器的外壳之间，则测出的绝缘电阻为绕组与外壳之间的绝缘电阻。一般小型变压器的绝缘电阻值在 2MΩ 以上时为正常，若小于 0. 5MΩ 就不能使用。

图 11-5 用万用表检测小型变压器绕组电阻值

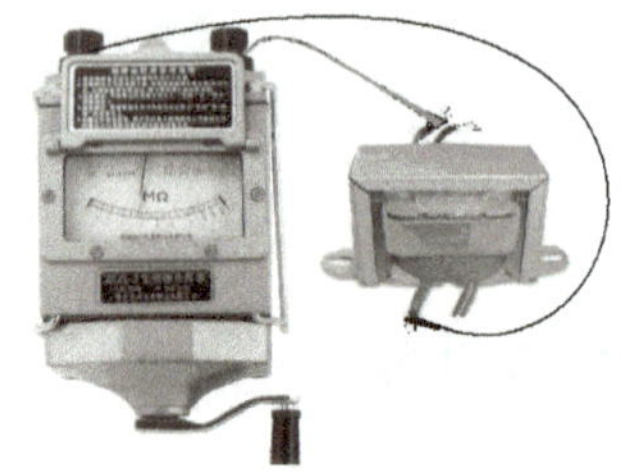

图 11-6 用绝缘电阻表检测小型变压器的绝缘电阻值

4. 空载电压的检测方法

将小型电源变压器的一次侧接到合适的电源上，用万用表交流电压挡依次检测各二次绕组的空载电压。变压器绕组电压允许误差范围一般为：−10%≤高压绕组≤10%，−5%≤低压绕组≤5%，带中心抽头的两组对称绕组的电压差应为−5%~5%。

（二）变压器同名端的判别方法

变压器绕组的同名端是指变压器一、二次绕组在同一磁通作用下所产生的感应电动势之间的相位关系。变压器的同名端一般用“·”表示，一、二次绕组中均带“·”的两对应端，表示该两端感应电动势的相位相同，即为同名端；一端带“·”而另一端不带

“·”的两对应端，表示该两端感应电动势的相位相反，即为异名端。

判别小型变压器同名端的常用方法有交流法和直流法两种。

1. 交流法

图 11-7 所示为单相变压器的绕组连接图，在它的一次侧绕组上加适当的交流电压，分别用交流电压表测出一、二次侧绕组的电压 U_1、U_2，以及 1、3 之间的电压 U_3。若 $U_3=U_1+U_2$，则不相连的绕组端 2、4 为异名端，1、4 为同名端，2、3 也为同名端。若 $U_3=U_1-U_2$，则不相连的绕组端 2、4 为同名端，1、4 为异名端，1、3 为同名端。

2. 直流法

直流法也称为干电池法，是由干电池和万用表连接成图 11-8 所示电路，将万用表量程与挡位选择开关转换至直流电压低挡位（5V 以下）或直流电流挡（如 5mA）。当接通开关 S 的瞬间，万用表指针正向偏转，则万用表的正极、电池的正极所接的为同名端；如果万用表指针反向偏转，则万用表的正极、电池的负极所接的为同名端。当开关 S 断开瞬间，万用表的指针的偏转方向会相反。

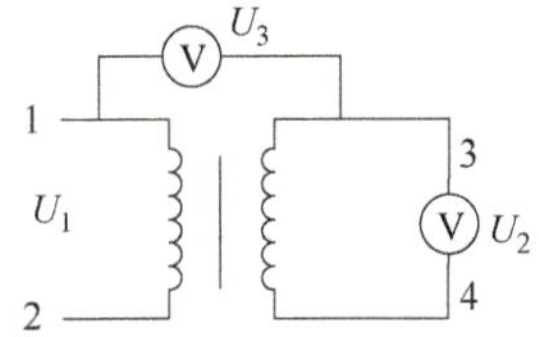

图 11-7　交流法判别变压器同名端

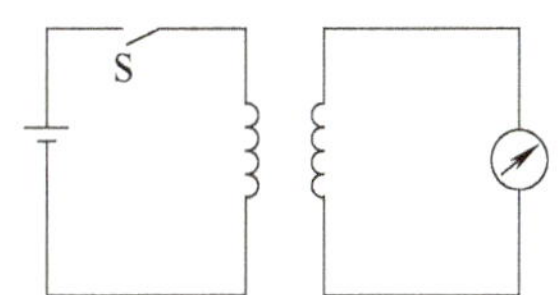

图 11-8　直流法判别变压器同名端

四、任务实施

任务实施准备：小型电源变压器、干电池、开关、连接导线及万用表、绝缘电阻表。

1. 检测小型电源变压器的好坏

1）外观检查。从外观上检查电源变压器绕组是否有绕组引线断裂、脱焊现象，是否有绝缘材料过热、烧焦痕迹，是否有铁心紧固螺杆松动现象，铁心硅钢片有无锈蚀，是否有绕组线圈外露等现象。将检查结果记录在表 11-5 中。

2）电压法检查。在电源变压器的一次侧加上电压，在二次侧不接负载和接额定负载的情况下，分别用万用表交流电压挡测量变压器二次电压。将测量和结果分析记录在表 11-5中。

3）电阻法检查。用万用表电阻挡分别测量变压器的一次和二次绕组电阻值，小型电源变压器的一次绕组电阻值一般在 50~150Ω 之间，二次绕组电阻值一般为几欧。将测量和结果分析记录在表 11-5 中。

4）绝缘电阻检查。用绝缘电阻表分别测量绕组与绕组之间、绕组与外壳之间的绝缘电阻值。将测量和结果分析记录在表 11-5 中。

表 11-5　小型电源变压器检测结果记录

<table>
<tr><td rowspan="2">铭牌参数</td><td>型号</td><td colspan="2"></td><td colspan="2">一次绕组电压/V</td><td></td><td colspan="2">额定电流</td><td colspan="2"></td></tr>
<tr><td>容量</td><td colspan="2"></td><td colspan="2">二次绕组电压/V</td><td></td><td colspan="2">电压比</td><td colspan="2"></td></tr>
<tr><td>外观检查结果</td><td colspan="10"></td></tr>
<tr><td rowspan="6">检测内容</td><td colspan="5">空载电压/V</td><td colspan="5">额定负载电压/V</td></tr>
<tr><td colspan="2">一次绕组电压</td><td colspan="2">二次绕组电压</td><td>结果分析</td><td colspan="2">一次绕组电压</td><td colspan="2">二次绕组电压</td><td>结果分析</td></tr>
<tr><td colspan="2"></td><td colspan="2"></td><td></td><td colspan="2"></td><td colspan="2"></td><td></td></tr>
<tr><td colspan="5">绕组直流电阻值/Ω</td><td colspan="5">绝缘电阻/MΩ</td></tr>
<tr><td colspan="2">一次绕组</td><td colspan="2">二次绕组</td><td>结果分析</td><td colspan="2">绕组之间</td><td colspan="2">绕组与外壳之间</td><td>结果分析</td></tr>
<tr><td colspan="2"></td><td colspan="2"></td><td></td><td colspan="2"></td><td colspan="2"></td><td></td></tr>
</table>

2. 检测中周变压器的好坏

1）将万用表量程与挡位选择开关转换到 $R\times1$ 挡，按照中周变压器各绕组引脚的排列规律逐一检查各绕组的通断情况。将测量和分析结果记录在表 11-6 中。

2）将万用表量程与挡位选择开关转换到 $R\times10\text{k}$ 挡，分别检测一次绕组与二次绕组之间、一次绕组与外壳之间、二次绕组与外壳之间的电阻值，将检测数据和结果分析记录在表 11-6 中。

表 11-6　中周变压器检测结果记录

检测内容	检测数据	结果分析
绕组电阻值		
绝缘电阻值		

3. 判别变压器的同名端

根据指导教师提供的小型电源变压器，用交流法或直流法判断小型电源变压器的同名端。

五、任务评价

任务评价标准见表 11-7。

表 11-7　任务评价标准

<table>
<tr><th>任务名称</th><th colspan="5">评价标准</th><th>配分/分</th><th>扣　分</th></tr>
<tr><td>检测小型电源变压器的好坏</td><td colspan="5">1. 外观检查有误，扣 3~5 分
2. 电压法检查方法、检查结果有误，扣 5~20 分
3. 电阻法检查方法、检查结果有误，扣 5~15 分
4. 绝缘电阻检查方法、检查结果有误，扣 5~15 分</td><td>50</td><td></td></tr>
<tr><td>检测中周变压器的好坏</td><td colspan="5">1. 检测数据有误，每个扣 3~5 分
2. 检测结果分析有误，每个扣 3~5 分</td><td>30</td><td></td></tr>
<tr><td>判别变压器的同名端</td><td colspan="5">判别方法、判别结果有误，扣 5~20 分</td><td>20</td><td></td></tr>
<tr><td>职业素养要求</td><td colspan="5">详见表 1-4</td><td></td><td></td></tr>
<tr><td>开始时间</td><td></td><td>结束时间</td><td></td><td>实际时间</td><td></td><td>成绩</td><td></td></tr>
<tr><td colspan="8">学生自评：
学生签名：　　　年　　月　　日</td></tr>
<tr><td colspan="8">教师评语：
教师签名：　　　年　　月　　日</td></tr>
</table>

六、收获总结

将本任务实施过程中的收获与问题总结填写在表 11-8 中。

表 11-8　收获与问题总结反馈表

<table>
<tr><th>序号</th><th>我会做的</th><th>我学会的</th><th>我的疑问</th><th>解决办法</th></tr>
<tr><td>1</td><td></td><td></td><td></td><td></td></tr>
<tr><td>2</td><td></td><td></td><td></td><td></td></tr>
<tr><td>3</td><td></td><td></td><td></td><td></td></tr>
<tr><td>4</td><td></td><td></td><td></td><td></td></tr>
<tr><td>5</td><td></td><td></td><td></td><td></td></tr>
<tr><td colspan="5">存在的问题：</td></tr>
</table>

项目总结

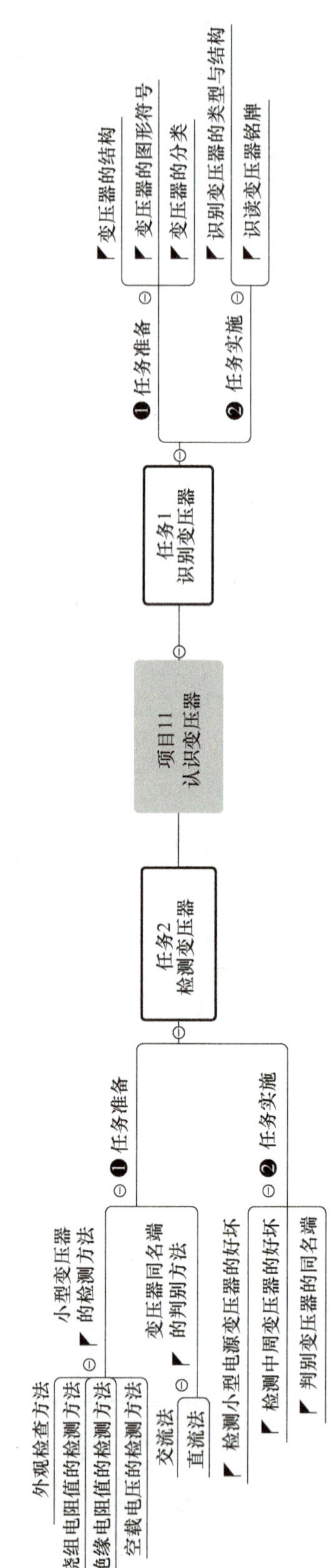
项目11
认识变压器
任务1
识别变压器
❶任务准备
变压器的结构
变压器的图形符号
变压器的分类
❷任务实施
识别变压器的类型与结构
识读变压器铭牌
任务2
检测变压器
❶任务准备
小型变压器
的检测方法
外观检查方法
绕组电阻值的检测方法
绝缘电阻值的检测方法
空载电压的检测方法
变压器同名端
的判别方法
交流法
直流法
❷任务实施
检测小型电源变压器的好坏
检测中周变压器的好坏
判别变压器的同名端

项目评价

项目综合评价标准见表 11-9。

表 11-9 项目综合评价表

序号	评价项目	评价标准	配分/分	自评	组评
1	职业素养	穿戴符合要求	25		
		遵守安全操作规程，不发生安全事故			
		现场整洁干净，符合 7S 管理规范			
		遵守实训室规章制度			
		收集、整理技术资料并归档			
2	团队合作能力	有较强的集体意识和团队协作能力	15		
		积极参与小组活动，协作完成任务			
		共同交流和探讨，能正确评价自己和他人			
3	创新能力	有良好的创新思维，能做出合理的创新	5		
4	管理能力	有较强的自我管理意识与能力	5		
5	任务完成情况	识别变压器	50		
		检测变压器			
合计			100		

教师总评：

思考与提升

1. 常见的变压器有哪些？你认识它们吗？知道它们的用途吗？
2. 如何检测小型变压器？
3. 如何判别变压器的同名端？
4. 图 11-9 所示是一个稳压电源中的降压变压器，请问：

（1）该变压器的一次绕组与二次绕组导线的直径哪个更粗？

（2）变压器为什么要用铁壳或铝壳罩起来？

图 11-9 降压变压器

*项目 12 综合实训——组装与调试 MF47 型万用表

项目导入

在前面所学项目的训练中，同学们经常使用到 MF47 型万用表。通过使用万用表，我们已经熟悉了 MF47 型万用表的结构和基本功能，已能熟练使用万用表直流电压、直流电流、交流电压和电阻等。作为一个综合性的实训项目，本项目旨在使同学们进一步熟悉万用表的内部结构、电路组成及工作原理，了解万用表等电子产品组装与调试的基本步骤和方法，学会排除一些万用表的常见故障。同时，锡焊技术也是电工的基本操作技能之一，通过实训要求同学们在初步掌握这一技能的同时，能够培养耐心细致，一丝不苟的工作作风。

组装一块万用表，需要先分析、识读电路原理图，然后对电路板进行装接，也就是完成导线、电阻器、电容器、二极管等元器件的识别与检测、安装和焊接，再进行整机组装，把电路板和表头进行连接，安装转换装置，扣上后盖，最后进行调试。MF47 型万用表组装与调试的基本流程如图 12-1 所示。

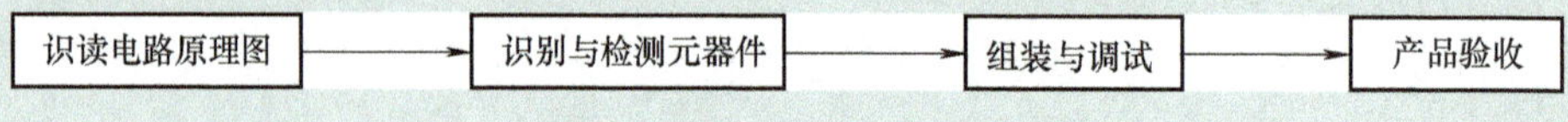

图 12-1　MF47 型万用表组装与调试的基本流程

项目任务

本项目包括认识万用表的结构组成、组装与调试万用表两个任务。

任务 1　认识万用表的结构组成

一、任务目标

1）熟悉万用表的结构与工作原理。
2）熟悉基本焊接工具的使用和焊接方法。
3）会识读万用表的电路图。
4）会识别元器件。
5）培养自主学习、交流沟通和分析解决问题的能力。
6）具有查阅资料、收集信息的能力，具备良好的团队合作能力。
7）树立质量意识、安全意识，具备良好的 7S 管理意识。
8）养成遵守纪律、安全操作的意识，培养爱岗敬业、精益求精的工匠精神。

二、任务描述

通过识读工艺图纸、观察实物和识读技术参数，进一步熟悉 MF47 型万用表内部结构，熟悉万用表的基本组成；通过识读电路图，了解万用表的工作原理，熟悉元器件的作用；通过识别元器件，为组装与调试万用表奠定基础。

三、任务准备

MF47 型万用表采用高灵敏度的磁电系整流式表头，性能稳定、造型大方、设计紧凑、结构牢固、携带方便，零部件采用优质材料及工艺处理，具有良好的电气性能和机械强度。

（一）万用表的结构

MF47 型万用表主要由表头（测量机构）、转换装置、测量电路等部分组成。图 12-2 所示为 MF47 型万用表的内部结构图。

1. 表头

万用表的表头部分作为测量显示装置，是高灵敏度的磁电系整流式表头（直流微安表）。通过万用表的测量电路，电压、电流、电阻等的测量都会被转换成直流电流的测量，通过指针的偏转显示被测电量的大小，因此它是不同被测量的共用部分。表头的刻度盘有多种量程刻度，其作用是通过表头刻度及指针指示来读出被测电量的大小。MF47 型万用表的表头满偏为 50μA，表头的内阻≤1.7kΩ，如图 12-3 所示。

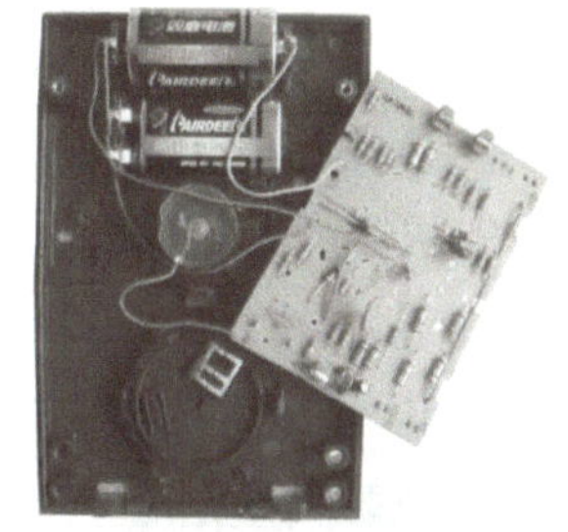
图 12-2　MF47 型万用表的内部结构图

2. 转换装置

MF47 型万用表的转换装置如图 12-4 所示，由转换开关、旋钮、插孔等组成，其作用是把万用表电路转换为所选的测量种类和合适的量程，来接通不同的测量电路。

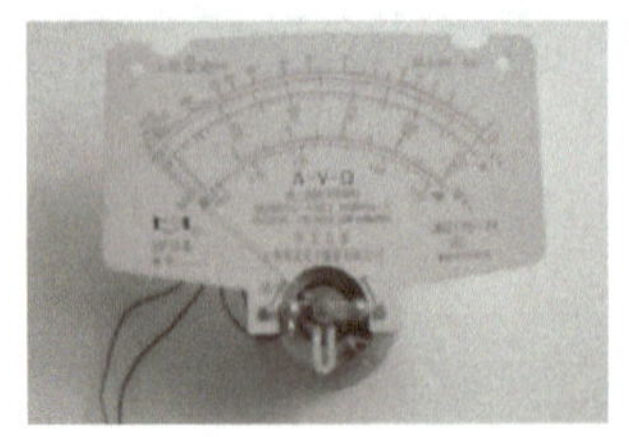

图 12-3　MF47 型万用表的表头

图 12-4　MF47 型万用表的转换装置

3. 测量电路

测量电路由公共显示部分、保护电路、直流电流测量电路、交流电压测量电路和电阻测量电路等部分组成，其主要作用是将被测电量转换成适合表头指示用的电量。它是由测量电路板、电位器、电阻器、二极管、电容器等组成。图 12-5 所示为测量电路板及相应挡位分布图，上面为交流电压挡，左边为直流电压挡，下面为直流毫安（mA）挡，右边为电阻挡。

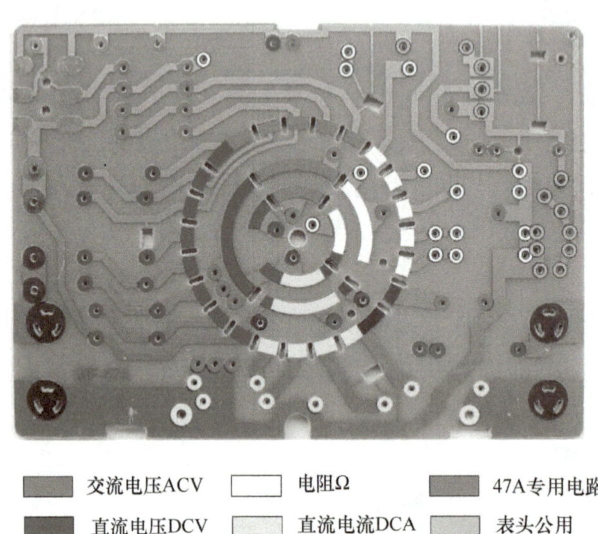

图 12-5　测量电路板及相应挡位分布图

（二）识读电路图

MF47 型万用表的电路如图 12-6 所示。该电路主要由表头部分、交直流电压测量部分、直流电流测量部分、晶体管放大倍数测量部分等电路组成。组成电路的主要元器件有：电阻器、电位器、二极管、电容器和分流器。

1. 电阻测量电路

万用表电阻测量电路的等效电路如图 12-7 所示。当将被测电阻 R_x 串联在测量电路中，先由表头测量回路测量出电流值，再由欧姆定律换算出电阻值，最后将换算的阻值刻于对应电流的刻度上。

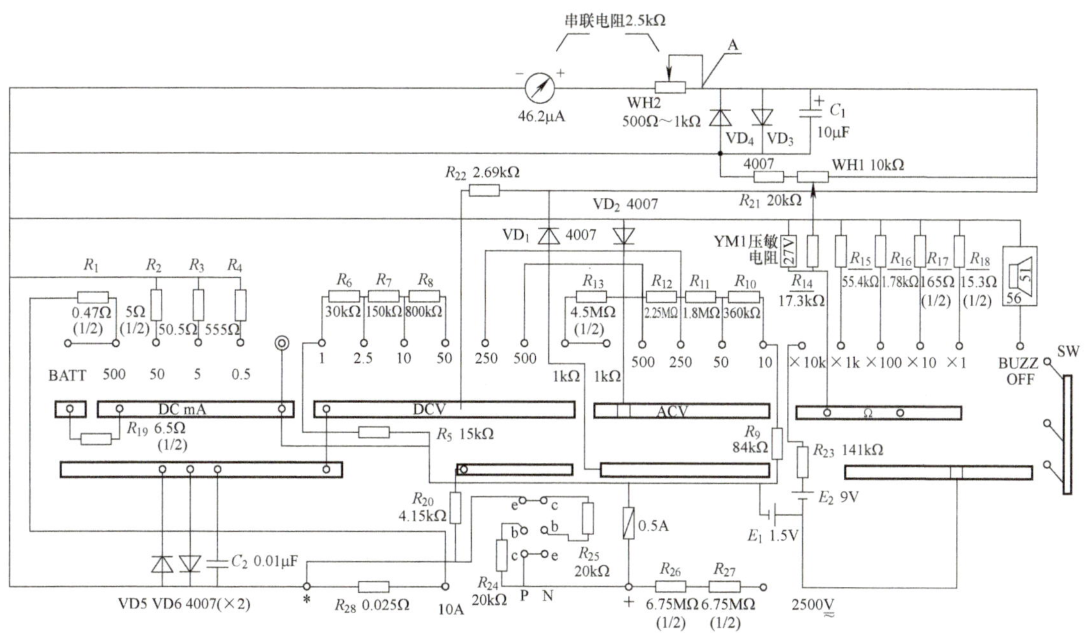

图 12-6　MF47 型万用表的电路图

如果已知表内电池电压为 E、调零电阻为 R 和表内等效电阻为 R_g，则流过表头的电流为

$$I=\frac{E}{R_g+R+R_x}$$

从上式可以看出，当被测电阻 $R_x=0$ 时，电流最大，电流表的指针应指在刻度盘最右端；当被测电阻 $R_x\to\infty$时，电流最小（为零），电流表的指针应指在刻度盘最左端不动，这就是为什么欧姆刻度数值与电流刻度数值方向相反的原因。由于 R_x 在分母上，电流随电阻呈非线性变化，所以测电阻的欧姆表指针（刻度线）是非线性（非均匀刻度）的。

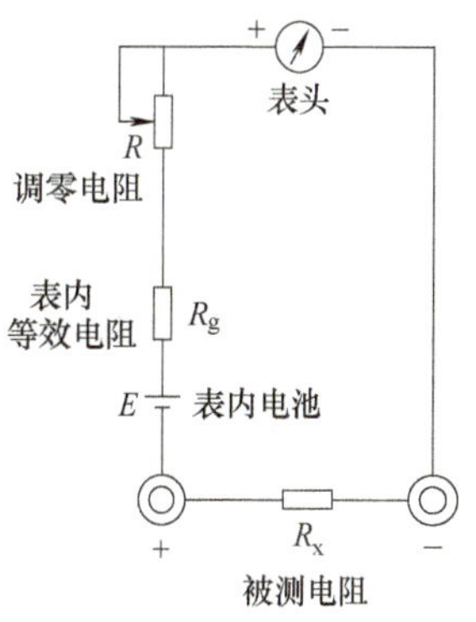

图 12-7　电阻测量电路等效电路图

根据流过表头电流 I 的大小，就可计算出被测电阻 R_x 的值为

$$R_x=\frac{E}{I}-R-R_g$$

图 12-8 是 MF47 型万用表的测量电阻实际电路。WH_1 为调零电阻，WH_2 为微调电阻，当被测电阻 $R_x=0$ 时（短路），调 WH_1，使电阻指示值为零（即电阻调零）。

该电阻测量电路虽然比较复杂，但对于被测电阻 R_x 而言，仍可以应用戴维南定理求出其等效电路。每换一个量程，R_x 都会变化一次，所以每换一次量程都需要进行电阻调零。

2. 直流电流测量电路

图 12-9 所示为直流电流测量电路原理图。电流表由表头通过量程选择开关并联不同

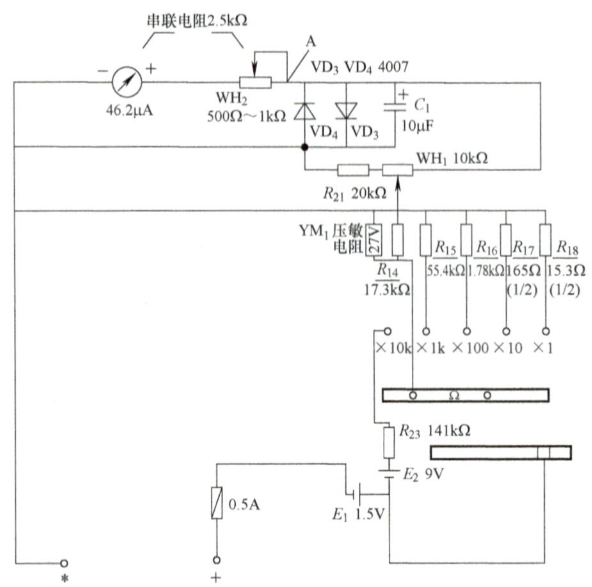

图 12-8　MF47 型万用表电阻测量电路

的电阻构成了多量程电流表。根据并联电阻分流公式可得

$$I_g = \frac{IR_x}{R_g + R_x}$$

若 $I_g = 46.2\mu A$，当 $R_x = R_1$ 时，电流表的量程 I 为 $94.2\mu A$。图 12-10所示为某 MF47 型万用表直流电流测量实际电路，当 $R_x = 555\Omega$ 时，电流表的量程为 5mA。选择不同的 R_x，可实现不同的量程，任意量程的直流电流测量电路都可等效为图 12-10 所示的电路。MF47 型万用表有 5A、500mA、50mA、0.5mA 和 0.05mA 等量程。

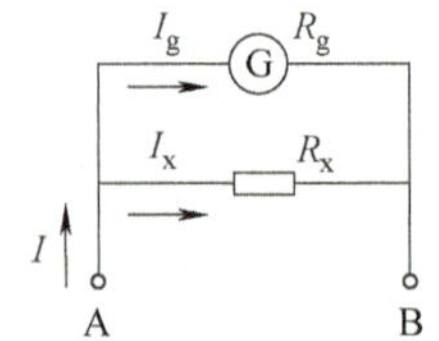

图 12-9　直流电流测量电路原理图

3. 直流电压测量电路

图 12-11 所示为直流电压测量电路原理图，由多量程直流电压表表头串联不同的“电阻组合”构成，每个电阻组合都可等效成电阻 R_x，由电阻串联分压公式可得

$$U_g = I_g R_g = \frac{UR_g}{R_g + R_x}$$

在图 12-12 所示的某 MF47 型万用表直流电压测量电路中，

当 $R_x = 15k\Omega$ 时，量程 $U = 1V$；

当 $R_x =$（15+30）$k\Omega = 45k\Omega$ 时，量程 $U = 2.5V$；

当 $R_x =$（45+150）$k\Omega = 195k\Omega$ 时，量程 $U = 10V$；

图 12-12 所示的某 MF47 型万用表的直流电压量程有 1V、2.5V、10V、50V、250V、500V、1000V、2500V 等。

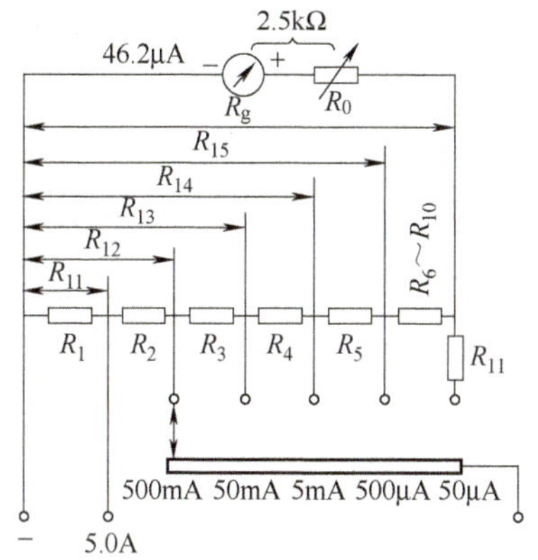

图 12-10　某 MF47 型万用表直流电流测量电路

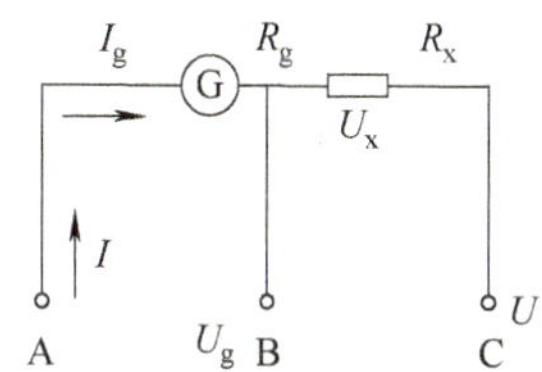

图 12-11　直流电压测量电路原理图

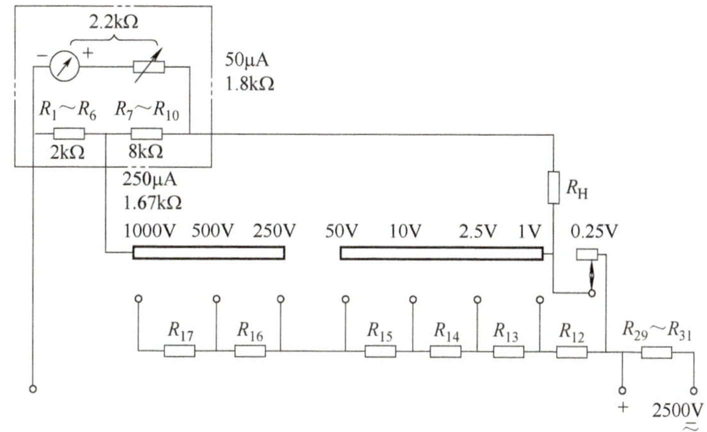

图 12-12　某 MF47 型万用表直流电压测量电路

4. 交流电压测量电路

如图 12-6 所示，交流电压只有正半周通过二极管 VD_1，同时 VD_3 使表头电压的被钳位在 0.7V 左右，VD_2、VD_4 为负半周的电压或电流，电容器有稳定直流电压的作用。

图 12-13 所示的某 MF47 型万用表交流电压测量电路采用的是半波整流电流，交流电压经整流和滤波处理后，电压测量原理同直流电压表。当分压电阻 $R_x=84\text{k}\Omega$ 时，交流电压的量程为 10V，当 $R_x=1.8\text{M}\Omega$ 时，交流电压的量程为 250V。MF47 型万用表的交流电压量程有 10V、50V、250V、500V、1000V、2500V 等。

MF47 型万用表还可测量晶体管的放大倍数，其测量原理可参考相关书籍。

四、任务实施

任务实施器材准备：MF47 型万用表套件一套、万用表等。

（一）认识万用表的结构

1）从 MF47 型万用表正面认识其结构、指出各元器件名称，并将 MF47 型万用表套件中的各元器件与实物一起对照。

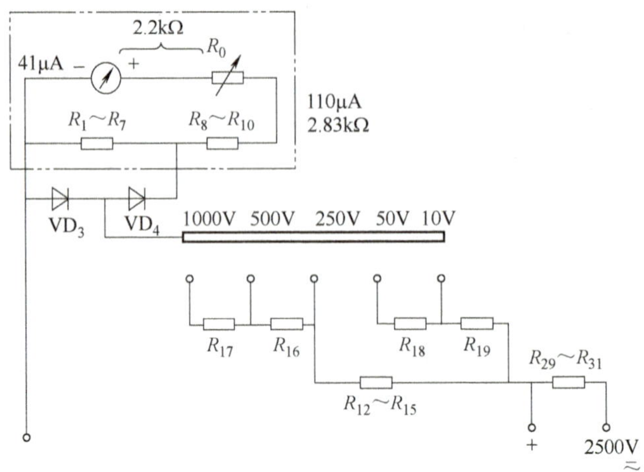

图 12-13 某 MF47 型万用表交流电压测量电路

2）打开 MF47 型万用表后盖认识其结构、指出元器件名称，并将 MF47 型万用表套件中的元器件与实物一起对照。

（二）识读万用表电路图

根据指导教师提供的 MF47 型万用表电路图，分析电阻测量电路、直流电压测量电路、直流电流测量电路和交流电压测量电路。能够说明电路的组成和工作原理。

（三）识别元器件

根据表 12-1 所列的 MF47 型万用表元器件清单，对照元器件套件中的实物，逐一识别元器件，并将元器件归类。

表 12-1 MF47 型万用表元器件清单

序　号	代　号	名　称	规　格	备　注
1~27	R_1~R_{27}	电阻器	$R_1=0.47\Omega$，$R_2=5\Omega$，$R_3=50.5\Omega$ $R_4=555\Omega$，$R_5=15k\Omega$，$R_6=30k\Omega$ $R_7=150k\Omega$，$R_8=800k\Omega$，$R_9=84k\Omega$ $R_{10}=360k\Omega$，$R_{11}=1.8M\Omega$，$R_{12}=2.25M\Omega$ $R_{13}=4.5M\Omega$，$R_{14}=17.3k\Omega$，$R_{15}=55.4k\Omega$ $R_{16}=1.78k\Omega$，$R_{17}=165\Omega$，$R_{18}=15.3\Omega$ $R_{19}=6.5\Omega$，$R_{20}=4.15k\Omega$，$R_{21}=20k\Omega$ $R_{22}=2.69k\Omega$，$R_{23}=141k\Omega$，$R_{24}=20k\Omega$ $R_{25}=20k\Omega$，$R_{26}=6.75M\Omega$，$R_{27}=6.75M\Omega$	体积相对较大的电阻器功率为 0.5W，其余为 0.25W
28	R_{28}	分流器	0.025Ω	
29	YM_1	压敏电阻器	270KD07	
30	WH_1	电位器	10kΩ	电阻调零用
31	WH_2	电位器	1kΩ	

（续）

序　号	代　号	名　称	规　格	备　注
32	VD_1 ~ VD_6	二极管	IN4007×6	注意极性
33	C_1	电解电容器	10μF/16V	注意极性
34	C_2	涤纶电容器	0.01μF	
35	FU	熔断器及固定脚	0.5~1A	内阻小于 0.5Ω
36		晶体管插片与插座	6 个 1 个	
37		V 形电刷	1 个	
38		表笔插管	4 个	
39		电位器旋钮	1 个	
40		电路板	1 块	
41		电池夹片	4 个（小夹片为+1.5V）	
42		一体化面板	1 块	
43		后盖	1 个	
44		连接线	4 根	
45		螺钉	2 颗	

任务拓展

电烙铁的使用方法

一、电烙铁简介

电烙铁是电子制作和电器产品维修等的必备工具，主要用来焊接电子元器件及导线等，常用的电烙铁如图 12-14 所示。电烙铁按机械结构可分为内热式电烙铁和外热式电烙铁；按功能可分为无吸锡电烙铁和吸锡式电烙铁；根据用途不同可分为大功率电烙铁和小功率电烙铁。另外，还有恒温电烙铁等。

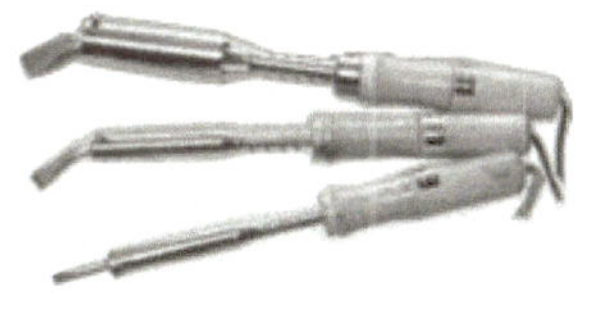

a) 普通电烙铁

b) 恒温电烙铁

图 12-14　常用电烙铁实物图

1. 外热式电烙铁

外热式电烙铁由烙铁头、烙铁芯、外壳、木柄（塑料柄）、电源引线、插头等部分组成。由于烙铁头安装在烙铁芯里面，故称为外热式电烙铁。烙铁芯是电烙铁的关键部件，它是将电热丝平行地绕制在一根空心瓷管上构成的，烙铁芯与电热丝中间用云母片绝缘，并引出两根导线与 220V 交流电源连接。外热式电烙铁的规格很多，常用的有 25W、45W、75W、100W 等，功率越大，烙铁头的温度越高。

2. 内热式电烙铁

内热式电烙铁由手柄、连接杆、弹簧夹、烙铁芯、烙铁头组成。由于烙铁芯安装在烙铁头里面，因而发热快，热利用率高，因此，称为内热式电烙铁。内热式电烙铁的常用规格为 20W、50W 等。由于它的热效率高，20W 内热式电烙铁就相当于 40W 左右的外热式电烙铁。内热式电烙铁的后端是空心的，用于套接在连接杆上，并且用弹簧夹固定，当需要更换烙铁头时，必须先将弹簧夹退出，同时用钳子夹住烙铁头的前端，慢慢地拔出。切记不能用力过猛，以免损坏连接杆。

3. 恒温电烙铁

由于恒温电烙铁头内装有温度控制器，控制通电时间而实现温度控制，即给电烙铁通电时，电烙铁的温度上升，当达到预定的温度时，温度控制器触点断开，停止向电烙铁供电；当温度较低时，使温度控制器的触点接通，继续向电烙铁供电。如此循环往复，便达到了控制温度的目的。

4. 吸锡电烙铁

吸锡电烙铁是将活塞式吸锡器与电烙铁融为一体的拆焊工具。它具有使用方便、灵活、适用范围宽等特点。这种吸锡电烙铁的不足之处是每次只能对一个焊点进行拆焊。

二、电烙铁焊接材料

使用电烙铁焊接电子元器件时，通常用“焊锡丝”作为焊剂，焊锡丝内一般都含有助焊的松香。焊锡丝由约 60%的锡和 40%的铅合成，熔点较低。松香是一种助焊剂，可以帮助焊接。

三、电烙铁的选用

电烙铁的种类、规格较多，而且被焊元器件的大小各异，因而合理地选用电烙铁的功率及种类，对提高焊接质量和效率有直接的关系。

1）焊接集成电路、晶体管及受热易损元器件时，应选用 20W 内热式或 25W 外热式电烙铁。

2）焊接导线及同轴电缆时，应选用 45~75W 外热式电烙铁或 50W 内热式电烙铁。

3）焊接较大的元器件时，如大电解电容器的引线脚、金属底盘接地焊片等，应选用 100W 以上的电烙铁。

四、手工焊接的方法

1. 电烙铁与焊锡丝的握法

手工焊接握电烙铁的方法有反握、正握及握笔式三种，如图 12-15 所示。

手工焊接焊锡丝的拿法如图 12-16 所示。

2. 手工焊接的步骤

1）准备焊接。清洁焊接部位的积尘及油污、元器件的插装、导线与接线端钩连，为焊接做好前期准备工作。

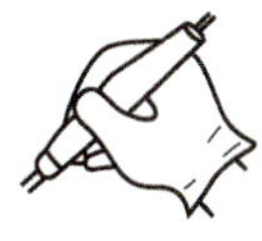

a) 反握　b) 正握　c) 握笔式

图 12-15　电烙铁的握法

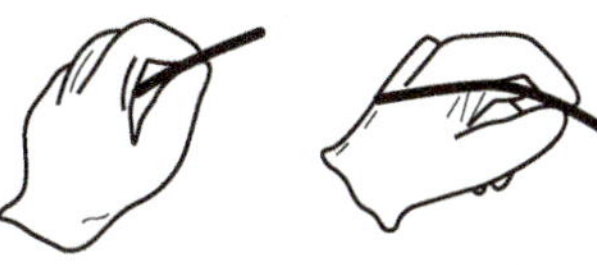

图 12-16　焊锡丝的拿法

2）加热焊接。将蘸有少量焊锡的电烙铁头接触被焊元器件需焊接处约几秒钟。若是要拆下印制电路板上的元器件，则待电烙铁头加热后，用手或镊子轻轻拉动元器件，观察是否可以取下。

3）清理焊接面。若所焊部位焊锡过多，可将电烙铁头上的焊锡甩掉（注意不要烫伤皮肤，也不要甩到印制电路板上），然后用电烙铁头蘸些焊锡出来。若焊点焊锡过少、不圆滑时，可以用电烙铁头蘸些焊锡对焊点进行补焊。

4）检查焊点。观察焊点是否圆滑、光亮、牢固，是否有与周围元器件连焊的现象。

3. 手工焊接的方法

1）加热焊件。电烙铁的焊接温度由实际使用情况决定。一般以焊接一个焊点的时间限制在 5s 内最为合适。焊接时，电烙铁与印制电路板成 55° 角，电烙铁头顶住焊盘和元器件引脚，然后给元器件引脚和焊盘均匀预热，如图 12-17 所示。

2）移入焊锡丝。焊锡丝从元器件引脚和电烙铁接触面引入，焊锡丝应靠近元器件引脚与电烙铁头之间，如图 12-18 所示。

3）移开焊锡丝。当焊锡丝熔化（要掌握进锡速度），焊锡散满整个焊盘时，即可以从 55° 角方向移开焊锡丝，如图 12-19 所示。

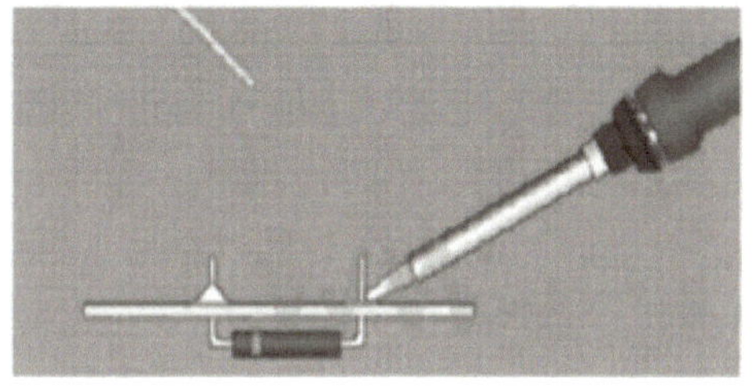

图 12-17　加热焊件

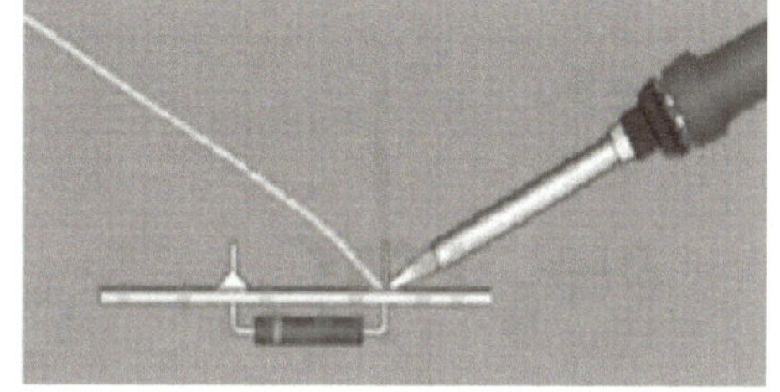

图 12-18　移入焊锡丝

4）移开电烙铁。焊锡丝移开后，电烙铁应继续放在焊盘上持续 1~2s，当焊锡丝只有轻微烟雾冒出时，即可移开电烙铁，如图 12-20 所示。移开电烙铁时，不要过于迅速或用力往上挑，以免溅落锡珠、锡点或使焊锡点拉尖等，同时要保证被焊元器件在焊锡凝固之前不会松动或受振动，否则极易造成焊点结构疏松、虚焊等现象。

4. 手工焊接常见不良现象分析

手工焊接常见不良现象分析见表 12-2。

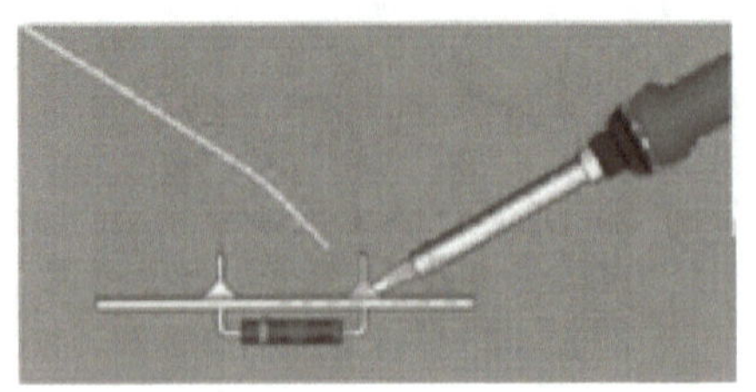
图 12-19　移开焊锡丝

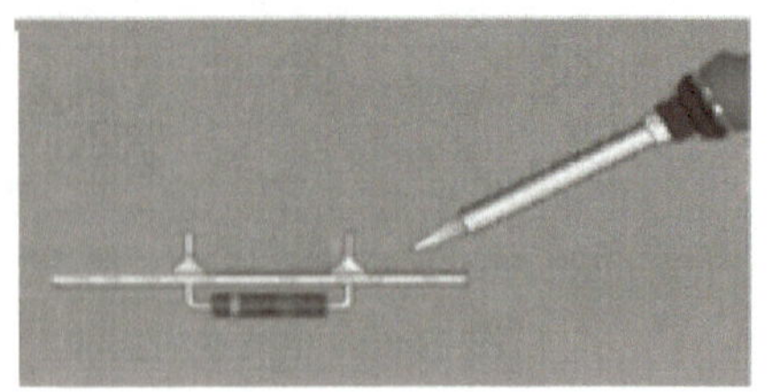
图 12-20　移开电烙铁

表 12-2　手工焊接常见不良现象分析

焊点缺陷	外观特征	危　害	原因分析
虚焊	焊锡与元器件引脚和铜箔之间有明显黑色界限，焊锡向界限凹陷	设备时好时坏，工作不稳定	元器件引脚未清洁好、未镀好锡或锡氧化；印制电路板未清洁好，喷涂的助焊剂质量不好
焊料过多	焊点表面向外凸出	浪费焊料，可能包藏缺陷	焊锡丝撤离过迟
焊料过少	焊点面积小于焊盘的80%，焊料未形成平滑的过渡面	机械强度不足	焊锡流动性差或焊锡撤离过早；助焊剂不足；焊接时间太短
过热	焊点发白，表面较粗糙，无金属光泽	焊盘强度降低，容易剥落	电烙铁功率过大，加热时间过长
冷焊	表面呈豆腐渣状颗粒，可能有裂纹	强度低，导电性能不好	焊料未凝固前焊件抖动
拉尖	焊点出现尖端	外观不佳，容易造成桥连短路	助焊剂过少而加热时间过长；电烙铁撤离角度不当
桥连	相邻导线连接	电器短路	焊锡过多；电烙铁撤离角度不当
铜箔翘起	铜箔从印制电路板上剥离	印制电路板已损坏	焊接时间过长，温度过高

【指点迷津】

电烙铁使用的宜与忌

1）电烙铁选用可调式的恒温烙铁较好。

2）电烙铁不使用时，要让电烙铁头保持有一定量的焊锡。

3）擦拭电烙铁嘴的海绵需保持有一定量水分，使海绵保持浸润。

4）电烙铁刚开始使用时，需清洁烙铁嘴，但在使用过程中无须将烙铁嘴拿到海绵上清洁，只需将烙铁嘴上的锡搁入集锡硬纸盒内，这样保持烙铁嘴的温度不会急速下降。

5）电烙铁温度在 340～380℃之间为正常情况，部分敏感元件只可接受 240～280℃的焊接温度。

6）烙铁头发黑，不可用刀片之类的金属器件处理，应用松香或焊锡丝来解决。

7）电烙铁使用完毕后，应当先清洁，再加足锡，然后切断电源。

五、任务评价

任务评价标准见表 12-3。

表 12-3 任务评价标准

任务名称	评价标准					配分/分	扣分
认识万用表的结构	1. 认识万用表外部结构有误，扣 5～8 分 2. 认识万用表内部结构有误，扣 5～8 分					20	
识读万用表电路图	1. 识读万用表主要电路有误，每个扣 3～5 分 2. 说明各主要电路的组成有误，每个扣 3～5 分					50	
识别元器件	识别元器件有误，每只扣 5～20 分					30	
职业素养要求	详见表 1-4						
开始时间		结束时间		实际时间		成绩	
学生自评： 学生签名： 年 月 日							
教师评语： 教师签名： 年 月 日							

六、收获总结

将本任务实施过程中的收获与问题总结填写在表 12-4 中。

表 12-4 收获与问题总结反馈表

序号	我会做的	我学会的	我的疑问	解决办法
1				
2				
3				
4				
5				
存在的问题：				

任务 2　组装与调试万用表

一、任务目标

1）理解焊接、装配、调试等工艺技术要求，掌握相关工艺技术。

2）熟悉焊接工艺要求。

3）会检测元器件。

4）会组装与调试万用表。

5）会判断与检修万用表的常见故障。

6）培养自主学习、交流沟通和分析解决问题的能力。

7）具有查阅资料、收集信息的能力，具备良好的团队合作能力。

8）树立质量意识、安全意识，具备良好的 7S 管理意识。

9）养成遵守纪律、安全操作的意识，培养爱岗敬业、精益求精的工匠精神。

二、任务描述

本任务是完成万用表的组装与调试。在组装前应先检测并判断元器件的好坏，若有损坏，则应更换。然后根据装配图，用焊接工具将元器件正确、规范地焊接在电路板上，并按照技术要求进行调试，完成万用表的组装与调试任务。

三、任务准备

每个元器件在焊接前都要用万用表检测其参数是否在规定的范围内。二极管、电解电容器等元器件还要检查极性，电阻要测量阻值。

（一）二极管的检测方法

二极管是一种常用的电子元器件。它具有单向导电性，即两端加正向电压时，二极管处于导通状态；两端加反向电压时，二极管处于截止状态。因此，二极管常用来组成整流电路。

1. 判断二极管极性的方法

判断二极管的极性有两种方法：一是用色带标志来识别，有色带标志的一端为二极管的负极，另一端为二极管的正极；二是用万用表测量来判断极性，将万用表挡位与量程选择开关转换到 $R\times1\text{k}$ 或 $R\times10\text{k}$ 挡，红、黑表笔分别接在二极管的两端，观察万用表指针的偏转情况。如果指针偏转角度比较大，显示阻值比较小，则说明二极管处于正向导通状态，表示与黑表笔相连接的一端是二极管的正极，与红表笔相连接的一端是二极管的负极。反之，如果指针偏转角度较小，显示的阻值很大，则说明二极管处于反向截止状态，表示与红表笔相连接的一端是二极管的正极，与黑表笔相连接的一端是二极管的负极。

2. 判断二极管质量好坏的方法

判断二极管质量好坏的方法：二极管正向导通时电阻值较小，反向截止时电阻值较大。若用万用表电阻挡所测出的二极管正、反向电阻值均为无穷大，则说明二极管已断路；若所测出的二极管正、反向电阻值均很小（几乎为零），则说明二极管已击穿短路。

（二）电位器的检测方法

电位器安装前，应先测量电位器引脚间的阻值来判断电位器的好坏。电位器共有 5 个引脚，其中两个相对较粗的引脚为固定脚，另外 3 个并排的引脚中，1、3 两脚为固定触点，2 脚为可动触点，当转动旋钮时，1、2 或者 2、3 引脚间的阻值发生变化。

1. 检测标称阻值的方法

将万用表两表笔接在电位器 1、3 两引脚之间，所测出的阻值即为电位器的标称阻值。

2. 判断电位器质量好坏的方法

先观察电位器转轴转动是否平滑，然后用万用表检测，当转轴顺时针或逆时针旋转时，电位器的 1、2 或 2、3 两引脚间的阻值是否从 0 到标称值之间连续变化。

如果所测出的阻值为无穷大或者阻值不变、中间有突变现象，说明电位器已经损坏。

（三）电容器的检测方法

1. 识别电容器极性的方法

一般长引脚为电容器的正极，短引脚为电容器的负极。另外，从电容器的外壳也可判断其正、负极性，标有“-”的一端为负极，另一端为正极。

2. 判断电容器质量好坏的方法

可用万用表“$R\times1$k”或“$R\times10$k”挡检测电容器的漏电电阻来判断其质量好坏。在检测有极性电容器时，红表笔与电容器负极相连接，黑表笔与电容器正极相连接。在电容器与两表笔相连接的瞬间，由于电容器充电，所以有电流通过，随着电容器电压的升高，电流逐渐变小至消失。因此，万用表的指针在刚接触的瞬间应向右偏转，然后又返回原处（电阻无穷大处）。若检测时万用表的指针不偏转，说明电容器已断路；若万用表的指针偏转到最右侧无法返回，说明电容器已短路；若万用表的指针不能返回原处，说明电容器已漏电。

四、任务实施

任务实施器材准备：MF47 型万用表套件、电烙铁、尖嘴钳、镊子、标准万用表等。

MF47 型万用表的组装与调试分为清点器材、检测元器件、焊接前的准备工作、安装与焊接元器件、组装万用表、调试万用表 6 个步骤。

（一）清点器材

根据指导教师配备的器材清单清点器材，并注意以下事项：

1）按器材清单一一对应，记清每个元器件的名称与外形。

2）清点器材时，可将表箱后盖当容器，存放所有的器材。

3）要小心清点，避免弹簧和钢珠等小器材丢失。

4）清点完成后，将器材放回指定位置备用，并注意环境卫生。

（二）检测元器件

1. 检测电阻器

通过识读电阻器的标称阻值和用万用表测量其实际阻值来判断电阻器的好坏。

2. 检测二极管

1）二极管正、负极性识别。通过观察外表，有一条色带标志的一端为二极管的负极，另一端为二极管的正极。

2）判断二极管的质量。用万用表检测二极管的正、反向电阻值，一般二极管的正向电阻值较小，反向电阻值较大。

3. 检测电位器

1）检测电位器的标称阻值（指电位器的 1、3 两端）是否正常。

2）判断电位器的质量。先看转动是否平滑，然后检测当转轴顺时针或逆时针旋转时，电位器 1、2 或 2、3 两端的阻值是否从 0 到标称值之间连续变化。

4. 检测电容器

1）电容器正、负极性识别。一般长引脚为正极，短引脚为负极。另外，从电容器的外壳也可判断其正、负极性，标有“-”的一端为负极，另一端为正极。

2）判断电容器的质量。用万用表的电阻挡“$R\times1$k”或“$R\times10$k”挡检测电容器的漏电电阻，判断质量好坏。

5. 检测熔断器

熔断器的好坏可通过观察熔丝是否熔断来判断。也可用万用表测量其电阻来判断。

（三）焊接前的准备工作

1. 清除元器件表面的氧化层

元器件经过长期存放，会在表面形成氧化层，这不但使元器件难以焊接，而且影响焊接质量，因此当元器件表面存在氧化层时，应首先清除元器件表面的氧化层。注意用力不能过猛，以免使元器件引脚受伤或折断。

清除元器件表面的氧化层的方法如图 12-21 所示。左手捏住电阻等元器件的本体，右手用锯条轻刮元器件引脚的表面，左手慢慢地转动，直到表面氧化层全部去除。为了使电池夹易于焊接要用尖嘴钳前端的齿口部分将电池夹的焊接点锉毛，去除氧化层。

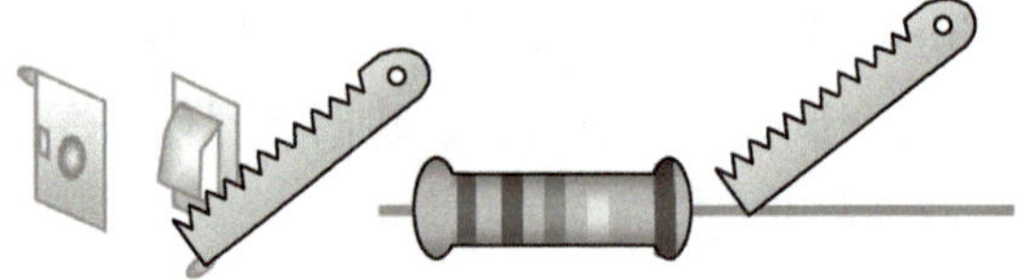

图 12-21　清除元器件表面氧化层的方法

2. 元器件引脚的弯制成形

左手用镊子紧靠电阻等元器件的本体，夹紧元器件的引脚，使引脚的弯折处距离元器件的本体有 2mm 以上的间隙。左手夹紧镊子，右手食指将引脚弯成直角。具体弯制成形方法可参考本任务的任务拓展相关内容。

3. 焊接练习

根据指导教师提供的器材和电路板进行元器件的焊接练习。

【指点迷津】

焊接练习注意事项

1）电烙铁的插头一般插在靠近右手的插座上，以便于操作；如果是左撇子就插在左手侧。

2）电烙铁通电前应将电烙铁的电源线拉直并检查电源线的绝缘层是否有损坏，不能将电源线缠在手上。

3）通电后应将电烙铁放置在烙铁架中，并检查烙铁头是否会碰到导线或其他易燃物品。

4）电烙铁加热过程中及加热后都不能用手触摸其发热金属部分，以免烫伤或触电。烙铁架上的海绵要事先加水。

（四）安装与焊接元器件

1. 元器件的安装

元器件的安装又称为元器件的插放，是指将弯制成形的元器件对照装配图插放到电路板上。

【指点迷津】

元器件安装的注意事项

1）元器件安装一定不能插错位置。

2）二极管、电解电容器要注意极性。

3）电阻器插放时要求读数方向排列整齐，横排的必须从左向右读，竖排的从下向上读，保证读数一致，如图 12-22 所示。

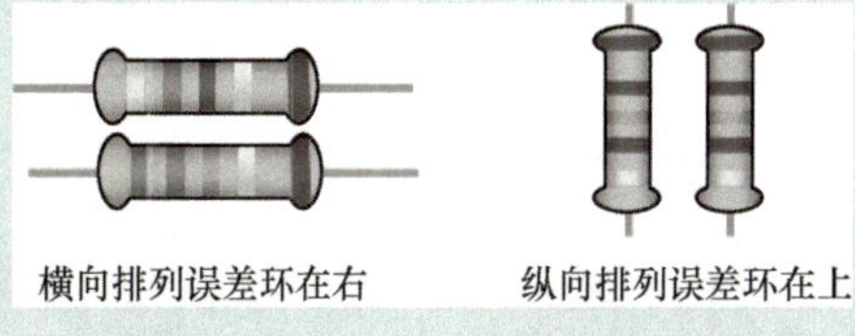

图 12-22 元器件色环的排列方向

2. 元器件的焊接

MF47 型万用表测量电路装配图如图 12-23 所示。根据装配图在电路板上安装与焊接元器件，其步骤如下。

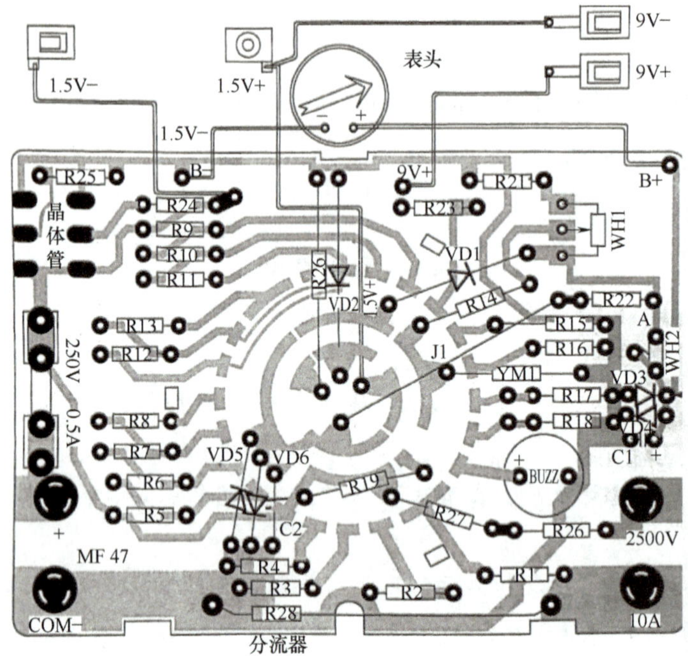

图 12-23　MF47 型万用表测量电路装配图

1）焊接二极管。焊接时要注意二极管的极性。

2）焊接电阻器。焊接时要注意电阻的阻值准确无误，色环的朝向符合要求。

3）焊接分流器。应注意焊接位置，最高不得超过电路板平面 2mm，最低以刚好能焊接牢固为佳。

4）焊接电位器。将电位器 WH_1、WH_2 从电路板焊接面（铜箔面）插入电路板相应的插孔内，然后进行焊接。

【指点迷津】

电位器的焊接注意事项

1）焊接时，电烙铁接触时间应尽可能短（不超过 5s），否则会影响电位器 3 个铆合点的接触可靠性。

2）安装时，应捏住电位器的外壳平稳地插入，不应使某一个引脚受力过大，不能捏住电位器的引脚安装，以免损坏电位器。

5）焊接表笔输入插管：将 4 支表笔输入插管从焊接面（铜箔面）垂直插入电路板相应插孔，3 个引脚面都要焊接，如图 12-24 所示。

6）焊接电容器：焊接时，应注意电解电容器的极性。

7）焊接晶体管插座：晶体管插座装在电路板绿面，用于判断晶体管的极性。在绿面的左上角有 6 个椭圆的焊盘，中间有两个小孔，用于晶体管插座的定位，将其放入小孔中检查是否合适，若小孔直径小于定位凸起物，应用锥子稍微将孔扩大，使定位凸起物能够插入。

安装时，应先将 6 个形状一样的细长条铜片依次插入晶体管插座，上部不得超过塑料块平面，并将下部伸出部分折弯，将折弯部分紧贴在电路板左上角相应位置并焊牢。

将3个孔都焊上

图 12-24　焊接 4 支表笔输入插管

8）焊接熔断器夹。方法同焊接表笔输入插孔。

9）焊接连接线。焊接时，先将焊点熔化，再将镀过焊锡的导线焊接在焊点上。

10）检查元器件焊接情况。根据电路图和装配图逐一检查所焊接的元器件，确保准确无误。

【指点迷津】

MF47 型万用表电路板元器件焊接注意事项

在 MF47 型万用表电路板上进行元器件焊接时，应注意以下事项：

1）元器件的焊接顺序：应先焊接紧贴电路板的元器件，如二极管、电阻器、分流器等，再焊接高出电路板的元器件，如电容器、压敏电阻器、电位器等。

2）注意元器件的极性：二极管、电解电容器等元器件有极性，必须确保极性正确。

3）及时检测与检查：每焊接一个元器件后，要仔细进行核对检查，必要时可用万用表再次测量其参数，防止错装、错焊。

4）注意用电安全：做到用电安全，遵守操作规程。

5）遵守 7S 管理规范：操作中要精益求精，虚心请教，互帮互学，同时要严格遵守 7S 管理规范要求。

（五）组装万用表

1. 安装电刷旋钮

1）取出弹簧和钢珠，并将其放入凡士林油中，使其粘满凡士林。加凡士林油有两个作用：一是润滑电刷旋钮，使其旋转灵活；二是起黏附作用，将弹簧和钢珠黏附在电刷旋钮上，防止丢失。

2）将加上凡士林油的弹簧放入电刷旋钮的小孔中，如图 12-25 所示。钢珠黏附在弹簧的上方，注意切勿丢失。

3）观察面板背面的电刷旋钮安装部位，如图 12-26 所示。它由 3 个电刷旋钮固定卡、两个电刷旋钮定位弧、1 个钢珠安装槽和 1 个花瓣形钢珠滚动槽组成。

4）将电刷旋钮平放在面板上，如图 12-27 所示。应注意电刷放置的方向。用螺钉旋

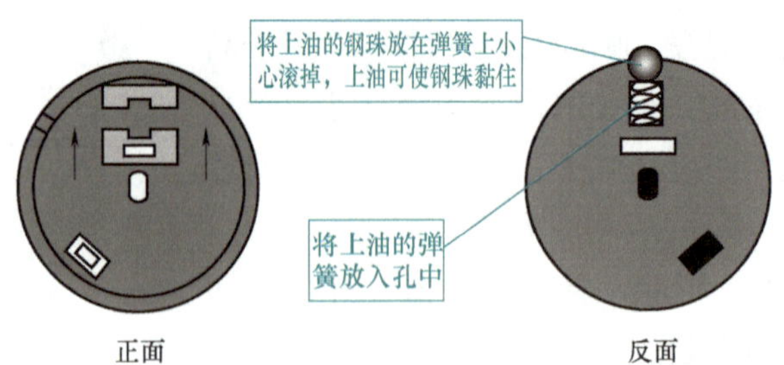

图 12-25　弹簧和钢珠的安装示意图

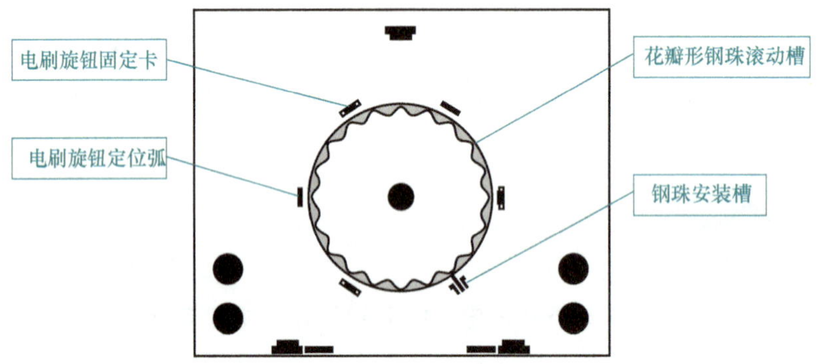

图 12-26　面板背面的电刷旋钮安装部位

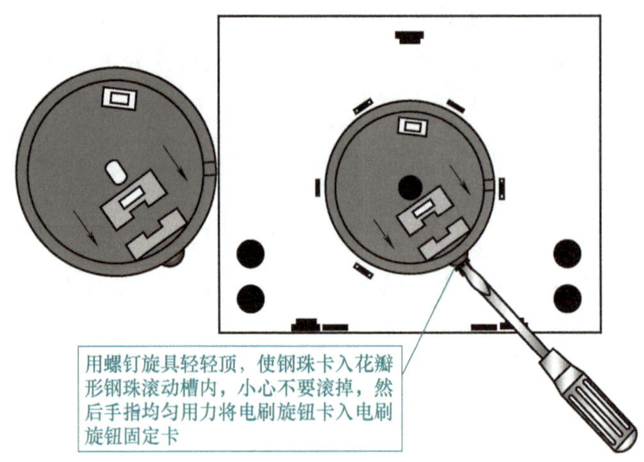

图 12-27　电刷旋钮安装

具轻轻顶，使钢珠卡入花瓣形钢珠滚动槽内，小心不要滚掉，然后手指均匀用力将电刷旋钮卡入电刷旋钮固定卡。

5）将面板翻到正面，如图 12-28 所示。将挡位开关旋钮轻轻套在从圆孔中伸出的小手柄上，慢慢转动旋钮，检查电刷旋钮是否安装正确，应能听到“咔嗒”的定位声，如果听不到，则可能是钢珠丢失或掉入电刷旋钮与面板间的缝隙中，这时档位开关无法定位，应拆除重装。

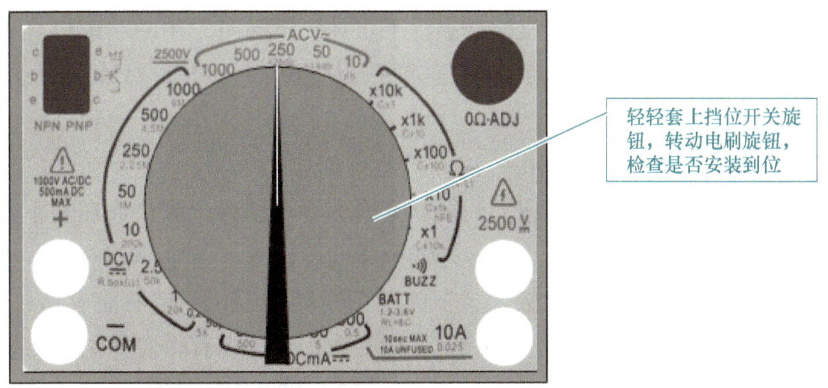

图 12-28　检查电刷旋钮是否安装到位

6）将挡位开关旋钮轻轻取下，用手轻轻顶小孔中的手柄，如图 12-29 所示。同时反面用手依次轻轻扳动 3 个电刷旋钮固定卡，注意用力一定要轻且均匀，否则会把电刷旋钮固定卡扳断。小心钢珠不能滚掉。

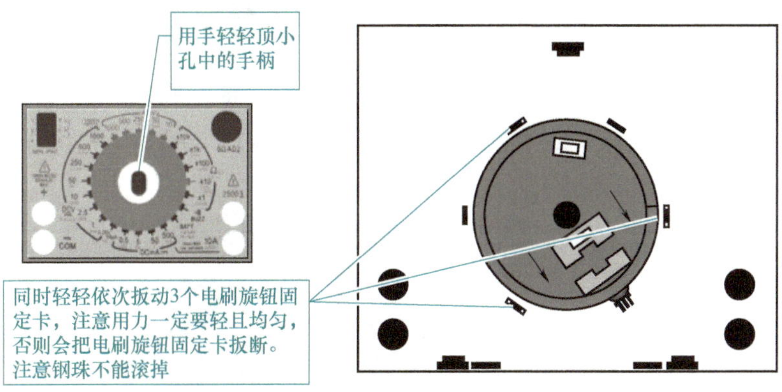

图 12-29　电刷旋钮拆除方法

2. 安装挡位开关旋钮

电刷旋钮安装正确后，将它转到电刷安装卡向上的位置，如图 12-30 所示。将挡位开关旋钮白线向上套在正面电刷旋钮的小手柄上，向下压紧即可。

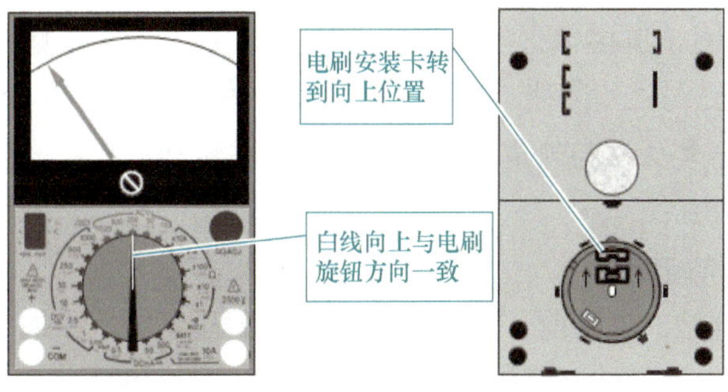

图 12-30　挡位开关旋钮的安装方法

如果白线与电刷安装卡方向相反，必须拆下重装。拆除时，用一字螺钉旋具对称地轻轻撬动，依次按左、右、上、下的顺序将其撬下。注意用力要轻且对称，否则容易撬坏，如图 12-31 所示。

3. 安装电刷片

将电刷旋钮的电刷安装卡转向朝上，V 形电刷有一个缺口，应该放在左下角，因为电路板的 3 条电刷轨道中间两条间隙较小，外侧两条间隙较大，与电刷相对应，当缺口在左下角时，电刷接触点上面两个相距较远，下面两个相距较近，一定不能放错，如图 12-32 所示。电刷四周都要卡入电刷安装槽内，用手轻轻按，看是否有弹性并能自动复位。

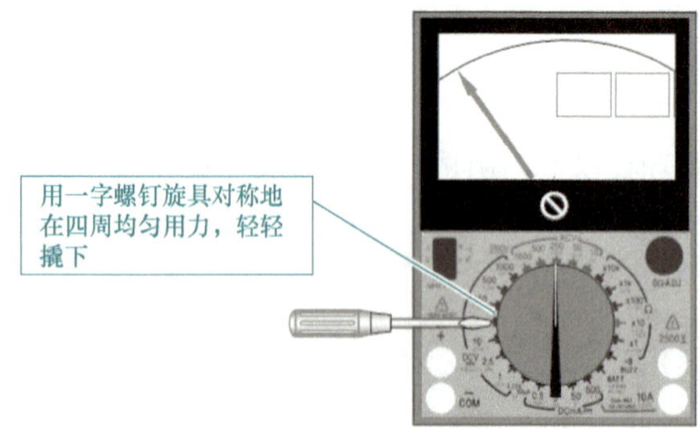

图 12-31　挡位开关旋钮的拆除方法

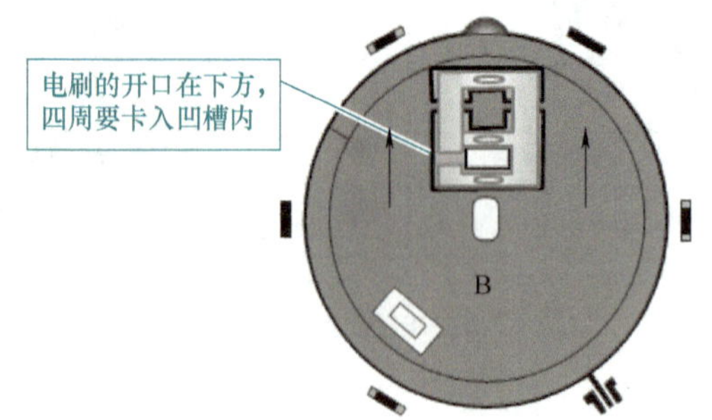

图 12-32　电刷片的正确放置

如果电刷安装的方向不对，将使万用表失效或损坏。图中 12-33a 开口在右上角，电刷中间的触点无法与电刷轨道接触，使万用表无法正常工作，且外侧的两圈轨道中间有焊点，使中间的电刷触点与之相摩擦，易使电刷受损。图中 12-33b 和 c 使开口在左上角或在右下角，3 个电刷触点均无法与轨道正常接触，电刷在转动过程中与外侧两圈轨道中的焊点相刮，会使电刷很快折断。

4. 安装电池极板与电池扣

1）电池极板的焊接。焊接前，要检查电池极板的松紧度，如果太紧应进行调整。调整方法：用尖嘴钳将电池极板侧面的凸起物稍微夹平，使它能顺利地插入电池极板插座，且不松动，如图 12-34 所示。

2）电池极板的安装。将电池极板插入表头背面电池夹相应的插座内，如图 12-35 所示。注意平极板与凸极板不能对调，否则电路无法接通。

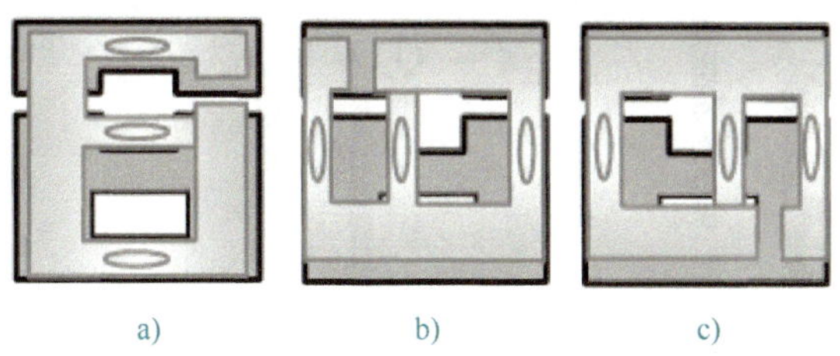

图 12-33　电刷的错误安装方法

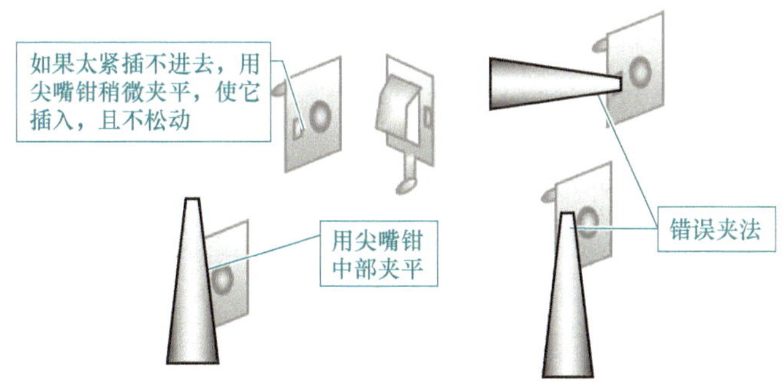

图 12-34　调整电池极板松紧度的方法

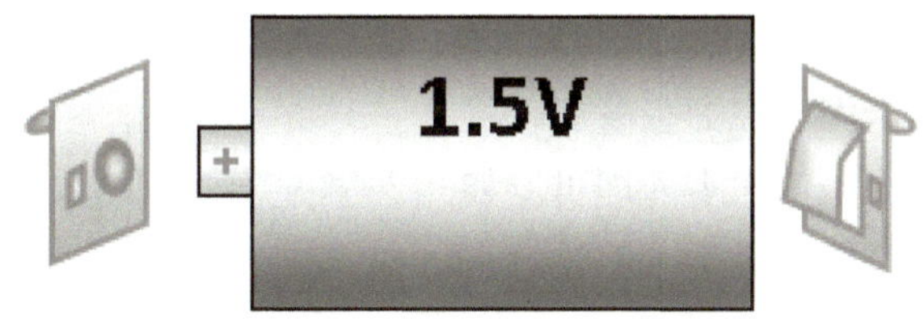

图 12-35　电池极板的安装

3）电池极板连接线的焊接。焊接时，应将电池极板拨起，否则高温会把电池极板插座的塑料烫坏。为了便于焊接，应先用尖嘴钳的齿口将其焊接部位部分锉毛，去除氧化层。用加热的电烙铁蘸一些松香放在焊接点上，再加焊锡，为其搪锡。

将连接线线头剥出，如果是多股线，应立即将其拧紧，然后蘸松香并搪锡（连接线已经搪锡）。用电烙铁运载少量焊锡，烫开电池极板上已有的锡，迅速将连接线插入并移开电烙铁。如果时间稍长，将会使连接线的绝缘层烫化，影响其绝缘。1.5V 电池正极板应接红色导线，负极板应接黑色导线。

连接线焊接的方向如图 12-36 所示。连接线焊好后将电池极板压下，安装到位。

4）9V 电池扣的安装。将 9V 电池扣的两根引线分别焊接到电路板上对应的焊盘上（注意引线的颜色，按“红正黑负”接线）。

5. 焊接表头线

焊接表头线时应注意表头的正负极。

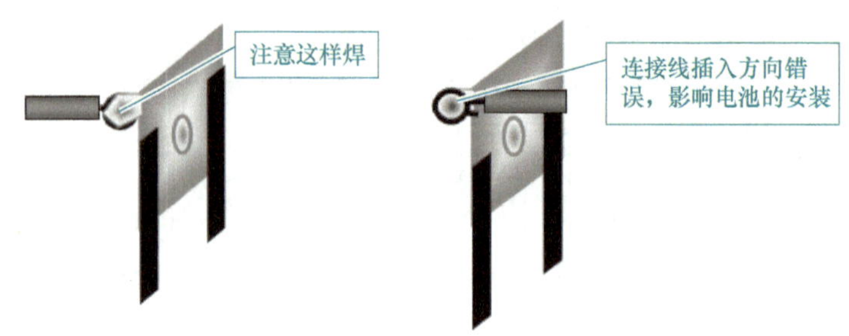

图 12-36　电池极板连接线的焊接方向

6. 安装调零电位器旋钮

将调零电位器的旋钮正确安装到电位器转轴上。

7. 安装万用表提把

将后盖两侧的提把柄轻轻外拉，使提把柄上的星形定位扣露出后盖两侧的星形孔。将提把向下旋转 90°，使星形定位扣的角与后盖两侧星形孔的角相对应，再把提把柄上的星形定位扣推入后盖两侧的星形孔中。

8. 安装电路板

电刷安装正确后方可安装电路板。安装电路板前，先应检查电路板焊点的质量及高度，特别是在外侧两圈轨道中的焊点，如图 12-37 所示。由于电刷要从中通过，安装前一定要检查焊点高度，不能超过 2mm，直径不能太大，如果焊点太高，会影响电刷的正常转动甚至刮断电刷。

电路板用 3 个固定卡固定在面板背面，将电路板水平放在固定卡上，依次卡入即可。如果要拆下重装，依次轻轻扳动固定卡。注意在安装电路板前先应将表头连接线焊上。

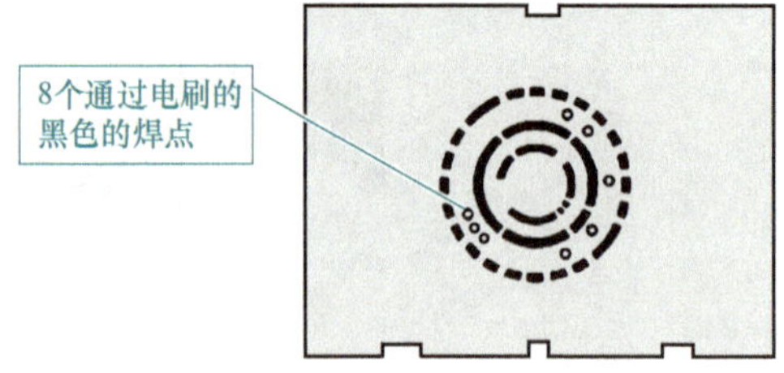

图 12-37　检查焊点的高度

9. 安装后盖

安装后盖时，左手拿面板（稍高），右手拿后盖（稍低），将后盖向上推入面板，最后用螺钉将后盖固定好。注意拧紧螺钉时用力不可过大或过猛，以免将螺钉孔拧坏。

（六）调试万用表

万用表组装完成后，如果没有校准设备，可用数字式万用表进行校准，方法和步骤如下。

1. 机械调零

通过调节机械调零旋钮，对表头进行调零试验，要求指针能左右灵活偏转，能准确停在零位。

2. 电阻调零

对每一电阻挡进行调零。调零时，指针能在 0Ω 位置左右灵活摆动，并能准确地停在 0Ω 位置。

3. 误差测试

误差测试分为电阻挡误差测试、直流电流挡误差测试、直流电压挡误差测试、交流电压挡误差测试。

1）电阻挡的误差测试。取标准电阻箱的阻值为 15Ω、165Ω、1.78kΩ、55.4kΩ 和 141kΩ，将自装的万用表置于 $R\times1$、$R\times10$、$R\times100$、$R\times1\text{k}$、$R\times10\text{k}$ 挡，分别测量上述 5 个电阻值，计算误差，若误差过大，则应检测并调换相关电阻。

2）直流电流挡误差测试。将数字式万用表旋至直流电流挡，如 200μA 挡。对被测万用表先进行机械调零，然后按图 12-38 所示将数字式万用表与被测万用表串联，调整电位器使数字式万用表显示 50μA，检查被测万用表是否指向满度值。一般要求正负误差不超过 1 格。若超出，则应调整电位器 WH_1 直至合格。如不能调整至合格范围，应检查是否有错装、漏焊等现象。

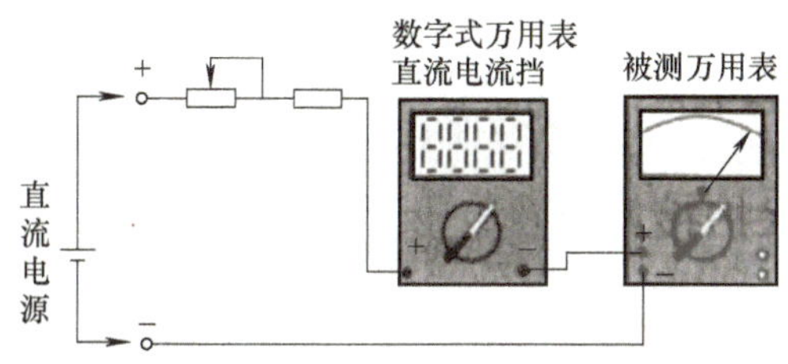

图 12-38 直流电流挡测试与误差测量

直流电流表基准挡调好后，可以对电流表任一挡进行误差分析，将标准表与被测万用表的读数进行比较，如果某一挡的误差过大，应检查是否有电阻错装或漏焊等现象。

3）直流电压挡的误差测试。按图 12-39 所示将数字式万用表与被测万用表并联，对直流电压的任意一挡（如 10V 挡）进行误差测试。如果某一挡误差过大，应检查是否有电阻错装或漏焊等现象。

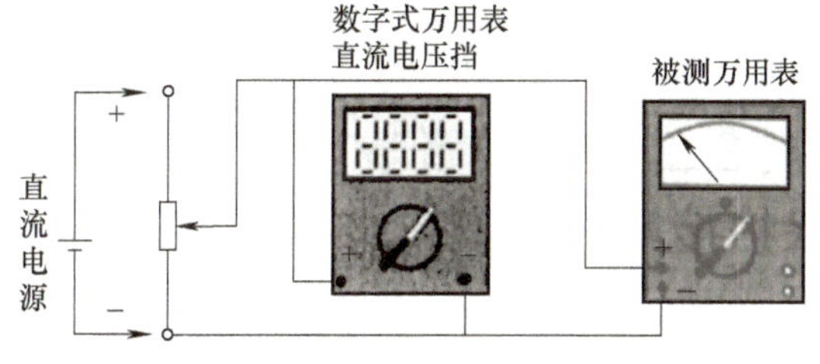

图 12-39 直流电压挡测试与误差测量

4）交流电压挡的误差测试。按图 12-40 所示将数字式万用表与被测万用表并联，对交流电压的任意一挡（如 50V 挡）进行误差测试。如果某一挡误差过大，应检查是否有电阻错装或漏焊等现象。

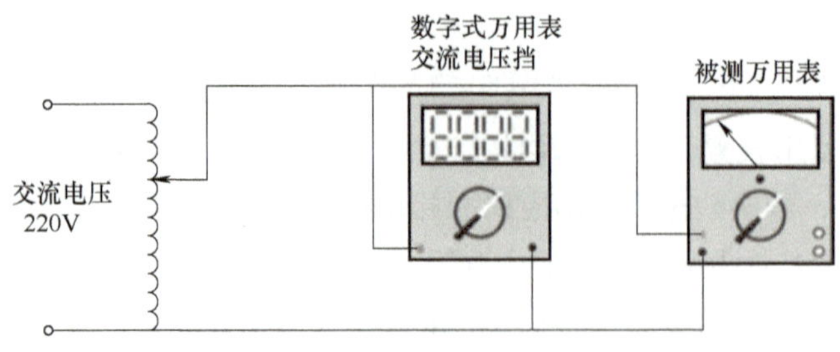

图 12-40　交流电压挡测试与误差测量

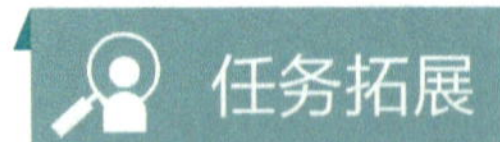

元器件插装与成形方法

元器件的引脚成形是组装万用表等电子产品的基本技能。

一、元器件的成形方法

1. 元器件成形的目的

由于元器件的引脚间距大小各异，而印制电路板上的元器件孔距是根据整机体积大小以及印制电路板的体积大小而设定的。如果将元器件引脚直接插入印制电路板的焊孔，则会引发问题。为解决这个问题，必须在插件之前调整元器件引脚的间距，即改变元器件引脚的原始间距，使之符合印制电路板的焊孔间距，这个过程就是元器件的成形。

元器件的引脚成形，可以使元器件符合装配要求，也能使装配后更加美观、坚固，有利于提高整机的性能和质量。

2. 元器件成形的基本要求

1）引脚成形后，元器件本身不能受伤，不可出现模印、压痕和裂纹等情况。

2）引脚成形后，引脚直径的减小或变形不可以超过原来的 10%。

3）若引脚上有焊点，则在焊点和元器件之间不准有弯曲点，焊点到弯曲点之间应保持 2mm 以上的间距。

4）通常各种元器件的引脚尺寸都有不同的基本要求。

3. 元器件成形的方法

手工成形法是指用镊子、尖嘴钳等工具使元器件成形。其基本步骤和方法见表 12-5。

表 12-5　元器件手工成形法

序号	基本步骤与方法	图　示
1	将元器件引脚用镊子铆直	

（续）

序号	基本步骤与方法	图　示
2	用镊子或尖嘴钳夹住元器件引脚根部，逐个将引脚弯曲	1N5408
3	根据整形的整体效果对折弯的方向进行修整	1N5408

二、元器件插装方法

插装就是把各元器件根据印制电路板的装配要求插到印制电路板指定的位置、焊孔中。插装技能的基本动作要领：取件稳、插件准、速度快、无损坏。插装的基本方法：先低后高，先小后大，先轻后重，先易后难，先一般元器件后特殊元器件，且不影响后面元器件的插装。

元器件的插装方式见表 12-6。

表 12-6　元器件的插装方式

序号	安装方式	图　示	说　明
1	贴板安装		引脚容易处理，插装简单，但不利于散热
2	悬空安装	2~6mm	引脚长，有利于散热，但插装较复杂
3	倒装		整形难度高，对散热更加有利，并保证焊接时不会使元器件温度过高

元器件引脚成形、插装以后的标记朝向应易于识读，并尽可能做到从左到右顺序读出，见表 12-7。

表 12-7　元器件引脚成形、插装以后的标记朝向

标记朝向	侧　前　方	朝　上	第一色环位置	符合习惯（从左到右或由近到远）
图示	标识朝前便于观察	标志位置 45° 45°	第一环	5K1 103

元器件插装过程中应注意：不能将元器件插错，不能碰掉元器件上的标识（如字符、色环等），不能用力过大而损坏元器件，不能把元器件的引脚压弯而影响焊接质量，不允许斜排、立体交叉或重叠排列，不允许一边高、一边低或引脚一边长、一边短，元器件高低应符合规定要求，同一规格的元器件应尽量安装在同一高度上。

三、元器件引脚的弯折处理方法

当插装、焊接时，须固定元器件而防止其掉出来，这时可折弯引脚，但应注意整形效果，如图 12-41 所示。

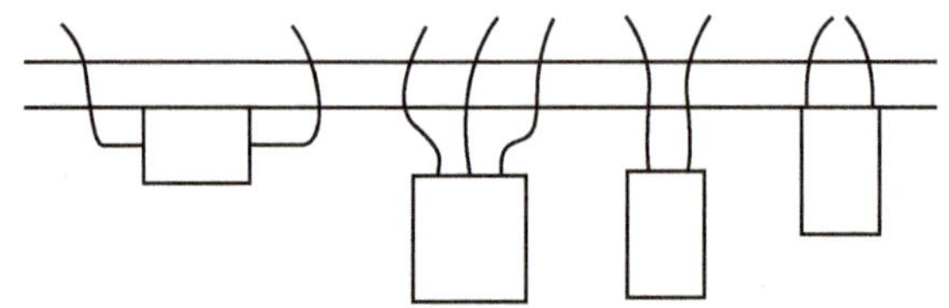

图 12-41　元器件引脚的弯折处理方法

任务拓展

元器件焊接的工艺要求

焊接完成后的元器件，要求排列整齐，高度一致，如图 12-42 所示。为了保证焊接的整齐美观，焊接时应将电路板架在焊接木架上焊接，两边架空的高度要一致，元器件插好后，要调整位置，使它与桌面相接触，保证每个元器件焊接高度一致。焊接时，电阻器不能离开电路板太远，也不能紧贴电路板，以免影响电阻器的散热。

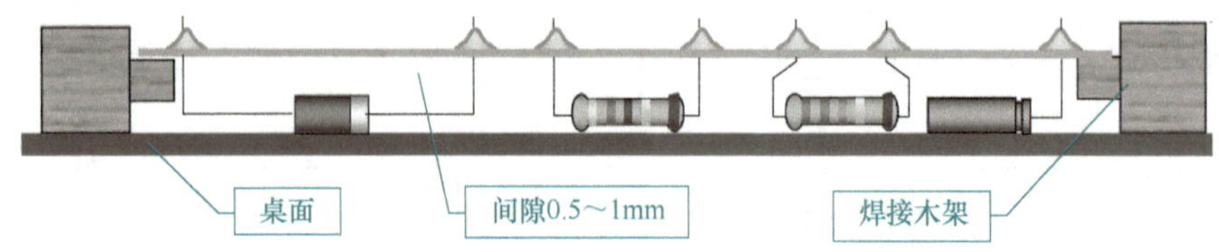

图 12-42　元器件的排列工艺要求

焊接时，如果电路板未放水平，将出现元器件排列不符合工艺要求的现象。例如，图 12-43 中因电路板未放水平，使二极管两端引脚长度不同，离开电路板太远；电阻器放置歪斜；电解电容器折弯角度小于 90°，易将引脚弯断。

图 12-43　元器件排列不符合工艺要求实例

应先焊接水平放置的元器件，后焊接垂直放置的或体积较大的元器件，如分流器、可调电阻器等，如图 12-44 所示。

焊接时，不允许用电烙铁运载焊锡丝，因为电烙铁头的温度很高，焊锡在高温下会使

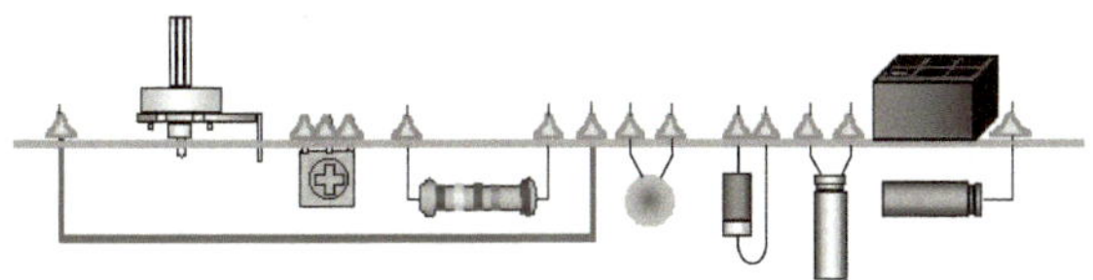

图 12-44 元器件焊接顺序的工艺要求

助焊剂分解挥发，易造成虚焊等焊接缺陷。

【指点迷津】

错焊元器件的拔除方法

当发生元器件焊错时，要将错焊元器件拔除。

先检查焊错的元器件应该焊在什么位置，正确位置的引脚长度是多少，如果所需引脚较短，为了便于拔出，应先将引脚剪短。在烙铁架上清除电烙铁头上的焊锡，将电路板绿色的焊接面朝下，用电烙铁将元器件引脚上的焊锡尽量刮除，然后将电路板竖直放置，用镊子在黄色面将元器件引脚轻轻夹住，在绿色面，用电烙铁轻轻烫，同时用镊子将元器件向相反方向拔除。拔除后，焊盘孔容易堵塞，有两种方法可以解决这一问题。

一是用电烙铁稍烫焊盘，用镊子夹住一根废元器件引脚，将堵塞的孔通开；二是将元器件做成正确的形状，并将引脚剪到合适的长度，用镊子夹住元器件，放在被堵塞孔的背面，用电烙铁在焊盘上加热，将元器件推入焊盘孔中。注意用力要轻，不能将焊盘推离电路板，使焊盘与电路板间形成间隙或者使焊盘与电路板脱开。

任务拓展

万用表常见故障的检修方法

对于组装好的万用表，应先仔细检查线路安装是否正确，焊点是否有虚焊等焊接不良现象，然后再进行调试和检修。

1. 直流电流挡的常见故障及原因

1）标准表有指示，组装表没有指示。这可能是表头线头脱焊或与表头串联的电阻损坏、脱焊、断头等。

2）组装表某一挡位误差很大，其余挡正常。这可能是该挡的分流电阻与邻挡分流电阻接错。

2. 直流电压挡的常见故障及原因

1）标准表有指示，组装表各量程均无指示。这可能是最小量程分压电阻开路或公共分压电阻开路；也可能是转换开关接触不良或连接线断开。

2）某一量程及后面量程无指标，其前面量程都有指示。这可能是该量程分压电阻断开。

3）某一量程误差过大，其余量程误差合格。这可能是该挡分压电阻与相邻挡分压电阻接错。

3. 交流电压挡的常见故障及原因

1）组装表各挡无指示，而标准表有指示。这可能是最小电压量程的分压电路断路或转换开关接触不良或连接线断开。

2）组装表的指示极小，甚至只有5%或指针只是轻微摆动。这可能是整流二极管击穿。

4. 电阻挡的常见故障及原因

电阻挡有内附电源，通常仪表内部电路通断情况的初检就用电阻挡来检查。

1）全部量程无指示。这可能是电池与电池极片接触不良或连接线断开，也可能是转换开关没有接通或熔丝熔断。

2）个别量程无指示。这可能是该量程的转换开关触点或连接线没有接通或该量程专用的串联电阻断路。

3）全部量程调不到零位。这可能是电池的电能不足或是调零电位器中心头没有接通。

4）调零时指针跳动。这可能是调零电位器的可变头接触不良。

5）个别量程调不到零位。这可能是该量程的限流电阻变化。

五、任务评价

任务评价标准见表12-8。

表12-8 任务评价标准

任务名称	评价标准	配分/分	扣分
清点器材	清点器材有误，每个扣1~2分	10	
检测元器件	1. 万用表使用不熟练，扣3~5分 2. 元器件检测方法有误，每个扣1~2分 3. 元器件检测结果有误，每个扣1~2分	15	
焊接前的准备工作	1. 清除元器件表面的氧化层有误，扣3~5分 2. 元器件引脚的弯制成形有误，每个扣1~2分	15	
安装与焊接元器件	1. 元器件安装有误，每个扣2分 2. 元器件焊接有误，每处扣2分	50	
组装万用表	1. 安装电刷旋钮有误，扣2~3分 2. 安装挡位开关旋钮有误，扣1~2分 3. 安装电刷片有误，扣1~2分 4. 安装电池极片与电池扣有误，扣1~2分 5. 焊接表头线有误，扣1~2分	15	

（续）

<table>
<tr><th>任务名称</th><th colspan="6">评价标准</th><th>配分/分</th><th>扣　分</th></tr>
<tr><td>组装万用表</td><td colspan="6">6. 安装调零电位器旋钮有误，扣 1~2 分
7. 安装万用表提把有误，扣 1~2 分
8. 安装电路板有误，扣 2~3 分
9. 安装后盖有误，扣 1~2 分</td><td>15</td><td></td></tr>
<tr><td>调试万用表</td><td colspan="6">万用表调试有误，扣 3~5 分</td><td>5</td><td></td></tr>
<tr><td>职业素养要求</td><td colspan="6">详见表 1-4</td><td></td><td></td></tr>
<tr><td>开始时间</td><td></td><td>结束时间</td><td></td><td>实际时间</td><td></td><td></td><td>成绩</td><td></td></tr>
<tr><td colspan="9">学生自评：

学生签名：　　　　年　　月　　日</td></tr>
<tr><td colspan="9">教师评语：

教师签名：　　　　年　　月　　日</td></tr>
</table>

六、收获总结

将本任务实施过程中的收获与问题总结填写在表 12-9 中。

表 12-9　收获与问题总结反馈表

序　号	我会做的	我学会的	我的疑问	解决办法
1				
2				
3				
4				
5				
存在的问题：				

项目总结

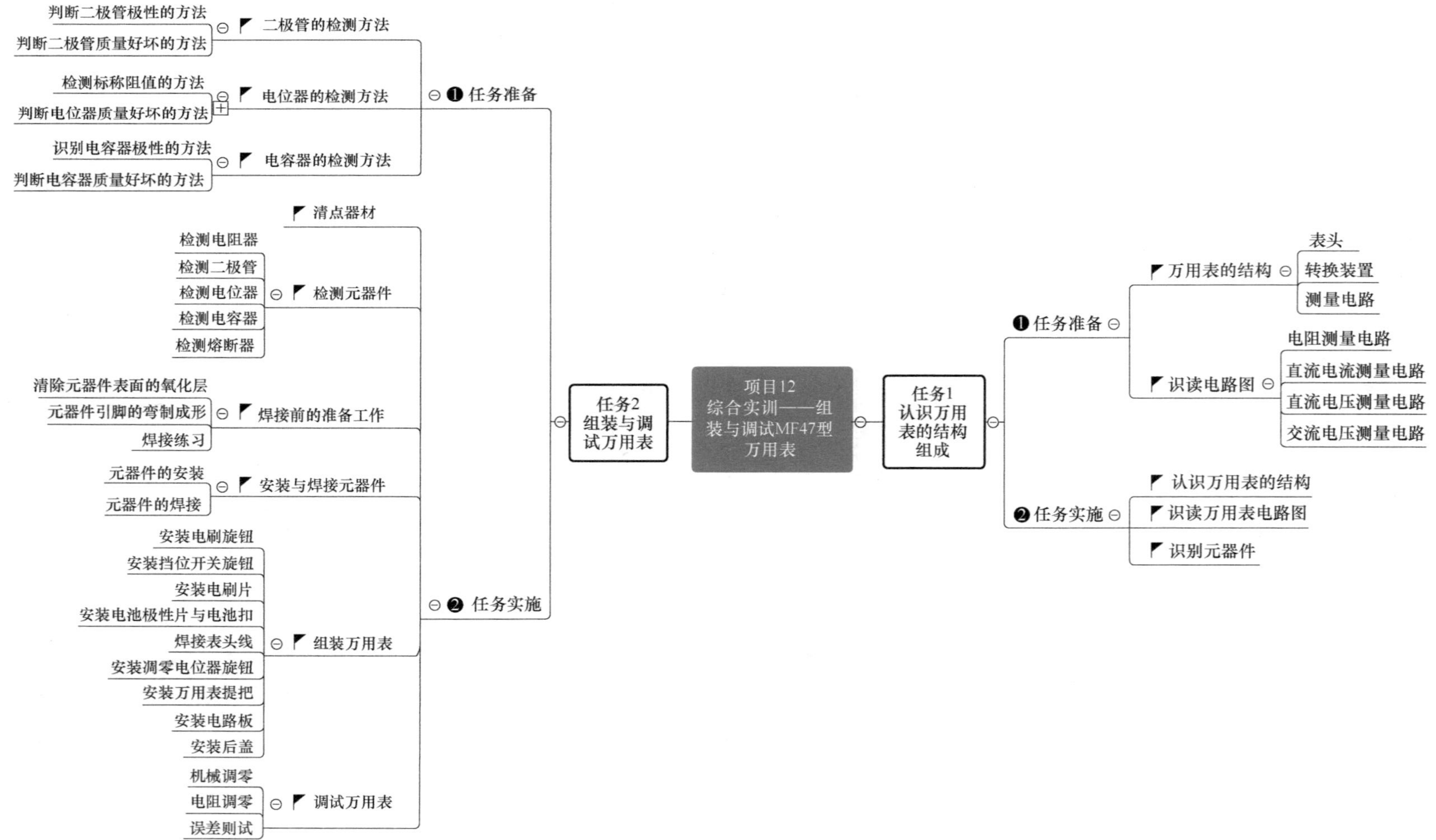

项目12
综合实训——组装与调试MF47型万用表
任务1
认识万用表的结构组成
❶任务准备
万用表的结构
表头
转换装置
测量电路
识读电路图
电阻测量电路
直流电流测量电路
直流电压测量电路
交流电压测量电路
❷任务实施
认识万用表的结构
识读万用表电路图
识别元器件
任务2
组装与调试万用表
❶任务准备
二极管的检测方法
判断二极管极性的方法
判断二极管质量好坏的方法
电位器的检测方法
检测标称阻值的方法
判断电位器质量好坏的方法
电容器的检测方法
识别电容器极性的方法
判断电容器质量好坏的方法
❷任务实施
清点器材
检测元器件
检测电阻器
检测二极管
检测电位器
检测电容器
检测熔断器
焊接前的准备工作
清除元器件表面的氧化层
元器件引脚的弯制成形
焊接练习
安装与焊接元器件
元器件的安装
元器件的焊接
组装万用表
安装电刷旋钮
安装挡位开关旋钮
安装电刷片
安装电池极性片与电池扣
焊接表头线
安装调零电位器旋钮
安装万用表提把
安装电路板
安装后盖
调试万用表
机械调零
电阻调零
误差则试

项目评价

项目综合评价标准见表 12-10。

表 12-10　项目综合评价表

序号	评价项目	评价标准	配分/分	自　评	组　评
1	职业素养	穿戴符合要求	25		
		遵守安全操作规程，不发生安全事故			
		现场整洁干净，符合 7S 管理规范			
		遵守实训室规章制度			
		收集、整理技术资料并归档			
2	团队合作能力	有较强的集体意识和团队协作能力	15		
		积极参与小组活动，协作完成任务			
		共同交流和探讨，能正确评价自己和他人			
3	创新能力	有良好的创新思维，能做出合理的创新	5		
4	管理能力	有较强的自我管理意识与能力	5		
5	任务完成情况	认识万用表的结构组成	50		
		组装与调试万用表			
合　计			100		
教师总评：					

思考与提升

1. 画出万用表直流电压测量电路图和直流电流测量电路图，并分析测量原理。

2. 在组装与调试万用表时，怎样才能做到以下几点：①元器件不焊错；②焊接组装速度快；③焊接质量高。

参 考 文 献

[1] 陈雅萍．电工技术基础与技能［M］．3 版．北京：高等教育出版社，2018.

[2] 周绍敏．电工技术基础与技能［M］．北京：高等教育出版社，2010.

[3] 苏永昌．电工技术基础与技能［M］．北京：高等教育出版社，2010.

[4] 俞艳．电工基本电路安装与测试［M］．北京：高等教育出版社，2014.

[5] 刘志平．电工技术基础［M］．2 版．北京：高等教育出版社，2009.